PEGADA ECOLÓGICA
E SUSTENTABILIDADE HUMANA

PEGADA ECOLÓGICA
E SUSTENTABILIDADE HUMANA

AS DIMENSÕES HUMANAS DAS
ALTERAÇÕES AMBIENTAIS GLOBAIS – UM ESTUDO DE CASO BRASILEIRO
(COMO O METABOLISMO ECOSSISTÊMICO URBANO CONTRIBUI
PARA AS ALTERAÇÕES AMBIENTAIS GLOBAIS)

Genebaldo Freire Dias

1ª Edição, Editora Gaia, São Paulo 2002
3ª Reimpressão, 2022

Jefferson L. Alves - diretor editorial
Richard A. Alves - diretor de marketing
Flávio Samuel - gerente de produção
Mauricio Negro e Eduardo Okuno - capa
Iraci Miyuki Kishi - preparação de texto
Maria Aparecida Salmeron e Regina Elisabete Barbosa - revisão
Antonio Silvio Lopes - editoração eletrônica

Na Editora Gaia, publicamos livros que refletem nossas ideias e valores: Desenvolvimento humano / Educação e Meio Ambiente / Esporte / Aventura / Fotografia / Gastronomia / Saúde / Alimentação e Literatura infantil.

Dados Internacionais de Catalogação na Publicação (CIP)
(Câmara Brasileira do Livro, SP, Brasil)

Dias, Genebaldo Freire
Pegada ecológica e sustentabilidade humana / Genebaldo Freire Dias. – São Paulo : Gaia, 2002.

As dimensões humanas das alterações ambientais globais – um estudo de caso brasileiro (como o metabolismo ecossistêmico urbano contribui para as alterações ambientais globais)

ISBN 978-85-85351-97-7

1. Desenvolvimento sustentável. 2. Ecologia humana. 3. Ecologia urbana. 4. Ecossistemas. 5. Educação ambiental. 6. Homem – Influência na natureza. I. Título.

02-0764 CDD-304.28

Índices para catálogo sistemático:

1. Alterações ambientais : Influências dos ecossistemas urbanos : Ecologia humana : Sociologia 304.28
2. Ecossistemas urbanos : Indução de alterações ambientais : Ecologia humana : Sociologia 304.28

Obra atualizada conforme o
NOVO ACORDO ORTOGRÁFICO DA LÍNGUA PORTUGUESA

Editora Gaia Ltda.
Rua Pirapitingui, 111-A — Liberdade
CEP 01508-020 — São Paulo — SP
Tel.: (11) 3277-7999
e-mail: gaia@editoragaia.com.br

globaleditora.com.br
/editoragaia
/editoragaia
@editora_gaia
blog.grupoeditorialglobal.com.br

Nº de Catálogo: **2304**

PEGADA
ECOLÓGICA
E SUSTENTABILIDADE HUMANA

Este livro é dedicado
aos estimados mestres iniciadores-orientadores:
Antonio José de Andrade Rocha,
José Maria G. de Almeida Júnior.
À mestra de viver, companheira-cúmplice,
Lucia Massae Suguiura Dias.

AGRADECIMENTOS

Ao Instituto Brasileiro do Meio Ambiente e dos Recursos Naturais Renováveis (Ibama) e à Universidade Católica de Brasília (UCB), pelo suporte financeiro;

Ao Departamento de Ecologia da Universidade de Brasília (UnB).

À Representação da Unesco no Brasil.

Às Representações da UNDP (United Nations Development Programme) e da Unep (United Nations Environmental Program), no Brasil.

Ao CDIAC (Carbon Dioxide Information Analysis Center), ao ORNL (Oak Ridge National Laboratory) e à Nasa (National Aeronautic Spatial Administration).

A diversos órgãos do Governo Federal como Embrapa, IBGE, DER, Ministério da Indústria e Comércio, Ministério da Saúde, Petrobras; do Governo do Distrito Federal, dentre eles, Sematec, SLU, Detran, Codeplan, CEB, Caesb, Terracap, Novacap, FHDF, FEDF, Emater, PMDF e outros.

Aos diversos Sindicatos e Empresas (indústrias, frigoríficos, postos de gasolina, postos de venda de alimentos, madeireiras e outras).

Aos professores Antonio José Andrade Rocha (Ph.D.), José Maria G. de Almeida Jr. (Ph.D.), Eduardo Viola (Ph.D.), Manuel Cesário de Mello Paiva Ferreira (Ph.D.) e José Leonardo Ferreira (Ph.D.), integrantes da banca examinadora do trabalho de doutoramento desenvolvido no Departamento de Ecologia da Universidade de Brasília – UnB, base deste livro.

A todos os profissionais de diversas áreas que integraram o incessante exercício interdisciplinar.

A todas as autoras e autores que compõem a referência bibliográfica deste trabalho (ao percorrer os corredores de uma biblioteca, pode-se sentir a sua respiração, no seu sacrifício, afastados da família, de amigos e diversões, dias a fio, como que conduzidos por uma força orientadora, para deixar ali a sua contribuição para a escalada evolucionária humana).

Aos antepassados, esposa e filhos, familiares, amigos e à Lady.

Sumário

Prolegômeno

- O crescimento tem-se tornado o objetivo obsessivo da maioria das sociedades.
- A economia global está em choque com muitos limites naturais da Terra.
- A população humana cresce, aumenta o consumo, as florestas encolhem, as espécies desaparecem, o solo produtivo é degradado, as reservas de água decrescem, a pesca desaparece, os rios se estreitam, os gases estufa aumentam, novas doenças surgem e a humanidade se estressa. Até agora, a ordem mundial emergente é uma que quase ninguém deseja.
- Estamos destramando os fios de uma complexa rede de segurança ecológica; a maior parte dos seres humanos ainda não reconhece o valor dessa rede.
- Quase todo o crescimento está ocorrendo em cidades. As cidades ocupam 2% da superfície da Terra, mas consomem 75% dos seus recursos. O aumento da eficiência em uma parte relativamente pequena do mundo produziria grandes resultados.
- Precisamos ir além da reciclagem para a simbiose industrial, na qual o resíduo de uma empresa se torna o insumo de outra.
- Nosso conhecimento sobre o mundo natural é mais extenso do que nossa sabedoria em usá-lo; existe um quadro incompleto do que está em jogo.
- Não existirá uma sociedade humana sustentável sem uma educação renovadora.
- A educação atual promove a desconexão, "treina" as pessoas para que ignorem as consequências ambientais de seus atos.
- A sustentabilidade humana se tornou cada vez mais uma corrida entre a educação e o sofrimento.
- O que temos é produto de escolhas humanas; logo, pode ser redirecionado.
- Desafios para a sustentabilidade da civilização: estabilizar o clima, as populações e o consumo.
- O maior desafio, entretanto, é ser ético, em todas as decisões.

Apresentação

A maior parte da população humana agora vive em cidades. Já são várias as gerações aí nascidas e criadas, afastadas do convívio com a natureza.

Essas gerações foram preparadas por um sistema educacional que as faz ignorar as consequências ambientais dos seus atos e objetiva torná-las consumidoras úteis e perseguidoras obsessivas de bens materiais. Imersas em uma luta cotidiana cada vez mais cheia de compromissos, não percebem como estão incluídas na trama global da insustentabilidade. Vivendo sob tais condições, não reconhecem que dependem de uma base ecológica de sustentação da vida.

Populações crescentes, analfabetismo ambiental, consumos exagerados e comportamentos egoísticos formam uma amálgama temerosa para a configuração de um estádio de declínio da qualidade da experiência humana, via degradação ambiental, concentração de renda e exclusão social. Sob tais condições, o desenvolvimento sustentável não é concebível nem teoricamente.

O desafio evolucionário humano está ocorrendo nos centros urbanos. As cidades são pontos emanadores de indução de alterações ambientais globais. Quase todo o crescimento está ocorrendo em cidades. Elas ocupam apenas 2% da superfície da Terra mas consomem 75% dos seus recursos. As cidades tendem a ocupar o mesmo nicho global dentro da biosfera e explorar os recursos da mesma maneira. Esse modelo suicida está sendo replicado em quase todo o mundo, gerando pressões cada vez mais fortes. O aumento da eficiência em uma parte relativamente pequena do mundo produziria grandes resultados.

Esse estudo, realizado na cidade de Taguatinga, Distrito Federal, reúne elementos para análise das relações entre a expansão de um socioecossistema urbano e as suas contribuições às mudanças ambientais globais, devido às variações de uso/cobertura do solo e do seu metabolismo energético-material.

Sob uma perspectiva da Ecologia Humana e utilizando a Análise da Pegada Ecológica, examina as dimensões humanas das alterações ambientais globais induzidas pelo metabolismo energético-material desse socioecossistema urbano e demonstra que, para sustentar o seu megametabolismo, são demandadas quantidades colossais de matéria e energia, ao tempo em que se produz resíduos e emissões desestabilizadoras, criando-se uma poderosa teia de exploração e carga sobre os recursos naturais, cuja extensão de influências tem escopo global.

Estamos destramando os fios de uma complexa rede de segurança ecológica; a maior parte dos seres humanos ainda não reconhece o valor dessa rede.

Não existe meio-termo. Ou construímos uma economia que respeite os limites da Terra ou continuamos com o que está aí até o seu declínio e nos envolvemos em uma tragédia evolutiva. Reconhecemos os limites naturais da Terra e ajustamos nossa economia, ou prosseguimos ampliando cada vez mais a nossa pegada ecológica até que seja muito tarde? Estamos todos envolvidos em um grande experimento global.

1 Introdução

Estamos como estamos porque somos como somos?

Uma certa sociedade de humanos vivia numa ilha, sem nenhum contato com outras populações humanas. A ilha oferecia todas as condições para a sua sobrevivência.

A alimentação desses humanos era à base de carne de porco *crua*. Esse hábito centenário, talvez milenar, era praticado sem nenhuma contestação. Um dia, por acidente – sempre ele catalisando os acontecimentos –, os porcos escaparam do curral e fugiram para o interior da floresta. Ali um incêndio também acidental terminou matando-os queimados. Algumas horas após o incêndio, um humano adentrou a floresta e encontrou os porcos. Ao sentir o cheiro de carne assada, achou agradável e experimentou... Bem, a partir daí esses humanos passaram a comer carne de porco assada. Para tanto, reuniam os porcos, em currais, no interior da floresta e ateavam fogo nela! Assim, durante muito tempo aquela população se alimentou de porcos assados à custa da queima e destruição das florestas.

Mais tarde, alguns problemas começaram a acontecer. Os porcos fugiam durante os incêndios. Passaram então a construir currais cada vez mais eficientes. Surgiu até uma escola técnica de aperfeiçoamento de construção de currais à prova de fugas durante incêndios florestais induzidos.

Um dia, alguém observou: estamos errados. O problema é outro. Ocorre que esse tipo de árvore demora muito a ser incendiada! Resultados de pesquisas avançadas indicavam que o problema poderia ser solucionado com um novo tipo de árvore, melhorada geneticamente, que apresentasse maior eficiência de combustão em suas folhas, galhos e troncos e, assim, pudesse assar os porcos mais rapidamente, retirando-lhes as chances de fugir.

Passado algum tempo, outro grupo de pesquisadores arguiu que estavam todos errados. Surgia um novo paradigma, uma nova escola de pensamento e ação. O problema era outro: os porcos tinham pernas longas e fugiam com facilidade!

Experimentos genéticos levaram à criação de porcos com pernas mais curtas e com reduzida capacidade de percepção ao aumento da temperatura ambiente. As pesquisas foram se tornando mais sofisticadas a ponto de descobrir-se que "porcos com olhos claros, estatura abaixo de 49 cm, pressão sanguínea próxima de 7 × 11, dedos com ângulos inferiores a 35 graus de articulação, emissão de sons em dó sustenido maior por mais de 11 segundos no período do inverno, manchas marrons em mais de 35% da parte meridional norte da orelha esquerda e fezes com calibre inferior 0,95 polegada, são propensos a uma agitação igual a zeta-m9 na escala épsilon de David durante um incêndio florestal de fulgor kapa-9.3e, que os leva a um elevado grau de capacidade de fuga".

Dessa forma, com o tempo, foram escritos livros, tratados e complexas descrições técnicas do processo. Foram criadas escolas, faculdades, universidades, cursos de pós-graduação e até uma fundação que apoiava esses pesquisadores que trabalhavam para a eficiência daquela maneira de assar o porco na floresta. As crianças, naturalmente, viam desde a pré-escola os fundamentos do "pirossuinicídio".

Convenções, conferências, seminários, revistas especializadas, desenvolvimento de novos materiais, associações, sindicatos e federações, milhares de pessoas envolvidas no processo, significando milhares de empregos e de jovens se especializando, aguardando a sua vez de entrar no mercado de trabalho.

Ocorre que a população humana dos ilhéus aumentou e com ela a necessidade de assar mais porcos, queimar mais florestas, criar mais empregos, novas especializações, novos cargos, novas empresas que deveriam crescer e crescer para fomentar o "progresso".

Um dia alguém resolveu contestar: "não seria mais fácil assar o porco sobre algumas brasas, fora da floresta?" As reações foram violentas. Quem é você para contestar o sistema? Então os nossos doutores não teriam achado esta solução, se ela fosse ao menos viável, plausível? E o que faríamos com as centenas de instituições, milhares de empregos? Você acha que é tão simples assim? Não! Recolha-se à sua insignificância!

E o sistema continua até hoje, apesar de já terem percebido que algo está fora de fase, pois as florestas estão se acabando, os recursos da ilha estão se tornando escassos, o clima está cada vez mais hostil, as pessoas estão estressadas, angustiadas pela competição, miséria, violência e insegurança que se estabeleceram, junto com o desrespeito permanente à dignidade humana, aceitando-se a situação como algo inapelável, banalizando o inaceitável.

Algumas delas, entretanto, acreditam que deva existir uma outra forma mais coerente de existência, um estilo de vida mais inteligente.

Essa história nos soa familiar. Guardadas as devidas dimensões, não estamos muito distante dessa realidade dos ilhéus. Se olharmos apenas para um dos nossos setores, a educação, teremos uma constatação inquietante: estamos "ensinando" nas escolas, da pré-escola ao terceiro grau, *como assar porco queimando a floresta*.

Nada como uma educação radicalmente *positivista* para embargar a percepção das pessoas e "legitimar" a lógica do crescimento contínuo, da espoliação dos recursos ambientais, dos lucros a qualquer custo, do consumismo, opulência e desperdício, da manutenção dos privilégios sociais, econômicos e políticos (dentre outros) a grupos restritos da sociedade, criando hordas de desempregados, miseráveis e famintos em todo o mundo, empobrecendo a todos pela degradação ambiental e estabelecendo, em nível internacional, um regime de insegurança sem precedentes na escalada da espécie humana.[1]

Neste contexto, precisamos ir além da proposta pedagógica *construtivista* para uma estratégia *reconstrutivista*. Já sabemos que precisamos buscar e atingir um novo estilo de vida, baseado numa ética global, regida por valores humanitários harmonizadores. Mas como?

Então, estamos como estamos porque somos como somos? Não estamos todos queimando porcos na floresta?

Insiste-se em se manter o insustentável, em se manter um projeto civilizatório falido e em decomposição. O novo, ainda em gestação, é repelido pelos interesses imediatos. Sustenta-se o insustentável para manter privilégios. Tal comportamento egoísta leva a humanidade ao estádio generalizado de insatisfação, estresse e desencantamento.

---

1 O papel da educação atual, se não for o de resgatar o ser humano, será nenhum, especialmente da chamada Educação Ambiental, pois esta só foi criada pelo reconhecimento da ineficácia da *educação*. Não se consegue ver relevância em qualquer atividade de Educação Ambiental que não conduza as pessoas a essa reflexão.

Esse processo de insustentabilidade replica-se na maioria dos lugares, na Terra, porém a sua maior expressão está ocorrendo nas cidades do mundo. É o que será examinado neste trabalho.

Não se pretende provar nada, apenas mostrar que faz sentido.

O MODELO GERADOR DE PROBLEMAS SISTÊMICOS

A maior parte da população humana agora vive em ecossistemas urbanos. O que ocorre aí influencia toda a biosfera. As cidades atraem cada vez mais e mais pessoas. Afinal, aí as pessoas podem desenvolver imagens múltiplas das suas identidades, aprender a conviver com desconhecidos, usufruir da diversidade que enriquece o espírito e se tornar seres mais complexos.

Tornou-se o ecossistema mais complexo e dominador.

Apartamentos prontos para morar: três dormitórios, dependências de empregada, churrasqueira privativa, salão de festas e de jogos, piscina, garagem com duas vagas, suíte com hidromassagem, aquecimento central, dois elevadores, guarita de segurança, quadra de esportes, excelente padrão de acabamento em mármore e granito, escritório... Acompanham ainda frases como "um projeto inteligente para você que é inteligente", "conforto e bem-estar sob medida", "linda vista panorâmica", "um lançamento classe A", "não é para qualquer um, é para você", "a escolha perfeita para você viver em alto estilo". Para completar, os prédios recebem nomes como Royal Garden, Provence, Rosenhaus Tower, BelleVille, Stuttgart e Residential Garden. Por trás desses anúncios, tão comuns nos cadernos imobiliários dos nossos jornais e que expressam a expansão urbana das classes mais favorecidas, não se imagina como os sistemas naturais serão sacrificados para sustentar esse crescimento, fornecendo mais e mais recursos para saciar a sede de consumo. Mais eletricidade, gás, água, comida, madeira, papel, metais e matéria-prima para infinitos equipamentos domésticos e industriais. Mais carros, combustíveis, poluição, lixo, esgotos e calor. Em volumes e características diferenciadas, o mesmo ocorre com a expansão dos bairros, condomínios, favelas e outros.

As cidades crescem em todo o mundo. O processo é fractal. Repete-se, de forma semelhante, em quase todos os lugares do globo. A população urbana mundial cresce em 70 milhões de habitantes todo ano. Os seres humanos agora constituem uma espécie majoritariamente urbana. Mais de 70% das populações de Estados Unidos, Canadá, Europa Ocidental e Japão são urbanas. Cerca de 74% dos latino-americanos vivem em cidades. No Brasil, o IBGE (2001) anuncia que 81% dos brasileiros vivem em cidades.

A batalha para se alcançar a sustentabilidade, um equilíbrio entre a base dos recursos da Terra e a demanda humana, será ganha ou perdida nas cidades do mundo, hoje responsáveis pela emissão de 3/4 do gás carbônico mundial.

Quem nasceu e vive em cidades não se dá conta, em sua maioria, do que está acontecendo. As luzes intensas, o ritmo frenético, ora do trabalho ora das diversões, retiram-lhe o tempo e a possibilidade de reflexão e percepção. Por outro lado, a água disponível, nas torneiras, e os alimentos, disponíveis, nos supermercados (não para todos), lhes conferem uma sensação poderosa de independência, devidamente reforçada pela mídia e corroborada pelo processo de educação. Aqueles recém-casados nem imaginam que para produzir as suas duas alianças de ouro foram geradas duas toneladas de resíduos, despejados no ambiente.

Essa deficiência de percepção vem incomodando os estudiosos há tempo. Em 1862, Thomas Huxley publicou o ensaio *Evidências sobre o lugar do homem na natureza*, tratando das interdependências entre os seres humanos e os demais seres vivos. Suas reflexões foram reforçadas, no ano seguinte, por George Perkin Marsh no *O homem e a natureza: ou geografia física modificada pela ação do homem,* na qual documentou como os recursos do planeta estavam sendo esgotados, prevendo que tais ações não continuariam sem exaurir a generosidade da natureza. Analisou as causas do declínio de civilizações antigas e previu um destino semelhante para as civilizações modernas, caso não houvesse mudanças.

Patrick Geddes, considerado o "pai" da educação ambiental, também expressou a sua preocupação com os efeitos da Revolução Industrial iniciada em 1779, na Inglaterra, pelo desencadeamento do processo de urbanização e suas consequências para o ambiente natural.

O intenso crescimento econômico do pós-Segunda Guerra Mundial acelerou a urbanização e os sintomas da perda de qualidade ambiental começavam a aparecer em diversas partes do mundo (em 1952 o ar densamente poluído de Londres (*smog*) provocou a morte de 1.600 pessoas).

A década de 1960 começou exibindo ao mundo as consequências dos modelos de desenvolvimento econômico adotados pelos países industrializados. Registraram-se níveis alarmantes de poluição atmosférica nos grandes centros urbanos – Los Angeles, Nova Iorque, Chicago, Berlim, Tóquio e Londres, principalmente.

Os rios Tâmisa, Sena, Danúbio, Mississipi e outros mostravam-se envenenados por despejos industriais e domésticos. Ocorreu uma rápida destruição da cobertura vegetal da Terra, ocasionando intensos processos de destruição de hábitats, pressões crescentes sobre a biodiversidade, erosão, perda de fertilidade do solo, desertificação, assoreamento dos rios, inundações, alterações da biota aquática e outros fenômenos adjuntos.

Os recursos hídricos, sustentáculo e derrocada de muitas civilizações, estavam sendo comprometidos a uma velocidade sem precedentes na história humana, catapultados pelo consumismo difundido pelo modelo de desenvolvimento vigente e agravados pelo crescimento populacional.

Descrevendo minuciosamente esse panorama e enfatizando o descuido e a irresponsabilidade com que os setores produtivos espoliavam a natureza, sem nenhum tipo de preocupação com as consequências de suas atividades, a jornalista americana Rachel Carson publicou o seu livro-crônica *Primavera silenciosa* (*Silent Spring*, 1962, 45 edições), que desencadeou uma inquietação internacional e se tornaria um clássico da história do movimento ambientalista mundial.

Essa inquietação levou a delegação da Suécia na ONU a chamar a atenção da comunidade internacional para a crescente crise do ambiente humano, enfatizando a necessidade de uma abordagem global para a busca de soluções contra o agravamento dos problemas ambientais.

O ano de 1972 entrou para a história da evolução da abordagem ambiental no mundo, pois testemunhou eventos muito importantes para a área. O Clube de Roma, criado em 1968 por um grupo de trinta especialistas de diversas áreas, com o objetivo de promover a discussão da crise atual e futura da humanidade, publicou o seu histórico relatório "Os limites do crescimento".

Esse documento estabeleceu modelos globais baseados nas técnicas então pioneiras de análise de sistemas, projetados para predizer como seria o futuro se não ocorressem ajustamentos nos modelos de desenvolvimento econômico adotados. Denunciava a busca incessante do crescimento material da sociedade, a qualquer custo, e a meta de se tornar cada vez maior, mais rica e poderosa, sem levar em conta o custo final desse crescimento.

As análises dos modelos indicavam que o crescente consumo geral levaria a humanidade a um limite de crescimento, possivelmente a um colapso.

Nesse período, a capacidade destrutiva das armas nucleares e o potencial de contaminação por parte da indústrias nuclear e química já adiantavam para a humanidade a perspectiva de globalização dos riscos ambientais (Viola, 1995).

As acirradas discussões que o tema ambiental passou a despertar, ainda sob o calor dos apelos do livro de Rachel Carson e do relatório do Clube de Roma, levaram a Organização das Nações Unidas a promover na

Suécia, de 5 a 16 de junho de 1972, a Conferência da ONU sobre o Ambiente Humano, ou Conferência de Estocolmo, como ficou consagrada. Essa Conferência reuniu representantes de 113 países, com o objetivo de estabelecer uma visão global e princípios comuns que servissem de inspiração e orientação à humanidade, para a preservação e melhoria do ambiente humano. A Conferência gerou a *Declaração sobre o Ambiente Humano* e estabeleceu um *Plano de Ação*, documentos que serviriam de base para o surgimento de instrumentos de políticas de gestão ambiental.

Em 1987 divulgou-se o relatório da Comissão Mundial sobre o Meio Ambiente e Desenvolvimento (ou Comissão Brundtland), que tratou das preocupações, desafios e esforços comuns para a busca do desenvolvimento sustentável, focalizando o papel da economia internacional, o crescimento populacional, a segurança alimentar, a energia, a indústria, o desafio urbano e a necessidade de mudanças institucionais.

A Comissão havia sido criada pela ONU, em 1983, com o objetivo de reexaminar os principais problemas do meio ambiente e do desenvolvimento em âmbito planetário, formular propostas realistas para solucioná-los e assegurar que o progresso humano fosse sustentável por meio do desenvolvimento, sem comprometer os recursos ambientais para as gerações futuras.[2]

Vinte anos depois da Conferência de Estocolmo, a ONU promoveu, no Rio de Janeiro (1992), a Conferência da ONU sobre o Meio Ambiente e Desenvolvimento (Rio 92), reunindo representantes de 170 países, com o objetivo de examinar a situação ambiental do mundo e as mudanças ocorridas desde a Conferência de Estocolmo. Buscou-se identificar estratégias regionais e globais para ações apropriadas referentes às principais questões

---

2 A discussão sobre o conceito de Desenvolvimento Sustentável extravasou por duas décadas, com largas margens de incertezas. Essa discussão jacobina trocou de milênio e os benefícios que deveriam trazer, da sua implantação, continuam tímidos. O que é "desenvolvimento" e o que é "sustentável" mereceram teses que adensaram as prateleiras empoeiradas da academia. Os desafios impostos pela realidade do enfraquecimento da segurança ecológica global colocaram essa discussão em xeque. Na verdade, "satisfazer as necessidades das gerações presentes, sem comprometer as das gerações futuras", sinaliza a perpetuação de uma situação de estresse sistêmico, ou seja, desde que as "necessidades" (ou ganância) da espécie humana sejam satisfeitas, não se devem levar em conta as necessidades dos inúmeros, complexos, intrincados e inter-relacionados subsistemas que asseguram a biodiversidade na Terra. O etnocentrismo esteve bem representado nessa abordagem. O atendimento das necessidades humanas e o respeito simultâneo à capacidade de suporte e resiliência dos ecossistemas parecem ser mais adequados quando se pensa em biosfera e não apenas em "homosapiensfera".

ambientais. A Rio 92 produziu a Agenda 21, um Plano de Ação para as Nações, do ponto de vista do desenvolvimento sustentável, e estabeleceu a Comissão para o Desenvolvimento Sustentável (CDS) para monitorá-la.

Na Agenda 21, expressa-se no capítulo 4 que as causas primeiras da degradação ambiental advêm dos níveis insustentáveis de produção e consumo vigentes nos países industrializados. Durante a Rio 92 o tema mudança dos padrões de produção e consumo (mppc) foi levantado e discutido a partir do reconhecimento de que o *desenvolvimento sustentável* só seria factível com a redução dos impactos da produção e do consumo, e do crescimento populacional atual (Brandsma e Eppel, 1997).

Segundo Brown et al. (1996), a economia global praticamente quintuplicou nos últimos 45 anos. O consumo de carne, grãos e água triplicou; o de papel, sextuplicou. O uso de combustíveis fósseis e consequentemente a emissão de CO_2 quadruplicaram.

Isso aconteceu num contexto global em que os 40% mais pobres do planeta sobrevivem com uma renda de menos de dois dólares por dia (7% da renda global). Por outro lado, refletindo o abismo crescente entre pobres e ricos, estes duplicaram o consumo de energia, madeira e aço e quadruplicaram suas compras de automóveis (Durning, 1996). Segundo esse autor, se forem mantidas as tendências vigentes de crescimento, o PIB mundial deverá passar dos atuais 30 trilhões de dólares anuais para 200 trilhões de dólares anuais até meados do próximo século.

Se se considera que a economia global já atingiu os limites biofísicos do planeta, pelo menos em sua capacidade natural de absorção de CO_2, aumentos dessa magnitude exigirão da humanidade mudanças profundas de paradigmas que possam prover prosperidade, equidade social e sustentabilidade ambiental.

Os modelos de desenvolvimento vigentes são o reflexo desses paradigmas de percepção, pensamento e ação que têm conduzido a humanidade à situação atual (Almeida Jr., 1993). Esse autor afirma que a sustentabilidade evolucionária da Terra depende de mudanças profundas nesses paradigmas, capazes de nos levar a um modelo de desenvolvimento ecologicamente autossustentável.

Mesmo reconhecendo a gravidade do contexto ambiental global, durante a Rio 92 algumas questões importantes foram preteridas ou tratadas sem profundidade na Agenda 21 (Bayer, 1994), para atender aos interesses de grupos específicos, quanto aos temas relacionados ao controle da natalidade – pressões do Vaticano, à discriminação e nacionalismo, guerra e militarismo, desarmamento nuclear, consumismo (padrões de produção e consumo), direitos humanos e refugiados – pressões dos países ricos, principalmente.

O tema assentamentos humanos – justamente o local onde vive a maior parte da população humana e o centro de demanda de consumo –, consolidando uma tendência verificada em encontros dessa natureza, mais uma vez teve a sua discussão esvaziada ou transferida para uma outra ocasião.

Em 1994 a ONU promoveu a Conferência Internacional sobre População e Desenvolvimento (Cairo), e em 1996 a Segunda Conferência das Nações Unidas sobre Assentamentos Humanos – Hábitat II (3-4 junho, Istambul, Turquia). Nesta, objetivou-se identificar elementos que pudessem tornar as cidades mais humanas, e se constituíssem em centros de democracia, cultura, inovação e respeito ao ambiente (Unesco, 1996).

Seguindo esse encontro, a The World Resources Institute, em colaboração com a Unep, UNDP e *The World Bank*, dedicou uma edição especial do *World Resources* ao ambiente urbano. Segundo esse relatório (1997), mais da metade da humanidade já vive em áreas urbanas.

Em muitos países, as cidades geram a maior parte das atividades econômicas, consomem a maior parte dos recursos naturais e produzem a maior parte da poluição e do lixo. As questões ambientais urbanas, embora muito importantes nas escalas local, nacional e global, são frequentemente omitidas. A negligência com que essas questões são tratadas podem comprometer objetivos econômicos, sociais e ambientais na maioria das nações desenvolvidas, em desenvolvimento ou subdesenvolvidas.

O relatório conclui que **muitos objetivos internacionais e nacionais relacionados com o meio ambiente não serão atingidos sem uma reforma política extensiva e mudanças significativas nas práticas e estratégias atuais**.

A despeito de todos os esforços empreendidos pela humanidade, no sentido de buscar formas mais compatíveis de relacionamento com o ambiente natural, os resultados obtidos até agora são tímidos. A visão fragmentada, a obsolescência e ineficiência das instituições – ONU, por exemplo –, a falta de decisões políticas coerentes, o emaranhado de interesses econômicos, de valores culturais, religiosos e filosóficos dificultam diálogos locais, regionais, nacionais e transnacionais e constituem uma poderosa resistência às mudanças.

Nos países em desenvolvimento, a rápida urbanização concentrará nas cidades 90% do crescimento populacional e do crescimento econômico, intensificando os problemas do ambiente urbano.

Nas últimas décadas as áreas urbanas dos países desenvolvidos apresentaram progressos em resolver seus problemas ambientais locais, mas em decorrência dos seus padrões de consumo exacerbados, continuam contribuindo significativamente para sobrecarregar os ambientes regionais e globais.

CONHECENDO O DESAFIO

A verdade é que, a despeito das convenções, acordos e tratados internacionais assinados nos últimos anos, sobre diversas questões ambientais, e dos relativos progressos em algumas áreas, a humanidade ainda vem experimentando uma grave perda de qualidade de vida e testemunhando alterações ambientais globais incontestáveis, cujos impactos gerais são difíceis de prever.

Essa perda de qualidade de vida tem sido mais nitidamente identificada nas cidades, o centro de expressão da espécie humana, e justamente o ambiente menos pesquisado, do ponto de vista das alterações ambientais globais e, consequentemente, menos compreendido.

Nesse sentido, um dos maiores esforços para a compreensão da complexidade das cidades foi promovido pela Unesco/Unep. Ao lançar o seu programa Homem e Biosfera – MaB, em 1971, a Unesco incorporou a Ecologia Urbana como uma das grandes áreas do programa.

Segundo Celecia (1995), o MaB foi o primeiro empreendimento internacional que considerou as cidades – o lugar onde vive e trabalha a maior parte da população mundial – como sistemas ecológicos. O MaB contribuiu para estabelecer as bases para a formulação de um paradigma ecológico aplicável aos complexos sistemas urbanos, bem como para testar abordagens conceituais, metodológicas, integrativas e interdisciplinares, em pesquisas que objetivaram aumentar o conhecimento e a compreensão sobre tais sistemas.

Essas pesquisas deveriam contribuir para melhorar o planejamento, o manejo e a geração de políticas capazes de tornar as cidades menos impactantes e mais agradáveis de se viver, conciliando desenvolvimento com conservação e uso sustentável e equitativo de recursos naturais, com a decisiva participação das populações locais no processo de gestão.

A noção de *cidade sustentável* se tornou sinônimo de ambientes agradáveis, com uso racional dos recursos naturais, ecologicamente corretos, *para* as pessoas e *pelas* pessoas.

Durante quinze anos formou-se um conjunto heterogêneo de métodos e conceitos, conformando o que coletivamente se denominou *Ecologia Urbana*, gerados por meio do desenvolvimento de diversos projetos de pesquisa sobre assentamentos humanos.

É inegável que as pesquisas do MaB sobre esse tema constituíram uma das principais contribuições à evolução das ideias, tanto na Ecologia Urbana quanto na Ecologia Humana, estabelecendo as bases para estudos ecológicos integrados dos assentamentos humanos.[3]

Dentre as iniciativas destaca-se o "Programa de Ecologia Humana de Hong Kong", executado por Boyden et al. (1981), sob os auspícios da Universidade Nacional Australiana, em cooperação com o Unep. Aqui, a abordagem adotada utilizou variáveis tangíveis e intangíveis, num tratamento sistêmico e interdisciplinar para a compreensão das interações entre o ambiente total e a experiência humana. Teve como objetivo estudar e descrever um assentamento humano considerando os seus componentes psicoquímicos, bióticos, sociais e culturais, levando em conta as inter-relações dinâmicas entre eles.

Outros projetos como o de Frankfurt consideraram a cidade e sua circunjacência como um sistema biocibernético e desenvolveram instrumentos úteis para a tomada de decisões. Incluiu a definição de sistema, escolha e teste de relevância de variáveis, identificação dos padrões de interações dentro do sistema e um modelo de simulação (Deelstra et al., 1991).

Nota-se, nesses trabalhos, que as análises do fluxo de energia e caminhos da matéria proviram as principais abordagens dos estudos sobre o metabolismo dos sistemas urbanos e das áreas ao seu redor. Junto com os estudos de Hong Kong e Lae (Papua-Nova Guiné), um dos casos mais importantes da utilização desse modelo foi o da ilha de Gotland (Suécia). Durante oito anos os esforços foram direcionados para desenvolver e demonstrar uma metodologia de análise regional para a energia, com ênfase sobre as interações entre o uso de recursos, as atividades econômicas e o ambiente.

---

3 Tais estudos foram conduzidos em diversos países: Argentina, Austrália, Áustria, Barbados, Brasil, Canadá, Costa do Marfim, Chile, Egito, Espanha, Estados Unidos, Fiji, Filipinas, França, Guiana, Irã, Itália, Japão, Quênia, Malásia, Malta, México, Nepal, Países Baixos, Papua-Nova Guiné, Peru, Polônia, República Centro-Africana, República Federal da Alemanha, Suécia, Suíça, Tailândia, Tunísia e Venezuela (Unesco, 1987). Esses estudos, diversificados em seus objetivos, consideraram as diferentes entradas e saídas da energia e da matéria, que compunham a dinâmica das cidades, além de outros componentes como percepção, questões psicossociais, bioindicadores, clima urbano e outros.

O planejamento e a implementação desses projetos foram seguidos por uma série de encontros, dentre eles os de Amsterdã, 1976; Varsóvia, 1979; México, 1983; Montevidéu, 1987, que se tornaram o ponto de partida para novos projetos. Nos anos 1980 aconteceram importantes conferências inter-regionais e simpósios sobre a área de sistemas urbanos do projeto MaB (União Soviética, 1984; Beijing, 1987; Amsterdã, 1989). Outros seminários regionais e nacionais foram realizados nos seguintes países: França, Alemanha, Reino Unido, Suécia, Espanha, Polônia e Ucrânia.

O Conselho de Coordenação Internacional do MaB aprovou, na metade dos anos 1980, quatro áreas de concentração para pesquisas, que se constituíram nas ações prevalecentes até o início dos anos 1990: (a) desenvolvimento de modelos sobre as relações entre urbanização e transformação ambiental, levando em conta as áreas rurais em volta das cidades; (b) estudos sobre mudanças demográficas induzidas por urbanização, em particular por movimento migratório oriundo da área rural, e suas consequências ambientais; (c) produtividade biológica nas áreas urbanas, racionalização de uso da água e reciclagem de resíduos; (d) estudo no planejamento e manejo de áreas verdes urbanas.

Segundo Celecia (1994), um exame das tendências mostradas nos projetos denotava que nos países industrializados a maior preocupação com as cidades referia-se à restauração e manutenção da qualidade de vida, enquanto nas cidades do Terceiro Mundo [*sic*] a preocupação era oferecer as mínimas condições de adequação à vida aos seus habitantes. Nos anos 1990 a *terceira geração* de projetos do MaB empreende maiores esforços para ser mais interdisciplinar e dirigir-se à orientação de planejar para a resolução de problemas.

O conceito de *cidades com manejo eficiente* (*resourceful city*) continua sendo o centro das atenções de pesquisas, nas quais se enfatiza a necessidade de se reduzir a produção de resíduos, a poluição e os riscos. Busca-se a eficiência no uso da energia, dos materiais, dos alimentos e da água e promove-se a reciclagem, a reutilização e a redução de consumo. Considera-se como as exigências de consumo e produção de resíduos de áreas urbanas industrializadas podem afetar áreas remotas no mundo. A essas relações necessita-se uma atenção maior, uma vez que constituem o ponto de partida de intensos e complexos processos que contribuem para as alterações ambientais globais.

O METABOLISMO DOS ECOSSISTEMAS URBANOS COMO INDUTORES DE ALTERAÇÕES AMBIENTAIS GLOBAIS – O PROBLEMA-OBJETO DESSE ESTUDO

Segundo Stern et al. (1993), as alterações globais colocam a Terra num período de mudanças ambientais que difere dos episódios anteriores de mudanças globais, por serem de origem antropogênica, entrelaçadas inexplicavelmente com o comportamento humano e impulsionadas pelas tendências de produção e consumo globais.

Desde antes da história escrita, as mudanças ambientais afetavam as coisas que as pessoas valorizavam e, em consequência, elas migravam ou modificavam sua maneira de viver. Assim, reagiam aos fenômenos globais como se eles fossem locais, e não organizavam suas reações com políticas governamentais capazes de alterar deliberadamente o curso das mudanças globais.

Atualmente, a situação não é muito diferente, pelo menos em termos gerais, os efeitos das ações que causam mudanças ambientais globais levam décadas para serem percebidos. Os sistemas humanos reagem às mudanças ambientais globais como uma função da maneira segundo a qual essas mudanças afetam as coisas que as pessoas valorizam.

Todas as atividades humanas contribuem potencialmente, direta ou indiretamente, para as chamadas *causas próximas* das mudanças ambientais globais. Segundo Stern et al. (op. cit.), essas *causas próximas* são variáveis sociais que afetam os sistemas ambientais implicados nas mudanças globais, configuradas por mudança populacional e tecnológica, crescimento econômico, instituições político-econômicas, atitudes e convicções.

As pesquisas sobre as dimensões humanas nas mudanças globais – um campo emergente – esforçam-se para compreender as interações entre os sistemas humanos (economia, população, cultura, governos e instituições) e os sistemas ambientais, particularmente os sistemas ambientais globais. Busca-se também a compreensão dos aspectos dos sistemas humanos que afetam essas interações.

Dentre as modificações globais que estamos experimentando, uma atenção especial tem sido dada à correlação crescimento populacional *versus* mudanças globais induzidas pelas práticas de uso do solo e pelas modificações causadas em sua cobertura.

Tais estudos, de caráter eminentemente interdisciplinar, buscam o estabelecimento de causalidades e a sua sistematização para análise.

Segundo Vitousek (1994), há um consenso de que as mudanças no uso do solo são agora, e permanecerão por muito tempo, o mais importante dos diversos componentes interatuantes de mudanças globais que estão afetando os sistemas ecológicos.

Tais mudanças vêm ocorrendo de forma heterogênea, hectare por hectare ao redor do mundo, sendo por isso relativamente difícil a sua quantificação como fenômeno global. A sua importância resulta primariamente da soma de mudanças locais em muitas áreas diferentes espalhadas pela Terra. Estas alterações de uso do solo são potencializadas quando as áreas são modificadas para abrigar ecossistemas urbanos.

Neles, o potencial de contribuição para as alterações ambientais globais tem sido negligenciado, sistematicamente, no conjunto de pesquisas que se realizam sobre o tema.[4]

---

4 Dentre os escassos estudos realizados nesse sentido, podem-se destacar os seguintes trabalhos:

De Meyer e Turner (1991 e 1992), estabelecendo categorias de mudanças, classes de impacto e forças motrizes de natureza social.

De Bilsborrow e Okoth-Ogendo (1992), sobre as modificações impostas pelo uso da terra em países desenvolvidos, demonstrando as maneiras pelas quais o crescimento populacional influencia nas mudanças de uso da terra e como isso está relacionado com a degradação ambiental.

Henderson-Sellers (1984), sobre os possíveis impactos climáticos das transformações da cobertura vegetal.

Houghton et al. (1987), sobre o fluxo de carbono de ecossistemas terrestres para a atmosfera, devido a mudanças no uso da terra.

Newell e Marcus (1987), sobre o gás carbônico e as pessoas.

Penner (1992), sobre a influência das atividades humanas e das mudanças de uso da terra para a química atmosférica e para a qualidade do ar atmosférico.

Roskwell (1992), sobre a cultura e mudanças culturais como forças indutoras de mudanças globais de uso e cobertura da terra.

Roger (1992), sobre o impacto dessas mudanças na hidrologia e na qualidade da água.

Miller (1994), analisando as interações entre as ciências naturais e sociais para o estudo das mudanças ambientais globais, enfatizando a premência de estudos sob bases interdisciplinares, envolvendo o comportamento humano.

Young et al. (1991), reunindo uma avaliação dos dados e de relações gerais, oriundos dos relatórios de Grupos de Trabalho de instituições como o Committee on Global Change; Land-Use Change Working Group of the Social Science Research Council (Washington D.C.); Global Change Institute of the Office of Interdisciplinary Earth Studies e International Geosphere-Biosphere Programme.

Outros elementos que oferecem subsídios para análises foram apresentados por Galloway et al. (1994) ao estudar as consequências do crescimento populacional e de suas atividades sobre a deposição do nitrogênio oxidado e por Dayle e Ehrlich (1992) sobre a influência da equidade socioeconômica sobre a sustentabilidade da terra.

Uma importante contribuição para análises dessas questões vem sendo dada por Rees (1990 e 1998) e Wackernagel e Rees (1996) ao definir o conceito de "pegada ecológica" (*Ecological Footprint*) e associá-la à sustentabilidade de uma dada área, à luz da redefinição da capacidade de suporte (*carrying capacity*).

Segundo esses autores, a *pegada ecológica* é a área correspondente de terra produtiva e ecossistemas aquáticos necessários para produzir os recursos utilizados e para assimilar os resíduos produzidos por uma dada população, sob um determinado estilo de vida.

Baseado nesse conceito, as cidades se sustentam à custa da apropriação dos recursos de áreas muitas vezes superiores à sua área urbana, produzindo *déficit ecológico*. Cidades como Londres, por exemplo, precisam de áreas equivalentes à área de toda a terra produtiva do Reino Unido. Essa abordagem veio trazer uma forma inédita e extremamente nítida e lúcida das implicações socioambientais induzidas pelos padrões de consumo e pelo metabolismo das atividades humanas, nos ecossistemas urbanos. Rees trabalha ainda, além do conceito de "déficit ecológico", a "diferença de sustentabilidade" e outros, que serão utilizados neste estudo.

O FOCO DO ESTUDO

Na introdução deste trabalho fez-se referência à escassez de estudos sistêmicos sobre os socioecossistemas urbanos. Na opinião de Mooney (1991) existe até mesmo uma certa antipatia por estudos ecológicos integrados, que só começou a ser combatida com o reconhecimento das alterações ambientais globais e consequentemente da necessidade de se desenvolverem novos instrumentos de investigação. O grande passo se deu com o Programa Internacional Geosfera-Biosfera (IGBP) em 1988, que foi seguido por outros, já citados anteriormente.

A despeito desses esforços, há ainda uma lacuna no que tange às dimensões humanas das alterações ambientais globais, e mais intensamente quando a esse contexto se associa a cidade. Nesse ponto a antipatia parece ainda persistir. Chega a ser inacreditável a forma como o ambiente urbano é desconsiderado em estudos ecológicos. Termina sendo, essa constatação, o sintoma mais característico de uma crise quase global de percepção.

Poucos estudos foram desenvolvidos sobre as contribuições relativas dadas às mudanças ambientais globais pela contínua e crescente expansão de áreas transformadas para ecossistemas urbanos.

Essa categoria de uso da terra, destinada à habitação humana, ao transporte, à indústria e a outras atividades inerentes ao metabolismo urbano, constituem as áreas mais alteradas da biosfera e a de mais intenso metabolismo, dezenas e até mesmo centenas de vezes mais intensos do que as áreas naturais de maior intensidade metabólica, como os manguezais e corais (Odum, 1985; Odum et al., 1993).

A expansão dos ecossistemas urbanos é acompanhada por incríveis aumentos de consumo energético, dissipação de calor, impermeabilização de solos, alterações microclimáticas, fragmentação e destruição de hábitats, expulsão e/ou eliminação de espécimes da flora e da fauna, acumulação de carbono, poluição atmosférica e sonora, aumento da concentração de ondas eletromagnéticas, além de uma fabulosa produção de resíduos sólidos, líquidos e gasosos, inconvenientemente despejados na atmosfera, nos corpos d'água e nos solos.

Para Miller Jr. (1975) a cidade representa o maior impacto do ser humano sobre a natureza, e constitui um ecossistema global, pois depende de áreas fora de suas fronteiras para manter o seu metabolismo, dispersando suas influências por todo o globo. Importa tudo e exporta calor e resíduos, produzindo, em contrapartida, trabalho, abrigo, serviços, informações, tecnologia e entretenimento. Segundo esse autor, quando a cidade está crescendo e a população se expandindo, o nicho generalista é o mais útil. Porém, adiante, as melhores oportunidades ficam com os especialistas e muitos se tornam inaptos a ocupar trabalho.

Almeida Jr. (1994) acrescenta que a Terra atual é um imenso complexo de ecossistemas humanos. A essência de um ecossistema natural está na interdependência dos seus componentes físicos e vivos, mantidos por uma estrutura biofísica, fluxos de energia e ciclos materiais, em equilíbrio dinâmico, no âmbito de suas dimensões espaço-temporais. Em um ecossistema humano acrescentam-se componentes e estruturas euculturais e um fluxo informacional.

A estimativa da área mundial ocupada por socioecossistemas urbanos, segundo Meyer e Turner II (1992), não é precisa ainda. Se se considera apenas as áreas restritamente ocupadas e radicalmente modificadas, chega-se a 2,5% da superfície mundial. Se são considerados outros elementos de representação dos assentamentos humanos, chega-se a 6%. Já para o World Resources Institute (1997), essa área é de apenas 1%. Mas se forem considerados os ambientes de entrada e saída do megametabolismo dos ecossistemas urbanos e suas redes de sustentação, podemos estender as suas influências a toda a biosfera.

Essa expansão dos ecossistemas urbanos faz-se, de forma diferenciada em diversas partes do mundo, por causa de diferentes contextos sociais, econômicos, políticos, culturais, tecnológicos e ecológicos, e constitui um processo global pouco estudado, do ponto de vista das alterações ambientais globais vigentes.

De todos os elementos formadores de alterações ambientais globais, o consumismo, o crescimento populacional e a crescente ampliação global dos ecossistemas urbanos continuam em sua trajetória de colisão. Essa expansão, em sua maioria, vem sendo acompanhada por perdas crescentes de qualidade de vida e aumento da pressão ambiental sobre os recursos naturais.

A deterioração da qualidade de vida também se verifica nas cidades dos países ricos. A crescente integração global permite que problemas surgidos em uma dada região possam disseminar-se rapidamente por outras e, em vários casos, atingir todo o mundo.

Nesse ponto, um fator agravante é que as cidades tendem a ocupar o mesmo nicho global dentro da biosfera e explorar os recursos da mesma maneira (Smith e London, 1990). Assim, fomenta-se uma competição cada vez mais intensa, gerando pressões ambientais cada vez mais fortes, ao mesmo tempo que se compromete a qualidade de vida.

A manutenção desses ecossistemas, dotados de uma colossal intensidade metabólica por unidade de área, não se dá sem megaconsumos energéticos e megaprodução de emissões e resíduos.

Não existem indicadores que sinalizem para uma prospectiva melhor. A população mundial continua crescendo a taxas extraordinárias – 1,85% ao ano –, acrescentando novos 78 milhões de habitantes anuais à Terra (Worldwatch Institute, 2000).

Segundo Viola (1995), esse crescimento ocorre de forma desigual, e cria situações críticas em regiões de desfavorável relação população--recursos e/ou baixa eficiência governativa. Homer-Dixon (1990) acrescenta que a crescente população humana exercerá enorme pressão sobre os sistemas políticos e econômicos para que possam conter os conflitos que surgirão por causa dos recursos cada vez mais escassos.

A ONU (UNDP, 1995) estima que, por volta de 2025, mais de 5 bilhões de pessoas estarão vivendo em cidades. Não existem modelos ou ferramentas teóricas disponíveis que possam oferecer uma prospectiva aproximada do que isso poderá significar para a sustentabilidade da vida humana na Terra, como a concebemos hoje.

De qualquer forma, as populações humanas continuam crescendo, e com elas a urbanização e a desordem. Nesse sentido, Whitmore et al. (1991) mostram como os crescimentos populacionais também estão associados à crescente mudança ambiental global, tornando-se imperativo buscar compreender as causas humanas das mudanças globais: crescimento populacional, crescimento econômico, mudança tecnológica, instituições político-econômicas, atitudes e convicções (Stern et al., 1993).

Logo, a compreensão dos complexos processos envolvidos na expansão dos socioecossistemas urbanos e as contribuições relativas dessa expansão às alterações ambientais globais configuram um tema de importância crítica, se se pretende atingir a sustentabilidade da sociedade humana na Terra.

Faz-se necessário reunir esforços por meio da cooperação transnacional para se estabelecer estratégias que permitam a promoção de programas de pesquisas interdisciplinares nessa área.

Nesse sentido, o presente estudo, uma modesta contribuição aos esforços transnacionais para a compreensão das dimensões humanas nas mudanças ambientais globais, tem como objetivo geral reunir elementos para análise das relações entre a expansão de um socioecossistema urbano e as suas contribuições às mudanças ambientais globais, devido às variações de uso/cobertura do solo e do seu metabolismo energético-material.

Para tanto buscou-se especificamente (i) analisar as contribuições e implicações das variações de uso do solo em relação a desflorestamento, destruição de hábitats, perda da biodiversidade, aumento de áreas degradadas e de áreas urbanizadas, para as mudanças ambientais globais; (ii) analisar o metabolismo energético-material do socioecossistema urbano estudado por meio das determinações das emissões de gases estufa emitidos e das áreas naturais produtivas necessárias para sustentar o consumo e a assimilação de resíduos de atividades específicas básicas como o consumo de combustíveis fósseis, água, eletricidade, alimentos, madeira, papel e a produção de resíduos sólidos (pegada ecológica).

Esses elementos reunidos fornecem um conjunto de informações que permitiram investigar de que forma o socioecossistema urbano estudado, apesar de estar configurado em um país com problemas de desenvolvimento, apresenta em seu metabolismo contribuições para as alterações ambientais globais tendendo a padrões de países mais industrializados.

Para testá-la foram utilizados diversos instrumentos de pesquisa que serão descritos na metodologia.

Apesar de complexo, o estudo tem objetivos simples e até mesmo aparentemente óbvios. Mas a ciência requer mais, além das aparentes evidências unânimes. E, curiosamente, a essa questão, expressa no objeto da investigação-análise, não foi dada, ainda, a devida atenção pela comunidade acadêmica.

O estudo foi conduzido no Distrito Federal em uma área que abriga as cidades-satélites de Taguatinga, Ceilândia e Samambaia, submetidas a um intenso processo de crescimento populacional e expansão urbana e econômica.

2 Marcos Conceituais, Contexto e Natureza Ecossistêmica do Estudo

O socioecossistema urbano, seus problemas e abordagens

Os modelos de desenvolvimento e os padrões de consumo adotados pelos países mais ricos do mundo e impostos aos países em desenvolvimento continuam produzindo, em consequência dos altos requerimentos energético-materiais para a manutenção do seu colossal metabolismo, profundas agressões e alterações na biosfera e cruéis deformações socioambientais (desigualdades sociais, desemprego, fome, miséria, violência), cujas consequências ainda não estão claras.

Dentre essas alterações, as cidades, uma das maiores criações do ser humano, têm causado modificações profundas nas paisagens naturais e gerado um adensamento de consumo e capacidade de produzir pressão ambiental sem precedentes na escalada da espécie humana.

No século XX, o ritmo de crescimento das cidades sofreu uma grande aceleração, principalmente nos países em desenvolvimento. Aqui, empurrados pela desordem econômica e social, causada, dentre outras coisas, pela má administração/corrupção, pressão populacional e colapso ecológico, milhões de pessoas migraram para as cidades.

As cidades estão doentes mais do que em qualquer outra época da história do ser humano. Essa desordem, acoplada a modelos de desenvolvimento predadores e autofágicos, está conduzindo 1,1 bilhão de pessoas à fome e 2 bilhões a condições deploráveis (Unep, 1995; Worldwatch Institute, 2000). Agora, cerca de 1,5 bilhão de pessoas pobres vivem em cidades.

Pobreza, desemprego, doença, crime e poluição sempre estiveram presentes nos centros urbanos, desde o surgimento das primeiras cidades, 10 mil anos atrás, na Mesopotâmia e Anatólia. Entretanto, nada comparável com a sinergia criada nas cidades dos países em desenvolvimento, onde o crescimento populacional explosivo, o planejamento pontual, a industrialização desestruturada, a incompetência administrativa, a corrupção e a escassez de capital determinam perigos em escalas sem precedentes.

Para responder a esses desafios, mais do que em qualquer outra época, as instituições internacionais, nacionais, regionais e locais carecem de uma abordagem integrada. O *planejamento sistêmico* pode representar uma importante contribuição para a promoção do desenvolvimento humano sustentável. Sem essa perspectiva o quadro anteriormente descrito continuará multiplicando-se e gerando um número crescente de cidadãos sem direitos, habitando cidades com qualidade de vida decrescente.

Afinal, o estádio em que se encontra a maioria das cidades do mundo não recomenda mais os procedimentos acadêmicos fragmentadores e reducionistas até então praticados pela maior parte dos planejadores. Até mesmo porque o atual estádio das cidades é produto de muitas facetas inter-relacionadas, polidimensionalmente formadas por influências transnacionais de ordem econômica, social, tecnológica, científica, cultural, ética e política que requerem novos instrumentos de análise.

Assim, a cidade e o seu planejamento deverão ser vistos com a adição de uma nova visão sistêmica que permita trabalhar as suas variáveis dentro de um modelo capaz de produzir análises integradas e possibilidades de prospectivas, numa nova clivagem.

ELEMENTOS, CONCEITOS E PESQUISAS EM SOCIOECOSSISTEMAS URBANOS

Na sua obra *O livro da natureza*, Fritz Kahn (1962) sublinha: "a cidade transformou-se em uma aranha cujas pernas são as estradas, com a Terra como sua presa. Os fios do telégrafo e os trilhos da estrada de ferro são as teias..." Ele não imaginava como essa aranha iria crescer, sofisticar-se, replicar-se e ampliar as suas formas de apropriação dos recursos naturais até atingir toda a biosfera. Não imaginava que a essa aranha não fosse dada a devida atenção.

Comparativamente, poucos esforços foram feitos para ampliar e aprofundar a literatura sobre os ecossistemas urbanos. A abordagem ecológica estuda a estrutura formal do sistema social, sua forma e desenvolvimento. Para analisar a estabilidade e as suas mudanças, os ecólogos contemporâneos baseiam-se principalmente em quatro variáveis de referência:

- população;
- organização (estrutura do sistema social);
- meio ambiente (sistemas sociais + ambiente físico);
- tecnologia.

Essas estruturas formais constituem apenas uma das dimensões da organização social, que também contêm dimensões culturais, econômicas, espaciais e comportamentais. Também uma abordagem ecológica integrada não nega que valores, sentimentos, motivações e outros fatores abstratos estão associados com padrões de atividades sociais observáveis.

A estrutura dos ecossistemas urbanos consiste de um ambiente construído pelo ser humano (habitação, vias etc.), do meio socioeconômico (serviços, negócios, instituições etc.), e do ambiente natural (Hengeveld & Voch, 1982).

Esses autores acreditam que é impossível fornecer uma solução definitiva para o fenômeno *área urbana* que não seja abstrata. Cada país e cada disciplina têm suas próprias definições e sistema de classificação que melhor descrevem o sistema urbano.

A abordagem ecológica integrada (holística), definida no arcabouço do MaB (Unesco, Programa Homem & Biosfera) – já citada neste trabalho –, representou um esforço nesse sentido e pôde oferecer subsídios importantes para a formulação de bases para a integração e abordagens interdisciplinares.

Um sistema ecológico ou ecossistema é definido por Odum (1985) como a interação entre seres vivos e seu ambiente não vivo, inseparavelmente inter-relacionados.

Um ecossistema urbano, pelas peculiaridades da espécie humana, envolve outros fatores (culturais, por exemplo) e difere de ecossistemas heterotróficos naturais, por apresentar um metabolismo[1] muito mais intenso

---

1 O termo "metabolismo" é usualmente aplicado em estudos dessa natureza, após ser intensamente utilizado por Abel Wolman nos seus estudos e publicações sobre os mecanismos ecossistêmicos das cidades em 1965 (The methabolism of cities, *Scientific American* 213 (3)). O autor considera que os requerimentos metabólicos de uma cidade podem ser definidos como todos os materiais, energias e comodidades necessários para sustentar os habitantes de uma cidade em sua dinâmica.

por unidade de área, exigindo um influxo maior de energia, e uma grande necessidade de entrada de materiais e de saída de resíduos.

Na opinião de Odum (1985, 1993), a cidade moderna é um parasita do ambiente rural, porquanto produz pouco ou nenhum alimento, polui o ar e recicla pouco ou nenhuma água e materiais inorgânicos. Funciona simbioticamente quando produz e exporta mercadorias, serviços, dinheiro e cultura para o ambiente rural, em troca do que recebe.

A forma como vem sendo desenvolvida a maioria dos centros urbanos os têm transformado em fontes de aumento da instabilidade da biosfera. Ainda prevalecem as preocupações e interesses econômicos e tecnológicos, o que conduz a duas considerações óbvias sobre a participação da espécie humana no equilíbrio ecossistêmico global:

(a) a nossa capacidade tecnológica é limitada pelos recursos materiais da Terra;

(b) a Terra tem limites em sua capacidade de acomodar a tecnologia humana, sem maiores alterações nos sistemas naturais que asseguram a vida, nas condições em que conhecemos hoje.

Essas assertivas são corroboradas por Wackernagel e Rees (op. cit.) por meio do conceito de *pegada ecológica*. Por diversas formas, a sociedade humana já impõe aos sistemas naturais impactos que eles não são mais capazes de assimilar. Um exemplo é a acumulação de gás carbônico na atmosfera terrestre. Emite-se mais do que a natureza pode assimilar.

A ideia (paradigma) de que a natureza precisa ser "dominada" pelo ser humano e de que a natureza é uma fonte inesgotável de recursos sempre disponíveis e sem custos, tem levado os seres humanos a procedimentos desestabilizadores dos sistemas que asseguram a vida na Terra, configurando o panorama de perda crescente de hábitats e de qualidade de vida, quer pela degradação generalizada dos centros urbanos onde está a maioria das populações, quer pela brutal apropriação e destruição do patrimônio ambiental.

O ambiente urbano difere drasticamente do ambiente rural. As cidades são o local onde a espécie humana impõe o seu maior impacto sobre a natureza, alterando-a drasticamente, criando um novo ambiente com demandas únicas.

Dada a importância das cidades hoje, é intrigante como se conhece pouco sobre as interações do *Homo sapiens* com o seu ambiente preferido. Uma explicação para essa falta de entendimento é que as ciências naturais, durante os últimos séculos, focalizavam as suas atenções para os sistemas naturais não diretamente afetados pelas atividades humanas.

Com a emergência do ser humano como a maior influência ambiental, por que os cientistas ambientais e biólogos continuaram a ignorar a própria espécie, em seus estudos? Uma resposta seria a complexidade dessas relações. As ações da espécie humana não podem ser estudadas por simples leis.

As relações entre o ser humano e o ambiente urbano são extremamente complexas e é impossível separar um do outro, com suas centenas de processos e atores. Daí a necessidade de visualizá-lo com um "sistema".

De várias formas as cidades são como qualquer sistema natural: todas as partes de uma cidade são interligadas e interdependentes. Uma mudança em uma parte da cidade resulta em mudanças em outras.

O ser humano é o iniciador dessas mudanças ambientais no ambiente urbano. Ele remove a vegetação natural, constrói e destrói sistemas de drenagens, impermeabiliza e compacta o solo, espanta ou aniquila a fauna local, altera o padrão de absorção e reflexão da radiação solar local, introduz fontes de excreção de gases poluentes, resíduos sólidos tóxicos, esgotos e rejeitos líquidos industriais, acrescendo a isto uma fabulosa emanação de calor.

Uma outra diferença entre os socioecossistemas urbanos e os ecossistemas naturais – excluindo aqui os desastres naturais – é que as mudanças induzidas pelo ser humano ocorrem mais rapidamente e geralmente são mais difíceis de serem revertidas.

Uma cidade pode ser comparada com uma ilha que recebe *inputs* de energia e material – alguns fluem através do sistema, com poucas mudanças; outros são transformados ou estocados dentro do sistema, e muitos se tornam *outputs*. Numa função tempo, os produtos e resíduos transformados, junto com energia e matéria não usadas, são enviados para fora da cidade.

Os gastos energéticos de uma cidade são assombrosos. Custa muito, para os sistemas naturais, sustentar uma cidade. As necessidades energéticas em uma cidade industrializada são da ordem de 3.980 cal/m^2 × dia (padrão americano), enquanto num recife de coral, um dos ecossistemas naturais mais produtivos, é de 57 cal/m^2 × dia (Odum, 1985, 1993).

Um hectare de uma área metropolitana consome de 10 a 1.000 vezes ou mais a energia de uma área semelhante em um ambiente rural. O calor, a poeira e outros poluentes atmosféricos tornam o microclima da cidade sensivelmente diferente daquele do campo circundante. As cidades são mais quentes, com maior nebulosidade, menor insolação e mais chuviscos e neblinas do que as áreas rurais adjacentes (Gilbert, 1991).

De qualquer maneira, para manter uma cidade de 1 milhão de habitantes (cerca de 250 km^2), em um país desenvolvido, precisa-se de grandes ambientes de entrada (áreas ecoprodutivas para suprimento) e de saída (áreas para assimilação de resíduos) para a sua sustentação (Odum, 1983).

Só para alimentos, cerca de 8.000 km^2. Para fornecer os milhões de litros de água diários necessitaria de uma bacia hidrográfica muito grande e de alta pluviosidade.

Se esse padrão de consumo se espalhasse pelo planeta em todas as suas sociedades, a estabilidade dos sistemas naturais estaria aniquilada.

É óbvio que esses valores variam até dentro do mesmo grupo social e segundo as condições da economia, com os parâmetros ambientais, culturais e outros. Por essa razão, a "pegada ecológica" de Wackernagel e Rees (op. cit.) representa uma abordagem mais precisa, uma vez que considera os elementos e padrões de consumo atual/instantâneo de uma dada população.

Sutton & Harmon (1993) ponderaram que as necessidades e os desejos de expansão da população mundial requereram intenso manejo ambiental sobre a face da Terra, criando com isso ambientes inteiramente novos chamados de ecossistemas humanos (áreas intensamente manejadas, notadamente cidades).

Nas cidades, esse manejo chegou até mesmo a proteger os seus habitantes dos rigores externos, de tal forma que algumas pessoas esqueceram que essas áreas dependem dos sistemas de suporte da vida, ou seja, dos ecossistemas naturais!

Outro aspecto é que o ser humano busca a maximização da produtividade dos ecossistemas, normalmente aumentando o número de uma ou duas espécies, constituindo um conflito perigoso entre os seus objetivos e as estratégias de desenvolvimento dos ecossistemas.

O processo de sucessão natural é direcionado à maximização da complexidade de estrutura de comunidade, na qual o montante de diversidade e biomassa aumenta e o ganho ou produção da comunidade decresce, até o ponto em que toda a energia fixada é dirigida para a manutenção da estrutura da comunidade (respiração), desenvolvendo a habilidade de resistir a distúrbios externos (aumento da estabilidade).

Nas cidades, esse processo é simplesmente substituído por outro estádio, em que a sucessão está sempre no início, logo sujeito a rupturas e desestabilizações.

Como todo ecossistema, a cidade é um sistema aberto. Mas o ecossistema urbano, além dos seus requerimentos biológicos, tem requerimentos culturais.

Como em qualquer outro lugar, para viver na cidade os humanos necessitam de ar, água, espaço, energia, abrigo e áreas para despejo de resíduos. Por causa da alta densidade de população, muitos desses recursos não são disponíveis dentro do ecossistema e devem ser tirados de fora.

Os sistemas de suprimento das necessidades de ar e água estão sob estresse por causa da poluição produzida nas cidades. Ao mesmo tempo, as criações tecnológicas/culturais da sociedade moderna permitem à espécie humana operar mais efetivamente fora das cidades, tornando possível adquirir a grande quantidade de *inputs* que essa densa população requer.

O ser humano é um animal social e tem requerimentos culturais tanto quanto biológicos. Os socioecossistemas urbanos ajudam/facilitam a obtenção de seus requerimentos culturais (organização política, sistema econômico, ciência e tecnologia, transportes, comunicações, sistemas educacionais e de saúde, atividades sociais e intelectuais e sistemas de segurança).

Como qualquer outro ecossistema a cidade demonstra uma estrutura e várias funções, estas constituídas por componentes abióticos e bióticos, acoplados em ciclos de materiais e conversões de energia, com uma organização espacial que muda com o tempo e gera padrões de comportamento e distribuição de espécies por meio de sua dinâmica populacional (Unesco, 1991).

Entretanto, quando algumas características são tomadas conjuntamente, certas singularidades lhes são conferidas:

São sistemas abertos altamente dependentes de outros ecossistemas do seu entorno, com os quais interagem por meio de fluxos e trocas. Do ponto de vista biológico, os socioecossistemas urbanos exibem uma baixíssima produtividade, logo são altamente dependentes de outros sistemas.

Contudo, do ponto de vista social, os socioecossistemas urbanos concentram uma alta produtividade de informações, conhecimento, criatividade, cultura, tecnologia e indústria, dentre outros, que exportam para outros sistemas.

Tais ecossistemas têm um apetite prodigioso por energia. As sociedades se desenvolvem, o ser humano é substituído pelas máquinas e a demanda de energia extrassomática cresce, com um correspondente acréscimo de demanda por materiais e um enorme aumento na produção de resíduos. Os ecossistemas do entorno não apenas têm de suprir a sua demanda de energia e materiais, como também são obrigados a receber e metabolizar a crescente e contínua saída de resíduos. Assim, tais sistemas se tornam *altamente impactantes*.

Essa relação de dependência, demanda e consumo tornou os socioecossistemas urbanos frágeis, instáveis e altamente vulneráveis, ambiental e socialmente. Entretanto, a sua característica mais singular é seu *humanismo*, com todos aqueles aspectos tangíveis e intangíveis inerentes à população humana.

Na verdade, são esses aspectos que conferem a singularidade desses sistemas, os quais são difíceis de qualificar e muito mais difíceis de quantificar (como o sentimento de identidade, de pertinência, considerações estéticas, satisfação no trabalho, sentimento de segurança, comportamento criativo e outros). Negligenciar esses aspectos importantes para a qualidade ambiental e para a qualidade da experiência humana pode levar a interpretações e conclusões errôneas e, portanto, a planejamentos e manejos inadequados e/ou indesejáveis.

Segundo Odum (1983), em todo ecossistema existe um ambiente de entrada (AE) e um ambiente de saída (AS), que são acoplados e necessários ao seu funcionamento e manutenção (Figura 1). Logo, um ecossistema conceitualmente completo inclui esses dois ambientes junto com o sistema delimitado, ou seja:

$$E = AE + S + AS$$

O tamanho do ambiente de entrada e saída varia:

– com o tamanho do sistema (S) (quanto maior, menos dependente do exterior);

– com a intensidade metabólica (quanto mais alta a taxa, maiores a entrada e a saída);

– com o equilíbrio autotrófico-heterotrófico (quanto maior o desequilíbrio, mais elementos externos são necessários para equilibrar);

– com o estádio de desenvolvimento do sistema.

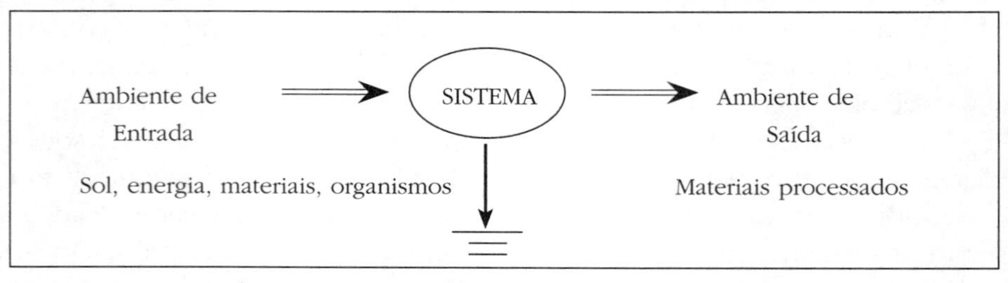

Figura 1 – *O ambiente externo dos ecossistemas.*

Assim, a cidade é um ecossistema heterotrófico, dependente de grandes áreas externas para a obtenção de energia, alimentos, água e outros materiais. A cidade difere de um ecossistema heterotrófico natural, como já vimos, por possuir um metabolismo muito mais intenso por unidade de área, exigindo um influxo maior de energia concentrada (combustíveis fósseis, na maior parte), uma grande entrada de materiais e energia (além do necessário) para a manutenção da vida (estilo) e uma saída maior e mais venenosa de resíduos. Portanto, o AS e o AE são relativamente mais importantes para os socioecossistemas urbanos do que para os ecossistemas autotróficos (florestas, por exemplo).

Vale salientar que a maioria das áreas metropolitanas possui componentes autotróficos (áreas verdes na forma de parques, reservas, cinturões verdes etc.), mas sua produção orgânica não sustenta sua demanda. Sem os influxos de alimentos, combustível, energia elétrica e água, o sistema entraria em colapso e as pessoas teriam de migrar.

As cidades de países menos desenvolvidos possuem um metabolismo ecossistêmico urbano menos intenso e, em consequência, o AE e o AS são proporcionalmente menores. Todavia, a falta de infraestrutura para o tratamento de esgotos e efluentes industriais muitas vezes resulta num impacto local mais grave, como será visto adiante.

Os sistemas naturais obedecem a leis termodinâmicas implacáveis. São elas que estabelecem, por retroalimentação, os diferentes mecanismos de autoajustamentos responsáveis pelo funcionamento dos ecossistemas.

À medida que aumentam o tamanho e a complexidade de um sistema, o custo energético de manutenção tende a aumentar proporcionalmente a uma taxa maior. Ao se dobrar o tamanho de um sistema, torna-se geralmente necessário mais que o dobro da quantidade de energia, a qual deve ser desviada para se reduzir o aumento na entropia, associado à manutenção da maior complexidade estrutural e funcional.

À medida que um ecossistema torna-se maior e mais complexo, aumenta a proporção da produção bruta que deve ser respirada pela comunidade para sustentá-la, e diminui a proporção que pode ser destinada ao crescimento.

No momento do equilíbrio entre entradas e saídas, o tamanho não pode aumentar mais. A quantidade de biomassa que pode ser sustentada sob essas condições denomina-se *capacidade máxima de suporte*. Entretanto, segundo Odum (1983), as evidências indicam que a *capacidade ótima de suporte*, sustentável durante muito tempo diante das incertezas e variáveis ambientais, seja 50% mais baixa que a capacidade teórica máxima de suporte.

Com isso, vale acrescentar que muitas megacidades estão com suas capacidades máximas de suporte absolutamente superadas, e só se sustentam graças à redução do consumo de outras, uma vez que o AE e o AS são também megadimensionados. Tais assertivas são corroboradas por Wackernagel e Rees (op. cit.).

Para Odum (op. cit.) um equilíbrio aceitável entre os custos e os benefícios parece ocorrer numa cidade de tamanho moderado, com uma população de cerca de 100.000 habitantes (varia com as capacidades do AE e do AS; as cidades provavelmente teriam tamanhos ótimos diferentes de acordo com a sua localização e características socioambientais). Esse tipo de assertiva é corroborado por Miller Jr. (1985).

De uma forma ideal, uma região teria apenas uma cidade muito grande, com todas as suas vantagens culturais, ladeada por cidades menores, criando áreas urbanas bem tamponadas.

A pior situação, em termos ambientais, é a de cidades "contínuas", em faixas quase que interligadas (como entre Washington e Boston; entre Taguatinga, Ceilândia e Samambaia, em Brasília), com graves efeitos sobre o ambiente de manutenção da vida, uma vez que o ambiente de saída de uma cidade passa a ser o ambiente de entrada da cidade vizinha, tornando cada vez mais cara a sua manutenção.

Um outro aspecto dos socioecossistemas urbanos é que o hábitat urbano maximiza as funções econômicas a tal ponto que os aspectos sociais e ambientais da existência humana não são maximizados simultaneamente.

Em virtude de o ser humano sustentar-se com subsídios gigantescos, importados e muitas vezes retirados de depósitos acumulados antes da sua chegada à Terra (combustíveis fósseis, águas subterrâneas etc.), torna-se muito difícil estimar-se a capacidade de suporte dessa sociedade urbano-industrial.

Uma coisa é inegável: os seres humanos parecem aproximar-se dos níveis máximos (seleção K) da capacidade de suporte do ambiente. Borgstrom, já em 1969, no seu ensaio *Too Many*, acreditava que a capacidade de suporte da Terra já havia sido excedida.

Wackernagel e Rees (op. cit.) revelam que o nível atual de consumo já excedeu em 30% a área disponível, ecologicamente produtiva. Isto é, já estamos precisando de um planeta 30% maior para acomodar os atuais padrões de consumo, sem liquidar com os recursos naturais.

O centro emanador desse consumo está nas cidades. Elas são centros de oportunidades e continuarão atraindo pessoas: portanto, tendem a continuar crescendo, a menos que os atuais modelos de desenvolvimento econômico sejam transmutados para modelos de desenvolvimento humano sustentáveis, nos quais estejam previstos novos estilos de vida, capazes de gerar menos impacto e de oferecer uma melhor qualidade de experiência humana às pessoas.

Os modelos atuais oferecem as benesses da cidade a um grupo restrito de pessoas, enquanto a grande maioria empilha-se em apartamentos vergonhosamente pequenos, ou casas em bairros sem infraestrutura urbana, sem falar dos favelados e dos sem-teto que se multiplicam geometricamente em todo o mundo, inclusive nos países ricos, configurando um quadro de degradação transnacional.

Os modelos ecossistêmicos

Por definição um modelo é uma formulação que imita um fenômeno real, sendo possível fazer predições por meio dela. A modelagem atual, baseada em análises de grupos funcionais, trabalha com grupos relativamente pequenos de variáveis ambientais, e permite a tomada de decisões sem o costumeiro emaranhado ocasionado por matrizes infindáveis. Muitos duvidavam da validade da modelagem que se fazia levando-se em conta um elevado número de variáveis do ambiente natural que terminavam produzindo um emaranhado de congestionamentos de dados. Esse problema foi resolvido com a concepção dos "grupos funcionais", uma abordagem ecológica simplificada do metabolismo natural, que considera *fatores-chave* e *propriedades emergentes* (Korner, 1989; O'Neill, 1989).

Todas as atividades humanas são intrinsecamente dependentes dos processos *ecossistêmicos*. Sem os seus serviços a vida não seria possível. Consistem do ambiente físico e de todos os seus organismos numa determinada área, junto com a teia de interações desses organismos com o ambiente físico e desses organismos entre si.

Qualquer ecossistema apresenta dois componentes básicos: **bióticos** (os seres vivos) e **abióticos** (o meio físico e químico). Os componentes bióticos são **autótrofos** (seres fotossintetizantes) e **heterótrofos** (não fotossintetizantes). Os autótrofos são os produtores e os heterótrofos são os consumidores. Na abordagem holística, o terceiro componente ecossistêmico é a **cultura humana**.

O Sol é o grande impulsionador dos ecossistemas. Essa gigantesca bomba nuclear em constante explosão irradia energia ao seu redor.

Além de manter o delicado equilíbrio térmico da Terra, a energia irradiante do Sol evapora a água e estabelece o seu ciclo, permitindo a fotossíntese. Nesse processo, a energia radiante do Sol incidente na clorofila das plantas ajuda na combinação do gás carbônico e água, ambos de baixo conteúdo energético, para formar carboidratos de alto teor de energia como os açúcares e os amidos, em cujas moléculas ficam armazenadas, em suas ligações químicas, a energia absorvida (curiosamente, o oxigênio é um subproduto da fotossíntese).

A energia é passada adiante para os animais que se alimentam dessas plantas, ou para os animais que se alimentam dos comedores dessas plantas, por meio do processo de respiração celular, uma espécie de queima lenta de carboidratos. Aqui o oxigênio reage com os carboidratos e libera gás carbônico + água + energia. Essa energia é utilizada por compostos químicos que contêm fósforo para realizar diversos trabalhos como crescimento, flexão muscular, pensamento e todas as atividades que associamos à vida. Por essa razão as plantas são denominadas *produtores*. Embora tecnicamente não produzam a energia, transferem-na, pela fotossíntese, da parte física para a parte biológica do sistema e a colocam à disposição de todos os outros organismos, os *consumidores*.

O conhecimento do metabolismo energético dos ecossistemas é fundamental para a compreensão do seu comportamento, dinâmica, estrutura e limitações.

O comportamento da energia no funcionamento dos ecossistemas – e em qualquer sistema – é descrito pela Primeira Lei da Termodinâmica (Lei da Conservação da Energia: a energia não pode ser criada nem destruída, só transformada de uma forma para outra) e pela Segunda Lei da Termodinâmica (quando a energia é utilizada, parte dela se perde inexoravelmente).

Os organismos, em cada *nível trófico*, realizam um *trabalho* no curso da manutenção de sua estrutura e metabolismo e na reprodução. Assim, toda energia usada sofre a "tributação" da Segunda Lei da Termodinâmica, e a parte tributada não fica disponível para o nível trófico seguinte, simplesmente se dissipa no espaço!

Isso significa que em qualquer ecossistema a quantidade de energia disponível em cada nível trófico sucessivo diminui. Portanto, há mais energia disponível para manter plantas do que herbívoros, mais para manter herbívoros do que carnívoros etc. Daí se conclui que, quanto mais a população humana alimentar-se do que há no topo da cadeia alimentar – carne bovina, por exemplo –, menos comida terá ao seu dispor!

Nos ecossistemas os nutrientes passam por processos cíclicos e são recuperados e reintroduzidos nos circuitos metabólicos. Entretanto, a energia, como afirma a Segunda Lei da Termodinâmica, **não pode ser reciclada**, ela só pode ser usada uma vez, num fluxo, fazendo uma viagem apenas de ida através do ecossistema (Odum, 1993).

Se os ecossistemas fossem isolados de suas fontes de energia, deixariam de existir. Interrompendo-se o ciclo de nutrientes os ecossistemas desmoronariam. Alterados substancialmente – como nas mudanças climáticas – as características ecossistêmicas seriam também profundamente modificadas, com consequências imprevisíveis.

Além da ação antropogênica, o clima e o solo determinam, em grande parte, o tipo de ecossistema que pode ocorrer numa determinada região.

Todos os ecossistemas, incluindo a biosfera, e até mesmo os sistemas abaixo dela, são sistemas *abertos*: abrigam entradas e saídas de energia, e consequentemente possuem ambiente de entrada e ambiente de saída acoplados.

Essas estruturas são fundamentais para o funcionamento e manutenção dos ecossistemas. Para os ecossistemas urbanos, o respeito às estruturas de entrada e saída pode significar a estabilidade ou instabilidade ou até mesmo o caos de uma cidade, conforme será visto adiante.

Os socioecossistemas urbanos podem ser considerados o coroamento da capacidade humana de criar complexidades, e também um dos seus maiores problemas e desafios. Apenas pelo seu fluxo energético tem-se uma ideia das dimensões da sua complexidade. A energia potencial altamente concentrada dos combustíveis substitui, em vez de meramente complementar, a energia solar, para impulsionar o seu metabolismo.

Dessa forma, nota-se como o ser humano, por meio de diversos processos culturais, desenvolveu estilos de vida altamente consumidores e dissipadores de energia, em áreas reduzidas, acelerando em muitas vezes a velocidade de processamento de energia e materiais no metabolismo ecossistêmico urbano.

Parece óbvio que as nações não poderão perseguir o ideal americano de consumo e atingir os seus patamares de consumo. Se isso ocorresse, apenas com o aumento da frota de veículos global a atmosfera estaria morta. Simplesmente se interferiria na química atmosférica de tal forma que a vida como se concebe hoje não seria possível.

As proporções da destruição que o ser humano tem imposto aos ecossistemas são tão grandes que o conhecimento das reações dos sistemas adquiriu importância fundamental para a saúde e o bem-estar desses mesmos causadores de perturbações.

Para Odum (1993), um outro componente metabólico dos ecossistemas urbanos é o dinheiro. Ele representa um fluxo em sentido oposto ao fluxo energético, pois sai das cidades e fazendas, em troca de energia, serviços e dos recursos que entram. Ao contrário da energia, que opera em fluxos, o dinheiro opera em ciclos, e teoricamente pode ser convertido em unidades de energia, corrigidas segundo a qualidade (calorias etc.), a fim de estabelecer um valor monetário para os bens e serviços da natureza.

Esse componente de análise ecossistêmica veio resolver um problema antigo: os bens e serviços da natureza não eram computados na economia.

Ignoravam-se tais valores (em sua maioria, essa prática continua, infelizmente) e em seu nome produziram todo um espectro de destruição das paisagens naturais e dos seus recursos.

Economistas e ecólogos concordam que as diferenças entre valores do mercado e valores que não são do mercado devam ser abolidas, como forma de criar sistemas eficientes de avaliação de impacto ambiental e de estimativas de seus custos para uma justa gestão dos recursos ambientais. Isso é factível porquanto o custo dos bens e serviços da natureza está intimamente relacionado com a quantidade de energia gasta em sua produção.

Agora, a teoria econômica ligada à teoria energético-ecológica fornece o potencial para se incluir a obra da natureza (serviços dos ecossistemas) como também um valor econômico, não como um bem gratuito, elevando-se dessa maneira o sistema econômico ao nível de ecossistema.

A assertiva está bem representada pelos trabalhos de Bellia (1996) em *Introdução à economia do meio ambiente*, Ashworth (1995) em *A economia da natureza – repensando as conexões entre ecologia e economia*, e outros. Wackernagel e Rees (1996) também corroboram tais assertivas e acrescentam metodologias específicas.

Pensa-se que há uma competição entre preservação ambiental e emprego (trabalho). Contudo, isso não é correto, pois o *trabalho* do ambiente torna-o "sócio" da economia, contribuindo decisivamente para o seu desenvolvimento. Algumas vezes, empregos potenciais são perdidos para proteger o ambiente, mas a longo prazo a preservação do ambiente pode estimular a economia como um todo. Afinal, na atualidade, a informática, o turismo e o meio ambiente são os maiores geradores de novos empregos em todo o mundo.

ESTRUTURAS E FUNÇÕES DOS ECOSSISTEMAS: SERVIÇOS PRESTADOS E ANTROPISMO

Alheios à nossa percepção, são executados continuamente na natureza processos admiravelmente complexos e precisos de regulação e autoajustamentos, responsáveis pela vida como a concebemos agora em nosso planeta. Dentre tantos, destacam-se:

(1) Os ecossistemas controlam a qualidade da atmosfera. O oxigênio disponível para a respiração dos animais é produzido, em sua maior parte, por algas (e não pelas árvores, como normalmente se anuncia).

Por outro lado, algas azul-esverdeadas (cianofíceas) e outras bactérias controlam a concentração do nitrogênio (78% do ar atmosférico), convertendo-o (fixando-o) da forma atmosférica simples para moléculas mais complexas que podem ser utilizadas pelas plantas.

A partir das plantas, o nitrogênio percorre as cadeias alimentares até chegar aos animais. Vários decompositores "desmontam" os compostos de nitrogênio outra vez, e alguns o devolvem à atmosfera. Perturbando-se esse complexo ciclo, altera-se a natureza da atmosfera (a concentração dos óxidos de nitrogênio poderia aumentar, por exemplo, e atacar a camada de ozônio).

Todas as plantas e animais da Terra precisam de nitrogênio para a formação de proteínas. Alterar substancialmente o seu ciclo poderia significar a interrupção da vida na Terra.

(2) Os ecossistemas ajudam a controlar e melhorar o clima, influenciando o fluxo de energia do Sol. Esse fluxo pode ser modificado pela alteração da reflexividade da atmosfera e da superfície do planeta, o que significa mudança da quantidade de energia solar absorvida, e pela modificação do grau em que a atmosfera pode armazenar a energia solar que a Terra absorveu (efeito estufa).

Outra maneira pela qual os ecossistemas da Terra controlam o clima é influenciando no volume de gás carbônico presente na atmosfera. O trabalho é feito pela fotossíntese, respiração e absorção oceânica, que estão intimamente ligadas ao ciclo do carbono e com isso à determinação da concentração atmosférica do gás carbônico.

A alteração dos ecossistemas, causada por desflorestamento, queima de combustíveis fósseis e outros fatores, pode modificar esse conteúdo. Um aumento significativo no gás carbônico atmosférico poderá trazer consequências dramáticas, uma vez que causaria um aumento nas temperaturas globais, ao intensificar o efeito estufa.

(3) Outro serviço prestado pelos ecossistemas é o abastecimento e a regulagem da água doce, proporcionados por meio do controle da precipitação, evaporação e fluxos terrestres de água.

Os ecossistemas florestais são de particular importância no controle do ciclo hidrológico, armazenando e controlando a água, evitando as cheias (e as secas), a erosão do solo e sua areificação.

(4) Os ecossistemas aquáticos purificam a água, decompondo os dejetos, livrando-a de agentes patógenos e tóxicos. Esse serviço é comprometido ou suspenso quando a quantidade de dejetos supera a capacidade de autodepuração do sistema, ou quando substâncias tóxicas sintéticas são introduzidas. Os decompositores, por possuírem pouca ou nenhuma experiência evolucionária com tais compostos, normalmente não dispõem de mecanismos para digeri-los.

A geração e manutenção dos solos, a eliminação de dejetos e a reciclagem de nutrientes são funções importantes, com estreita inter-relação dos ecossistemas. Envolvem uma série de atividades como fragmentação das rochas pelos liquens e plantas, ancoragem do solo pelas plantas, ação de decompositores e outros organismos envolvidos na ciclagem de nutrientes, inclusive o carbono, nitrogênio, fósforo e enxofre (ciclos biogeoquímicos).

Esses processos vitais *não podem* ser substituídos na escala exigida pela tecnologia e modelos de desenvolvimento humano, sem que um alto preço seja pago, traduzido em catástrofes naturais como a exacerbação das alterações climáticas manifestadas por temperaturas desconfortáveis, secas, enchentes, desertificações etc.

(5) Os ecossistemas também controlam a enorme maioria de pragas agrícolas e de portadores de doenças humanas em potencial, e proporcionam alimentos e uma variedade de medicamentos e substâncias úteis a diversos setores industriais. Eles compreendem um enorme acervo genético de espécies e variedades das quais se recolheu a própria base da civilização.

Assim, uma derrubada de floresta, uma impermeabilização de solo etc., ocasionam a perda daqueles serviços ecossistêmicos, com a vinda de algum tipo de prejuízo.

Nota-se também que grande parte do que se planeja e se faz nas cidades, vai de encontro aos princípios de manutenção dos serviços dos ecossistemas, ignorando a sua existência. Credita-se isto à visão fragmentada das academias, sustentadas por paradigmas de pensamento e ação que consideram os recursos naturais como provisões infinitas e exclusivamente à disposição do ser humano.

Odum (1993) sugere uma proporção de 3 : 1 até 5 : 1 entre ambientes naturais e artificiais. Todavia, antes de se concluir, é necessário levar-se em conta três limitações:

1. Uma vez que o metabolismo energético dos ecossistemas urbanos é cerca de 100 vezes maior do que o de qualquer ecossistema natural – mesmo os mais produtivos como os manguezais e corais –, é necessária uma área muito grande do sistema natural para que a desordem produzida por uma pequena área do socioecossistema urbano seja dissipada. Essa capacidade dissipativa é fundamental para o desenvolvimento e a manutenção de uma estrutura altamente organizada.

2. A capacidade de sustentação da vida nos ecossistemas naturais varia segundo a sua produtividade e o grau de estresse já sofrido.

3. A proporção entre hectares "fantasmas" (alheios) e hectares internos complica as relações (exemplo do Japão), produzindo sobreposições. Estas sobreposições, segundo Wackernagel e Rees (1996) já alcançam toda a superfície da Terra (ecúmeno).

Dessa forma, pode-se concluir que é extremamente difícil a determinação objetiva da quantidade do ambiente natural que deve ser preservada dentro de determinada unidade política com a finalidade de sustentar um certo nível de desenvolvimento humano em um local.

Os sistemas de alta energia, como as cidades, requerem uma abundante sustentação da vida pela natureza. Se não forem preservadas grandes áreas de ambiente natural de forma a fornecer a entrada necessária da natureza, a qualidade de vida na cidade diminuirá, e a cidade não poderá mais competir economicamente com outras, ou que possuem tais sistemas à disposição, ou viver à custa da diminuição dos suprimentos de outras cidades, como já ocorre.

A água é um fator limitante para os seres vivos e para as cidades. Contudo, em muitas áreas, a situação da água é mais crítica. Se o custo energético para o fornecimento desse bem for muito elevado, o custo energético da cidade subirá até que ela não consiga mais competir com aquelas que não têm de pagar por esse custo extra.

Quando as cidades crescem além da sua capacidade de suporte e não conseguem mais arcar com os custos da sua manutenção, estabelece-se uma situação penosa. Pedem dinheiro para crescer ainda mais e os seus sistemas de manutenção da vida tornam-se cada vez mais escassos, exigentes e caros, quando deveriam estar desviando uma maior proporção de energia para a manutenção da qualidade e da eficiência do ambiente já desenvolvido e à redução do estresse do ambiente vital de manutenção dos sistemas que asseguram a vida.

A falta de visão sistêmica tem levado governantes a decisões bisonhas em todo o mundo, aplicando recursos nos locais errados, ignorando prioridades, impondo um lamentável exercício de enganos, comprometendo a sustentabilidade dos ecossistemas urbanos. Esse contexto é reforçado pela visão fragmentada praticada nas universidades, de onde saem os planejadores e tomadores de decisões.

Um outro elemento de reflexão localiza-se na necessidade de elevação da eficiência na utilização dos recursos naturais, transformando-se a economia linear em economia circular (Figura 2).

Economias Lineares

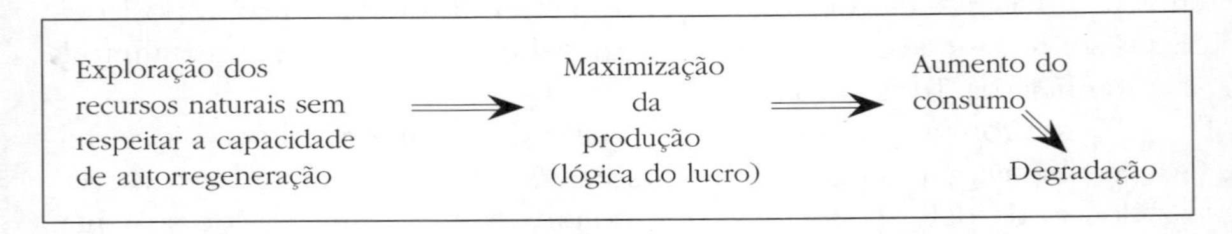

Economias Circulares

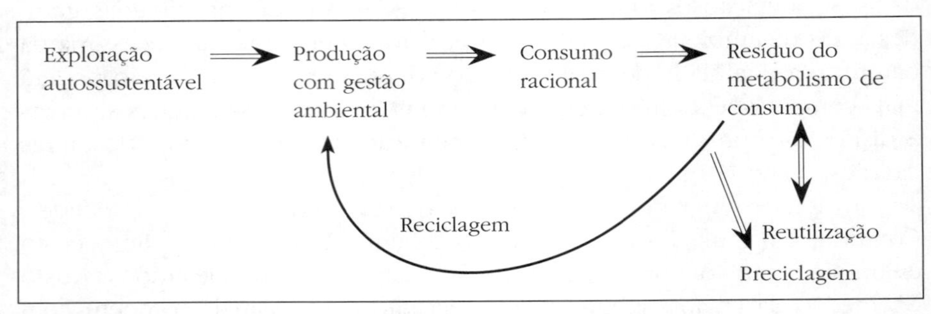

Figura 2 – *Utilização de recursos e modelos econômicos.*

O resultado da ação dos seres humanos sobre o ambiente natural nas últimas décadas tem demonstrado que nossa *espécie* vive uma crise de percepção. Age como se não dependesse dos sistemas que asseguram a vida no planeta, como se pudesse dispensar os serviços ecossistêmicos e fosse a última geração sobre a Terra.

As suas atividades produzem todos os tipos de agressões ao ambiente natural, causando desestabilização ecossistêmica e ameaçando até mesmo os próprios recursos vitais para sua sobrevivência, a exemplo dos recursos hídricos.

Rede de informações e estabilidade ecossistêmica

Encontramos na natureza a mais completa, sofisticada, intrincada e fascinante rede de informações. Os ecossistemas são ricos em redes de informações que compreendem fluxos de comunicação física, química e biológica, que interligam todas as partes e governam ou regulam o sistema como um todo.

Uma simples alteração de temperatura ou de nebulosidade, por exemplo, faz disparar inúmeros mecanismos que interpretam imediatamente as modificações e as introduzem no sistema, a uma notável velocidade, sob condições impressionantes de precisão.

Os ecossistemas se comunicam continuamente por meio das partes atmosféricas da água e dos ciclos de nutrientes que "lubrificam" continuamente a maquinaria da natureza (Ehrlich, 1993).

Odum (1985), em seu trabalho sobre tendências esperadas em ecossistemas estressados, estabeleceu uma série de 18 itens, que são, na verdade, leituras dos comportamentos de certos aspectos do ambiente, que terminam revelando o estádio geral desse ecossistema por meio das "comunicações" entre suas partes.

Para esse autor, são tendências de um ecossistema estressado:

1. aumento da respiração da comunidade (aumenta estrutura dissipativa);
2. a relação produção/respiração se torna desbalanceada;
3. a relação produção/biomassa e respiração/biomassa tem suas taxas aumentadas;
4. aumento da importância da energia auxiliar (metabolismo exossomático);
5. aumento da exportação da produção primária;
6. aumento da movimentação de nutrientes;
7. aumento do transporte horizontal de nutrientes e redução da ciclagem;
8. aumento da perda de nutrientes;
9. proporção de estrategistas *r* aumenta (espécies com potencial reprodutivo alto);
10. redução do tamanho dos organismos;
11. redução do período de vida de partes de organismos (folhas);
12. a cadeia alimentar se torna mais reduzida dada a redução do fluxo de energia nos níveis tróficos mais altos e/ou maior sensibilidade dos predadores ao estresse;
13. redução da diversidade de espécies e aumento da dominância;
14. o ecossistema se torna mais aberto;
15. a sucessão se reverte a estádios imaturos iniciais;
16. redução da eficiência no uso de recursos;
17. o parasitismo e outras interações negativas aumentam, enquanto o mutualismo e outras interações positivas decrescem;
18. as propriedades funcionais são mais resilientes do que as propriedades estruturais.

O grau de estabilidade ecossistêmica varia de acordo com o rigor do ambiente externo e da eficiência dos controles internos: a **estabilidade de resistência** indica a capacidade de um ecossistema resistir a perturbações e de manter incólume a sua estrutura e o seu funcionamento; a **estabilidade de elasticidade** indica a capacidade de se recuperar quando o sistema é desequilibrado por uma perturbação. Os dois tipos de estabilidade podem ser mutuamente exclusivos.

As atividades humanas desenvolvidas nos socioecossistemas urbanos são altamente desestabilizadoras. Em áreas densamente povoadas e ocupadas por atividades de intenso processamento energético, constituem-se em autênticos "pontos negros" do metabolismo ecossistêmico global.

Esse metabolismo atualmente se torna cada vez mais interativo com a capacidade humana de estabelecer e operar redes de informações.

Muitas transformações de energia são envolvidas na cadeia de interações que desenvolvem e mantêm informações que dão suporte a instituições educacionais, indústrias de alta tecnologia e o governo, cujo *feedback* organiza todo o sistema (a informação compartilhada = cultura, Odum, 1993). Por haver crenças e modos de trabalho comuns, os indivíduos juntos constituem uma unidade poderosa (o intenso trânsito em uma cidade só é possível pelo compartilhamento do conhecimento das normas de como dirigir).

Esse autor demonstra os caminhos da informação no topo da cadeia de transformação de energia, enfatizando o papel das universidades no desenvolvimento de novas ideias, tecnologia e capacitação de pessoal que vai difundir na sociedade, interagindo, contribuindo e controlando a cadeia de apoio mútuo.

ECOLOGIA HUMANA E PADRÕES DE INTERAÇÕES ECOSSISTÊMICAS

Quando a Ecologia se tornou o centro das atenções em todo o mundo (ou, mais precisamente, a temática ambiental), alavancada pela crise ambiental dos anos 70, agravada nos anos 80, não se imaginava que um erro crucial seria cometido de forma tão sistemática: aprofundaram-se os estudos sobre a flora e a fauna, esmiuçaram-se os recônditos dos seus metabolismos e comportamentos, estruturas e dinâmicas, mas não consideraram com a devida atenção dessa escalada de busca de conhecimentos a espécie humana.

Em nome da sua complexidade, negligenciaram-se os estudos sistêmicos das intensas, complexas e essenciais relações entre os seres humanos e destes com o ambiente. Dessa forma, a Ecologia Humana assenta as suas bases e procura mostrar:

(a) como as condições sociais (organização e estrutura da sociedade humana e seu ambiente artificial) afetam tanto o ambiente natural quanto a qualidade da experiência humana (condições de vida e estado biopsíquico);

(b) como o ambiente natural também afeta as condições sociais e a qualidade da experiência humana.

Quando as condições sociais e/ou o ambiente natural afetam o indivíduo, a intensidade dos efeitos na qualidade da sua experiência humana dependerá da sua capacidade em perceber essa influência, uma vez que a percepção é uma variável cultural (Boyden et al., 1981).

Nesse contexto, a Educação Ambiental, por meio dos seus processos e estratégias diversas, deve promover a percepção das alterações e tendências do seu ambiente total (condições sociais + ambiente natural), tornando os indivíduos e a comunidade aptos a agir em busca da defesa, melhoria e elevação da sua qualidade de vida, clarificando as relações da sua espécie com o seu ambiente.

Dentre as análises dos modelos de padrões de interação ser humano-ambiente efetuadas destaca-se o de Almeida Jr. (1994). Segundo esse autor, os ancestrais da espécie humana atual (*Homo sapiens sapiens*), resultado tardio da evolução cósmica, surgiram há apenas 3,5 milhões de anos, quando a vida já existia havia 4 bilhões de anos, em um planeta com 5 bilhões de anos.[2]

Com o ser humano, além dos processos evolucionários físicos, químicos e biológicos, contínuos desde o *Big Bang* (15 bilhões de anos), surgiu um terceiro processo evolucionário – o ***eucultural*** ou verdadeiramente cultural –, que resultou nos paradigmas de percepção, pensamento e ação que tornaram a espécie humana peculiar.

Tais paradigmas foram produzindo símbolos e artefatos, manifestações culturais que culminaram em ideias, interações, invenções, processos, organizações, sistemas e novos paradigmas. Assim, foram produzidas as Revoluções Neolítica, Industrial e Tecnológica.

---

2 A Terra começou a esfriar há cerca de 3 bilhões de anos, permitindo a formação dos mares primitivos (sopa de material orgânico) e originando as primeiras formas de vida (bactérias e algas azuis); há 400 milhões de anos surgiram os peixes; 300 milhões de anos, os anfíbios; 150 milhões de anos, os répteis; 50 milhões de anos, os primatas; cinco milhões, o primeiro hominídeo; o *Australopitecus*, 2 milhões de anos; o *Homo erectus*, um milhão de anos; o homem de *Neandertal*, 250.000 e o *Homo sapiens*, nossa espécie, 40.000 anos. O *Homo imprudentis*, cerca de 50 anos.

A evolução humana, adaptativamente antropocêntrica, gerou civilizações com suas religiões, filosofias, artes, ciências e tecnologias, e permitiu que se aprendesse a "adquirir, preservar, transmitir, aplicar e transformar conhecimentos; aprendeu, igualmente, a expressar e a modular suas emoções" (Almeida Jr., p. 287). O ser humano passou a elaborar sistemas valorativos, políticos, jurídicos, econômicos e sociais, e se transformou num criador e construtor exímio – *na* paisagem e *da* paisagem –, sem controle de si mesmo e do seu meio, e produziu alterações de forma a tornar-se presa de si mesmo.

Almeida Jr. (p. 287) acentua que "a Terra atual é um imenso complexo de ecossistemas humanos" (ecosfera). A característica de um ecossistema natural é expressa na interdependência dos seus componentes físicos (abióticos) e vivos (bióticos), mantidos por uma estrutura biofísica e fluxos energéticos e ciclos de matéria, em equilíbrio dinâmico, no âmbito de suas dimensões espaço-temporais.

Em um ecossistema humano a essência é a mesma, porém mais complexa pelo acréscimo de componentes e estruturas euculturais. Todo ecossistema é passível de dissipação de energia, logo é passível de modificações estruturais e funcionais, dependendo da sua *resiliência* (capacidade de responder e se recuperar de tensões impostas).

A partir da Revolução Industrial a Terra passou a exibir sintomas evidentes de estar no limite crítico da sua resiliência ecossistêmica. Para o Worldwatch Resources Institute – WRI (1997) e Wackernagel e Rees (1996) tais sintomas estão sendo expressos por meio das profundas alterações ambientais globais que estão sendo experimentadas na atualidade.

Para Almeida Jr., a consciência coletiva desse fenômeno é recente (últimos 50 anos). A despeito de grandes movimentos de ação planetária como o ambientalismo, novos campos de estudos como a Ecologia Humana, Economia Ecológica, Educação Ambiental e Direito Ambiental; tecnologias limpas; novas teorias como a de James Lovelock (Gaia); novas ideias e conceitos como o de Desenvolvimento Sustentável; projetos de manejo ecológico, de avaliação de impacto ambiental e de Unidades de Conservação, a questão crucial de como evitar a ecocatástrofe parece persistir como um grande desafio.

Observa-se que no modelo cooperativo estabelece-se uma interação de ganhos mútuos (sociedades tribais e não tribais tradicionais) enquanto no modelo competitivo ocorrem perdas mútuas (desastres ambientais como Bhopal, Chernobyl, Alasca e outros). De natureza essencialmente antropocêntrica, o modelo conflitivo-egoísta, próprio de sociedades não sustentáveis, é o preponderante. Representa o modelo atual de "desenvolvimento",

Quadro 1 – *Modelos de interação ser humano – ambiente.*

C/B socioeconômico para o ser humano		C/B ecológico para o ambiente	Natureza da interação	Tipo de modelo	Efeitos sobre ser humano	Ambiente
C < B	(+)	C < B (+)	Equilibrada	Cooperativo	Favorável	Favorável
C < B	(+)	C > B (-)	Desequilibrada	Conflitivo-egoísta	Favorável	Desfavorável
C > B	(-)	C < B (+)	Desequilibrada	Conflitivo-altruísta	Desfavorável	Favorável
C > B	(-)	C > B (-)	Equilibrada	Competitivo	Desfavorável	Desfavorável

C: Custo B: Benefício
Fonte: Adaptado de Almeida Jr. (1996, p. 289).

responsável pelo limite crítico de resiliência ecossistêmica e da crise planetária. O modelo conflitivo-altruísta é o mais raro de todos (proteção à natureza). Resulta do investimento humano na natureza (criação e manutenção de unidades de conservação, por exemplo). Os quatro modelos interagem de forma dinâmica, eclética e complexa. O autor, entretanto, adverte ser impossível analisar tais padrões de interação sem recorrer a referenciais de valores, que na essência são relativos (ainda que possam conter alguns valores absolutos como a preservação da vida humana, por exemplo).

AS DIMENSÕES HUMANAS DAS ALTERAÇÕES AMBIENTAIS GLOBAIS

Segundo o IGBP (International Geosphere-Biosphere Programme, 1990), durante a geração passada, o ambiente da Terra mudou mais rapidamente do que qualquer outro tempo comparável na história. Embora os fenômenos naturais tenham um papel importante nessas mudanças, a fonte primária dessa dinâmica tem sido precipitada pelas interações do ser humano com a biosfera. Tais influências, produzidas de modo inadvertido ou propositado, criaram e criarão mudanças globais dramáticas que alterarão a existência humana por muito tempo.

Tais mudanças globais são resultados das relações políticas, sociais, econômicas e religiosas da humanidade com a Terra. Agricultura, silvicultura, produção e padrões de consumo de energia e materiais, aumento da população, urbanização e outras atividades humanas alteraram os ecossistemas aquáticos, terrestres e a atmosfera da Terra.

Essas alterações incluem, entre outras:

a) o aquecimento e as alterações climáticas globais (impactos sobre o ambiente e a sociedade, causas do aquecimento);

b) desflorestamentos (impactos na biosfera, na sociedade);
c) redução da camada de ozônio (efeitos sobre os seres vivos);
d) redução da produtividade biológica e da biodiversidade;
e) redução da diversidade cultural;
f) alterações da superfície da Terra pelo uso;
g) alterações da qualidade do ar e da qualidade de vida de milhões de seres humanos e não humanos.

Todas essas mudanças transcendem as fronteiras nacionais e devem ser vistas sob uma perspectiva global (Knapp et al., 1995).

De todas essas alterações, há um consenso de que o efeito estufa, pela sua possibilidade de modificar o clima global e causar modificações profundas nas dinâmicas ecológicas, econômicas, sociais, políticas, dentre outras, é o componente mais dramático.

O efeito estufa é um fenômeno natural que ocorre desde que surgiu a vida na Terra. Por muito tempo, a quantidade de energia transmitida do Sol para a superfície da Terra era aproximadamente igual ao montante de energia reirradiada de volta ao espaço na forma de radiação infravermelha. Entretanto, a temperatura da Terra é influenciada pela existência, densidade e composição da atmosfera. Aqui, alguns gases e vapor d'água absorvem radiação infravermelha e a reirradiam para a superfície da Terra, aprisionando o calor na baixa atmosfera. Quanto maior a concentração desses gases, maior será a quantidade de calor retida, aumentando o efeito estufa (Flavin, 1998).

Muitos gases causadores do efeito estufa (GE) têm fontes naturais substanciais, em adição às fontes humanas, e há mecanismos naturais poderosos de remoção e balanços, dentre eles **os oceanos**. Estes cobrem aproximadamente 70% da superfície da Terra e funcionam como "sumidouros" de GE, principalmente gás carbônico.

Como era esperado, existe uma inter-relação crítica entre os oceanos (grande bioma) e a biosfera que influencia as alterações climáticas globais. Os oceanos têm um papel importante na remoção do gás carbônico da atmosfera, controlando a sua concentração e funcionando como um mediador das suas influências (Knapp et al., 1995).

Mas essa importante função dos oceanos está sendo prejudicada pelo aumento da temperatura global, que faz com que o gás carbônico absorvido/diluído nas águas oceânicas retorne à atmosfera, aumentando a concentração desses gases e, consequentemente, o efeito estufa (Unesco, IOC, 1991).

Os principais GE são o vapor d'água (H_2O), o gás carbônico (CO_2), o metano (CH_4), o óxido nitroso (N_2O) e os clorofluorcarbonos (CFCs). As suas concentrações globais estão na Tabela 1.

Tabela 1 – *Concentração atmosférica global dos gases estufa.*

Gases estufa	CO_2 (ppm)	CH_4 (ppm)	N_2O (ppm)	CFC-11 (ppt)	CFC-12 (ppt)
Concentração atmosférica pré-industrial	278	0,700	0,275	0	0
Concentração atmosférica em 1992	356	1.714	0,311	268	503
Média da mudança anual	1,6	0,008	0,0008	0	7
Média da mudança (%/ano)	0,4	0,6	0,25	0	14
Período de vida (ano)	50-200	12	120	50	102

Fonte: Intergovernamental Panel on Climate Change, *Climate Change*, 1996.

O vapor d'água é o GE mais comum na atmosfera, e está em equilíbrio. É emitido para a atmosfera em volumes gigantescos por meio da evaporação natural de oceanos, lagos, rios e solos, pela evapotranspiração dos vegetais e pela transpiração dos animais. Retorna ao solo na forma de chuva, neve e outros. O vapor d'água é tão abundante na atmosfera que emissões adicionais provavelmente não absorveriam calor significativo de modo a contribuir para as alterações climáticas globais. De acordo com o IPCC (1996), a emissão antropogênica de vapor d'água não é um fator importante para melhorar ou piorar as mudanças climáticas.

O mesmo não se pode afirmar do gás carbônico, que constitui a maior parte dos GE e é responsável por 66% a 74% do aquecimento do planeta. Segundo Knapp et al. (1995), a sua maior fonte é a queima de combustível fóssil (80%) e desflorestamentos (20%).

Em 1960 reconheceu-se que a concentração de gás carbônico na atmosfera terrestre estava crescendo. Subsequentemente, tinha sido descoberto que a concentração atmosférica de metano, óxido nitroso e outros produtos químicos estava aumentando.

Os modelos de simulação em computador indicam que o aumento da concentração dos GE na atmosfera terrestre produz um aumento na temperatura média da Terra. Esse aumento de temperatura (5,8 graus, em cem anos) produz mudanças no clima e no nível dos oceanos, que por sua vez podem alterar os atuais padrões de uso da terra e assentamentos humanos.

Pode também aprofundar o fosso entre os países ricos e pobres, reduzir a produção agrícola dos países tropicais e induzir secas, enchentes e tempestades nessas regiões.

Prevê-se que, em 25 anos, 5,4 bilhões de pessoas – 90% da população da Terra, na época – enfrentarão escassez de água.

No Brasil, os Estados nordestinos serão os mais atingidos, principalmente pelo fortalecimento do El Niño. Algumas paisagens já mudaram.

Na África, o Kilimanjaro, o monte das neves eternas, já perdeu 82% da sua cobertura de gelo desde 1912. A África será atingida por secas cada vez mais rigorosas, aumentando a fome e a dispersão de doenças infecciosas (Avaliação das mudanças climáticas, ONU, 2001).

O Painel Intergovernamental sobre Mudanças Climáticas (IPCC) – grupo designado pela ONU, com mais de 2 mil cientistas – projetou como possíveis efeitos inundações costeiras, intempéries mais frequentes e mais intensas, pressões em sistemas hídricos e agrícolas, perda da biodiversidade, padrões mutantes de migração e maior incidência de doenças infecciosas.

Sondas submarinas indicam que a espessura do gelo ártico reduziu-se em 42%, desde a década de 1950. A placa de gelo da Groenlândia está perdendo 51 km^3 a cada ano.

Apesar da aparente evidência de correlação entre as atividades humanas e as alterações ambientais globais, alguns especialistas defendem que ainda não é possível certificar-se de que o que se tem atualmente são flutuações estocásticas (randômicas) ou inícios de tendências. Hoje, a maior parte da comunidade científica internacional não compartilha essa dúvida.

Em seu artigo "História climática da Terra dos últimos 420.000 anos" Petit (Nature, 1999) baseado em novos dados do núcleo de gelo mais profundamente perfurado, em pesquisas dessa natureza (Vostok, Antártida), afirma que as atuais concentrações de gás carbônico atmosférico são sem precedentes durante os últimos 420 mil anos.

O relatório do IPCC de 1996 concluiu que a nossa habilidade para quantificar a influência humana sobre o clima global é limitada porque os sinais esperados ainda estão emergindo do barulho da variabilidade natural, e porque há incertezas em fatores-chave. Entretanto, o balanço de evidências do mais recente relatório do IPCC (*IPCC Special Report on Emissions Scenarios*,

2001), capítulo 5, *Cenários de Emissões*,[3] sugere que há uma influência humana discernível sobre o clima, patente no peso da interferência humana sobre os ecossistemas, ao se aferir os totais de emissões de origem antropogênica, na contabilidade global de emissões de gases estufa (Tabela 2).

Tabela 2 – *Emissões globais anuais de gases estufa (1990).*

CO_2 (GtC)	
Combustível fóssil e produção de cimento	6,0
Mudanças no uso da cobertura do solo	1,1
Total antropogênico	7,1
CH_4 ($MtCH_4$)	
Relacionado com combustíveis fósseis	68-94
Fermentação entérica	80-97
Dejetos de animais	20-30
Plantações de arroz	29-61
Queima de biomassa	27-46
Aterros	51-62
Lixo doméstico	15-18
Total natural	110-210
Total antropogênico	298-337
N_2O (MtN)	
Solos cultivados	4,2-4,8
Gado e ração	0,2-0,5
Queima de biomassa	0,4-1,3
Fontes industriais	0,9-1,2
Total antropogênico	6,0-6,9

Fonte: Relatório Especial sobre Cenários de Emissões, IPCC, 2001.

3 O relatório está disponível em *www.ipcc.ch* ou mais especificamente *www.grida.no/climate/ipcc/emission/116.htm*. Formulado por 50 cientistas de 18 países, o relatório apresenta 40 cenários de emissões diferentes, desenvolvidos por seis diferentes abordagens de modelos (incluem elementos demográficos, sociais, econômicos, tecnológicos e políticos, explorando variações de desenvolvimento regional e global e suas implicações nas emissões de gases estufa). Cenários não são previsões, são imagens do futuro ou futuros alternativos, instrumentos apropriados para lidar com incertezas.

Enquanto a existência e as consequências das mudanças induzidas pelos seres humanos permanecem em uma arena de discussões, as ameaças das alterações climáticas fizeram com que muitos governos reunissem esforços para buscar algum mecanismo de limitação dos riscos dessas mudanças e amenizar as possíveis consequências. No presente, os esforços estão sendo direcionados para a identificação de fontes e níveis de emissão de GE e para a determinação de mecanismos de redução de emissões e aumento da capacidade de absorção desses gases.

FONTES GLOBAIS DE GASES ESTUFA

Muitos GE têm origem natural, em adição às fontes antropogênicas. Existem mecanismos naturais poderosos para a sua remoção da atmosfera. Entretanto, devido ao contínuo crescimento da sua concentração, mais gases estão sendo liberados para a atmosfera do que absorvidos pelos sistemas naturais (Tabela 3).

Tabela 3 – *Fontes globais naturais e antropogênicas e absorção de GE.*

Gases estufa (milhões t)	**Fontes**			
	Natural	**Antropogênica**	**Absorção**	**Crescimento anual**
Gás carbônico	150.000	7.100	154.000	3.100-3.500
Metano	110-210	300-450	460-660	35-40
Óxido nitroso	6-12	4-8	13-20	3-5

Fonte: IPCC, 1996 (p. 17-19).

Gás carbônico – é um composto comum no planeta, e imensas quantidades podem ser encontradas na atmosfera, nos solos, em rochas carbonatadas, e dissolvidas na água oceânica.

Na Terra, todos os seres vivos participam do ciclo do carbono, no qual o gás carbônico é extraído do ar pelas plantas e algas que o decompõem em carbono e oxigênio. O carbono é incorporado à biomassa das plantas e algas, formando carboidratos, e o oxigênio é liberado para a atmosfera em sua forma molecular (O_2).

A biomassa se oxida e retorna o gás carbônico para a atmosfera ou armazena o carbono orgânico no solo, nas rochas ou em outros produtos orgânicos. Assim, o ciclo do carbono envolve a sua assimilação pelas plantas como gás carbônico, seu consumo na forma de tecidos vegetais e animais, sua liberação por meio da respiração, e seu acúmulo na biomassa e em reservatórios de longa duração como combustíveis fósseis.

Segundo o IPCC (1986), pesquisas feitas com amostras de gelo antártico indicam que esse ciclo passou a perder o seu estado de equilíbrio nos últimos 200 anos, com a emissão de gás carbônico excedendo a capacidade de absorção pelos sistemas naturais da Terra (fotossíntese e absorção oceânica) (Tabela 4).

Tabela 4 – *Fontes de emissão de gás carbônico.*

Fontes	**(bilhões t/ano)**
Liberada pelos oceanos	90
Decaimento aeróbico (vegetação)	30
Respiração (plantas e animais)	30
Fontes antropogênicas	7

Fonte: IPCC, 1996.

A principal fonte antropogênica de emissão de gás carbônico é a queima de combustíveis fósseis, responsável por aproximadamente 3/4 dessas emissões. Os processos naturais – fotossíntese e absorção oceânica – absorvem substancialmente todo o gás carbônico naturalmente liberado para a atmosfera, além das emissões de origem antropogênica; entretanto, como já foi visto, está ocorrendo um acúmulo da ordem de 3,1 a 3,5 bilhões de toneladas/ano na atmosfera, por superarem esta capacidade natural de absorção. As pessoas espalhadas pelas diversas nações têm um histórico de participação diferenciado (Tabela 5).

Tabela 5 – *Emissão industrial de gás carbônico em 1992.*

Classificação	País	Total CO_2 emitido (milhões t métricas)*	Emissão *per capita* (mtm)
01	Estados Unidos	4.881.349	19,13
02	China	2.667.982	2,27
03	Rússia	2.103.132	14,11
04	Japão	1.093.470	8,79
05	Alemanha	878.136	10,96
06	Índia	769.440	0,88
07	Ucrânia	611.342	11,72
08	Reino Unido	566.246	9,78
09	Canadá	409.862	14,99
10	Itália	407.701	7,03
11	França	362.076	6,34
12	Polônia	341.892	8,90
13	México	332.852	3,77
14	Cazaquistão	297.982	17,48
15	África do Sul	290.291	7,29
16	Coreia do Sul	289.833	17,48
17	Austrália	267.937	15,24
18	Coreia do Norte	253.750	11,21
19	Irã	35.478	3,81
20	Espanha	223.196	5,72
21	Arábia Saudita	220.620	13,85
22	Brasil	217.074	1,39

* Essa unidade é comum na indústria. É utilizada em lugar de gigagrama (10^9g).
Fonte: Adaptado de WRI, CDIAC, 1997.

Tabela 6 – *Concentração do gás carbônico na atmosfera global.*

Ano	CO_2 (ppm)
1960	316,7
1970	325,5
1980	338,5
1990	354,0
2000	368,4

Fonte: Worldwatch Institute, 2000.

Para se ter uma ideia da gravidade do problema, no início dos anos 1990 o mundo emitia cerca de 6 bilhões de toneladas de gás carbônico por ano. Atualmente, só os Estados Unidos emitem 1 bilhão de toneladas. O desflorestamento, as queimadas e a queima de combustíveis elevaram as emissões anuais de gás carbônico para 7,8 bilhões de toneladas. Nesses padrões, o agravamento das alterações climáticas globais é inevitável. A década de 1990 foi a mais quente do milênio.

As análises de plâncton fossilizado indicam que os níveis atuais de gás carbônico, na atmosfera terrestre, podem estar em seu ponto mais alto, em 20 milhões de anos (Dunn, 2001, p. 90).

Metano – é um gás-traço da atmosfera terrestre (constituinte em menor quantidade), radiativa e quimicamente ativo. O metano absorve radiação infravermelha (calor) e ajuda a aquecer a Terra.

Participa de reações químicas na atmosfera, influenciando na concentração de ozônio troposférico e vapor d'água estratosférico, ambos os gases causadores de efeito estufa. Portanto, o aumento de sua concentração na atmosfera terrestre tem implicações importantes para o efeito estufa e as alterações climáticas globais. Além do mais, um grama de metano produz o impacto causado por 60 gramas de gás carbônico, tornando-o um gás de alto potencial de aquecimento global (*Global Warming Potential* – GWP).

A sua concentração na atmosfera pode aumentar com o aquecimento global uma vez que o aumento da temperatura faz desprender mais metano dos pântanos, lixões e outros meios para a atmosfera.

A sua concentração é determinada pelo balanço entre suas taxas de emissão e remoção. O aumento da sua concentração indica que a taxa de entrada excede a taxa de remoção. A principal fonte de absorção é a sua combinação atmosférica, resultando em gás carbônico, e por meio da decomposição por bactérias no solo.

A concentração de metano na atmosfera no período compreendido entre 10.000-160.000 anos atrás era de 0,35 ppmv (partes por milhão por volume), segundo análises de bolhas de ar aprisionadas no gelo da Antártida e da Groenlândia (EPA, 1998; CDIAC/ORNL, 1997).

Análise similar para o período de 200-2.000 anos atrás mostrou que a concentração do metano atmosférico cresceu para 0,8 ppmv. Nos últimos 200 anos essa concentração aumentou dramaticamente. Em 1978 era de 1,51 ppmv e em 1991, 1,72 ppmv (CDIAC, 1998).

O metano é gerado por uma variedade de complexos sistemas geoquímicos e biológicos. As emissões desses sistemas variam de acordo com o resultado de práticas de manejo, climas e condições físicas que se alteram diária, sazonal e anualmente. Como resultado, as emissões de metano podem variar muito em função do lugar e do tempo.

Baseando-se em anos de medidas detalhadas da concentração do metano na atmosfera e na taxa estimada de destruição de metano, a entrada anual desse gás pode ser calculada. A tabela seguinte expressa as diversas fontes globais de emissão de metano e as suas respectivas contribuições.

Tabela 7 – *Fontes globais de emissão de metano.*

Fonte	%
Terras úmidas (saturadas)	23
Gado domesticado	16
Cultivo de arroz	12
Sistemas petróleo/gás	10
Minas de carvão	8
Queima de biomassa	8
Lixões	6
Tratamento de esgoto	5
Estrume de gado	5
Térmitas	4
Oceanos e água fresca	3

Fonte: EPA, 1998 (adaptado de gráfico).

Cerca de 70% do crescimento da concentração de metano, na atmosfera terrestre, está altamente correlacionado com o aumento da população humana e suas atividades (EPA, 1998), dentre as quais as seguintes:

• Criado para alimentar e prover uma série de outras necessidades dos humanos**, o gado domesticado** produz um montante significativo de metano, como parte do seu processo digestivo. No estômago "externo" dos ruminantes a fermentação microbiana converte alimentos em produtos que podem ser digeridos e utilizados e em subprodutos, dentre eles o metano que é eructado para a atmosfera por esses animais.

• Quando ocorre a decomposição anaeróbica da matéria orgânica das fezes desses animais, também ocorre a formação e liberação de metano. Entretanto, é no manejo de sistemas que lidam com estrume líquido que se tem a maior produção desse gás. O metano também é produzido, em quantidades menores, por processos digestivos, inclusive humanos (flatulência e fezes).

• Os arrozais liberam metano para a atmosfera, por meio da decomposição anaeróbica da matéria orgânica no solo. Solos encharcados são ambientes ideais para a produção desse gás, devido ao seu alto nível de substratos orgânicos, condições de esgotamento do oxigênio e mistura. O nível de emissões varia com as condições do solo, com as práticas de produção e com o clima.

• Vazamentos durante a produção, processamento, transmissão e distribuição de gás natural contribuem também para as emissões globais do metano, uma vez que esse gás constitui quimicamente a maior parte do gás natural. Uma vez que o gás natural é encontrado em conjunção com o petróleo, a exploração e produção de petróleo são fontes de emissão de metano. O CH_4 é igualmente liberado, se bem que em quantidades menores, quando da combustão do gás natural e dos demais derivados de petróleo.

• O metano também é desenvolvido durante o processo de formação do carvão, onde fica armazenado. É liberado para a atmosfera quando o carvão é minerado e consumido.

• Outra fonte de emissão global do metano é a queima de biomassa, como parte de manejo em diversos sistemas de agricultura, ou mesmo como combustível para diversas atividades industriais e domésticas. A contribuição global da queima de biomassa para as emissões globais do metano é incerta devido à falta de dados sobre frequência, área queimada e características dos incêndios.

• Os lixões geram gases, principalmente o metano e o gás carbônico, que resultam da decomposição anaeróbica dos materiais orgânicos degradáveis. O processo começa quando os resíduos chegam aos lixões, e continua por 30 anos ou mais.

• E, finalmente, o tratamento de esgotos, quer doméstico ou industrial, produz e libera metano para a atmosfera, como resultado do processo anaeróbico dos seus constituintes orgânicos.

Óxido nitroso – ao contrário do gás carbônico e do metano, o óxido nitroso é liberado em quantidades menores. Contudo, o seu GWP (*Global Warming Potential*) o torna 310 vezes mais poderoso que o gás carbônico para absorver calor e, consequentemente, contribuir para o efeito estufa (IPCC, 1996).

Este composto, ativo química e radiativamente, é produzido naturalmente por meio de uma larga variedade de fontes biológicas no solo e na água. A maior parte de sua emissão ocorre pela quebra de compostos nitrogenados por bactérias no solo, particularmente em florestas. As principais fontes de origem antropogênica se dão por meio do manejo do solo (aplicação de fertilizantes nitrogenados), da queima de combustíveis fósseis e dos diversos processos industriais (produção de ácido adípico e ácido nítrico).

Nos Estados Unidos, a maior fonte de emissão desse gás tem sido o uso de energia, que inclui fontes móveis de combustão (veículos de passageiros e caminhões, principalmente), fontes estacionárias para uso residencial e industrial. A segunda fonte é a agricultura, por meio do uso de fertilizantes nitrogenados e queima de resíduos da produção de grãos. Juntas, essas fontes respondem por 65% das emissões do N_2O do país. A terceira fonte são as indústrias que produzem os ácidos adípico e nítrico.

O ácido adípico é utilizado para manufaturar o náilon 6,6 (aplicado na confecção de plástico e fibras para roupas, carpetes e pneus), lubrificantes de baixa temperatura, inseticidas, tintas e o sabor tangerina de muitos alimentos.

O ácido nítrico é utilizado para sintetizar fertilizantes, o próprio ácido adípico e entra como componente de explosivos. É produzido pela oxidação da amônia, durante a qual o N_2O é formado e liberado para a atmosfera (esta forma representou 9% das emissões do gás nos Estados Unidos, em 1995) (EPA, 1997).

Medidas da DuPont indicam um fator de emissão de 2 a 9 g de N_2O para cada quilograma de HNO_3 produzido. Só em 1997 foram produzidos, nos Estados Unidos, 9,1 milhões de toneladas do ácido, resultando na emissão de 50.000 toneladas métricas de óxido nitroso (EIA, 1997).

A emissão por veículos é influenciada por vários fatores, como o tamanho da frota, quilometragem utilizada, tecnologias de controle de emissões, dentre outros. Curiosamente, os veículos mais novos, equipados com conversores catalíticos, utilizados para reduzir as emissões de monóxido de carbono e outros compostos orgânicos voláteis, emitem acima de 20 vezes mais N_2O do que os veículos não dotados desses equipamentos (EIA, 1997).

As modificações no uso da terra também produzem emissões de óxido nitroso, notadamente conversões de áreas naturais para pastagens ou para a produção de grãos; entretanto, existem poucas estatísticas a respeito.

Um outro aspecto ligado ao metabolismo do nitrogênio para as alterações ambientais globais refere-se à deposição da sua forma oxidada (NO). Segundo Gallaway et al. (1994), a produtividade dos ecossistemas é, com frequência, limitada pelo nitrogênio. Por isso, a conversão de N_2 para a sua forma reativa por meio da fixação microbiana é um dos pontos nevrálgicos da dinâmica ecossistêmica.

A oferta de nitrogênio reativo para a atmosfera terrestre tem crescido substancialmente devido ao aumento da população humana e da sua dependência de combustíveis fósseis como fonte de energia. Isto tem o potencial de fertilizar o solo, resultando em sequestro do carbono, acidificação da atmosfera e aumento da emissão do N_2O, reduzindo o consumo de CH_4

nos solos das florestas. O aumento das emissões do óxido nitroso pode levar a um crescimento da concentração do ozônio, que por sua vez resulta no aumento da capacidade oxidativa da atmosfera e na sua capacidade de absorver radiação infravermelha (aumentando o efeito estufa). De maneira geral, a deposição de nitrogênio para os ecossistemas globais é fortemente controlada por padrões de produção e consumo da população, queima de combustíveis fósseis, queima da biomassa e emissões biogênicas do solo.

As emissões de N_2O são difíceis de quantificar em uma escala global, até mesmo porque foi o último GE estudado, mas admite-se um acréscimo anual de 4 milhões de toneladas métricas na atmosfera terrestre (EIA, 1997).

Halocarbonos – nas últimas décadas, o ser humano produziu uma grande variedade de produtos químicos não encontrados normalmente na natureza, para uma variedade igualmente grande de propósitos. Nessa escalada, sintetizou substâncias para uma larga aplicação industrial-comercial, cujas consequências ambientais globais do seu uso só iriam ser percebidas décadas depois. É o caso dos halocarbonos (CFCs – clorofluorcarbonos, HCFCs – hidroclorofluorcarbonos), utilizados com maior frequência como compostos de limpeza, agentes refrigeradores (tanto em veículos como nas indústrias, no comércio e nas residências).

Esses compostos, criados em 1930, possuem características industrialmente desejáveis, ou seja, são inertes, estáveis, não tóxicos, não inflamáveis e relativamente fáceis de serem sintetizados e manuseados em qualquer lugar. Entretanto, suas moléculas absorvem radiação infravermelha em comprimentos de onda que não seriam amplamente absorvidos e se constituíram em poderosos GE, centenas a milhares de vezes mais potentes do que o CO_2.

Por serem estáveis, uma vez emitidos permanecem na atmosfera por centenas ou milhares de anos. Quando são decompostos pela luz solar, liberam cloretos (Cl^-) que por sua vez destroem moléculas de ozônio (O_3) estratosférico, o filtro protetor natural contra a radiação ultravioleta solar. Cada íon cloreto tem o potencial de destruir 100 mil moléculas de ozônio (Unesco, 1997).

Dependendo da sua localização na atmosfera, o ozônio pode ser maléfico ou benéfico para a vida na Terra. O ozônio na troposfera (até 10 km acima da superfície da Terra) é maléfico, pois pode destruir tecidos dos pulmões e das plantas. Localizado entre 10 km e 40 km de altitude (estratosfera), é benéfico, pois absorve as perigosas radiações ultravioletas do Sol.

Sem essa proteção, os humanos estariam expostos a radiações potencialmente indutoras de câncer de pele, catarata e outros males, além de prejudicar o seu sistema imunológico. Poderia também produzir rupturas na cadeia alimentar marinha e afetar a produtividade agrícola devido aos seus efeitos sobre o plâncton e os grãos. Os raios ultravioleta também causam degradação de alguns materiais como os plásticos.

O uso desses compostos era uma unanimidade, considerados insubstituíveis no campo da refrigeração e do ar-condicionado. Muitas das aplicações dos CFCs eram de alta relevância para a sociedade como preservação de alimentos, armazenamento de vacinas e fabricação de medicamentos. Os halógenos, por sua vez, também apresentavam uma longa lista de aplicações importantes como a extinção de fogo e outros. Esses produtos eram aplicados em espumas utilizadas em refrigeração, aerossóis, solventes e diversos biocidas.

Em 1975, a Unep lançou um programa de pesquisas sobre os riscos envolvidos na destruição da camada de ozônio. Organizou um comitê e iniciou o Plano de Ação Mundial em 1977. Contudo, na época, a comunidade científica ainda não reunia evidências científicas satisfatórias para incriminar os CFCs e seus primos. Apesar disso, um esforço internacional tornou possível a Convenção de Viena, em 1977, o primeiro tratado internacional baseado no manejo de risco.

Em setembro de 1987, diplomatas e ministros do meio ambiente de 24 nações reuniram-se no Canadá e firmaram o Protocolo de Montreal, um tratado sem precedentes na história das negociações internacionais, estabelecendo limites para o uso desses produtos. O Protocolo de Montreal é considerado como um exemplo da ciência a serviço da humanidade e da qualidade ambiental e uma grande lição sobre formas de condução de questões ambientais.[4]

Como resultado, as emissões de CFC declinaram a partir de 1998 e muitos produtos alternativos surgiram, dentre eles novos HCFCs, mais reativos e consequentemente com menor período de vida na atmosfera, com menos efeito sobre o ozônio.

Os HFCs (hidrofluorcarbonos) não possuem cloro em suas moléculas, logo não destroem o ozônio, porém apresentam alto potencial para alterações climáticas. Esses produtos eram raros antes de 1990, mas em 1994 o HFC-134a foi adotado como o gás refrigerante dos aparelhos de ar-condi-

4 Essa conquista está sendo ameaçada pelo tráfico internacional de CFCs e Halons. A China e a Índia continuam produzindo esses produtos ilícitos e distribuindo em várias partes do mundo, muitas vezes utilizando os mesmos canais do tráfico de drogas e de animais silvestres. Esse mercado negro, dirigido a milhares de consumidores que ainda utilizam equipamentos à base de CFCs, retardará a recuperação projetada da camada de ozônio.

cionado de virtualmente todos os novos carros nos Estados Unidos, aumentando a sua emissão anual rapidamente.

Além dos halocarbonos (CFCs – dentre os CFCs o mais conhecido é o CFC-12, gás freón-12, HFCs, HCFCs e PFCs), há uma gama de compostos da engenharia química, produzidos em menor quantidade, que também são classificados como destruidores do ozônio: perfluorocarbonos (CF_4, C_2F_6 e C_3F_8) emitidos como subprodutos da fundição do alumínio, alguns solventes industriais como o tetracloreto de carbono, o clorofórmio metílico, o cloreto de metileno e outros compostos químicos obscuros como o hexafluoreto sulfúrico (SF_6) e possivelmente muitos outros, ainda não identificados (EIA, 1997).

Há ainda três gases, emitidos primariamente como subproduto de combustão (combustíveis fósseis e biomassa), que têm um efeito indireto sobre o efeito estufa e são classificados como poluidores-critério: o monóxido de carbono (CO), óxidos de nitrogênio (NOx) e compostos orgânicos voláteis não metânicos. Esses gases reativos se degradam rapidamente na atmosfera e podem promover reações químicas que criam o ozônio troposférico (maléfico), que é um potente GE.

Ainda não foi possível fazer uma determinação global para a contribuição desses poluentes ao aquecimento global. As reações que produzem o ozônio são fortemente afetadas pela concentração relativa de vários poluentes, pela temperatura ambiente e pelas condições meteorológicas locais. A emissão de poluentes-critério podem criar uma alta concentração de ozônio local sob certas condições favoráveis, como um dia ensolarado combinado com baixa umidade (EIA, 1993).

Finalmente, há uma classe de gases que apresenta a capacidade oposta dos GE, ou seja, potencialmente podem diminuir a temperatura da Terra. É o caso do dióxido sulfúrico (SO_2) largamente emitido como um subproduto da queima de combustíveis fósseis, notadamente o carvão e o óleo diesel. Tal óxido tem o potencial de criar esse efeito ao gerar micropartículas na atmosfera – aerossóis –, que agem como um núcleo para a aglomeração de gotas de água, estimulando a formação de nuvens. Estas, por sua vez, refletem a luz solar de volta para o espaço cósmico.

A emissão de MPS (material particulado em suspensão) também favorece esse efeito, dependendo, obviamente, das características das suas partículas (dimensões, densidade), concentração e condições atmosféricas locais.

É importante frisar que alguns GE são mais potentes que outros. Como resultado, o crescimento da concentração de tais gases na atmosfera apresenta diferentes efeitos na capacidade de aprisionar calor.

Segundo o IPCC (1995), uma assembleia internacional de cientistas comissionados pela ONU para essa matéria, seria muito útil se determinar de forma precisa a efetividade relativa de cada gás em afetar o clima terrestre. Essas informações poderiam ajudar os gestores públicos a saber se seria mais efetivo concentrar esforços na redução das pequenas emissões de GE poderosos, como o HFC-134a, ou se deveriam dobrar seus esforços para controlar as grandes emissões de gases relativamente menos efetivos, como o CO_2.

Há extensos estudos sobre essa efetividade relativa dos GE. Tais estudos levaram ao desenvolvimento do conceito de "potencial de aquecimento global" – PAG (Global Warming Potential – GWP). Entretanto, esse conceito tem aplicabilidade restrita uma vez que o próprio IPCC considera que os efeitos de vários gases sobre o aquecimento global são muito complexos para que possam ser resumidos facilmente por um simples número. Essa complexidade, uma lição para os seres humanos reduzir um pouco a sua arrogância e imprudência, toma diversas formas:

(i) cada gás absorve radiação em um conjunto particular de comprimento de onda (λ) ou "janela" no espectro. Em alguns casos, em que a concentração dos gases é baixa e nenhum outro gás bloqueia a radiação nessa "janela", pequenas emissões de gás podem ter um efeito de absorção desproporcional;

(ii) vários processos naturais podem causar a decomposição de GE em outros gases e estes serem absorvidos pelos oceanos e pelo solo. Tais processos podem ser resumidos em termos de *tempo de vida* de um determinado gás na atmosfera ou o período de tempo que os processos naturais levariam para remover uma unidade de emissão da atmosfera.

Alguns gases, como os CFCs, têm uma *vida atmosférica* muito longa, de centenas de anos, enquanto outros, como o monóxido de carbono (CO) tem o seu período medido em dias ou horas. O metano (CH_4), que reage e se transforma em gás carbônico (CO_2), em um período de poucos anos tem um efeito maior sobre o aquecimento global do que o equivalente de CO_2. Porém, considerando períodos mais longos – de 100 a 500 anos, por exemplo –, as diferenças entre os GWPs do metano e do gás carbônico tornam-se menos significativas (Tabela 7);

(iii) muitos gases são quimicamente ativos e podem reagir, na atmosfera, de forma a promover ou inibir a formação de outros GE. Por exemplo, óxidos de nitrogênio e monóxido de carbono se combinam e promovem a formação de ozônio, que é um GE potente, enquanto os CFCs tendem a destruir o ozônio atmosférico, promovendo o resfriamento global. Esses efeitos indiretos também implicam que alterações nas concentrações relativas de vários GE tendem a mudar seus efeitos. Apesar de tal complexidade, a comunidade científica está trabalhando para desenvolver aproximações do GWP.

Dentre as modificações globais que se experimentam, especialmente conectadas com a emissão de gases estufa, especial atenção tem sido dada à correlação crescimento populacional humano *versus* mudanças globais induzidas pelas práticas de uso da terra e pelas modificações causadas em sua cobertura.

Tais estudos, de caráter eminentemente interdisciplinar, buscam o estabelecimento de causalidades e sua sistematizacão analítica. Segundo Vitousek (1994), como já foi enfatizado neste trabalho, há um consenso de que as mudanças no uso da terra são agora, e permanecerão por muito tempo, o mais importante dos diversos componentes interatuantes de mudança global que estão afetando os sistemas ecológicos. Contudo, apesar da sua importância, é relativamente difícil quantificar as mudanças de uso da terra como um fenômeno global, como se faz, por exemplo, com o gás carbônico. Tais mudanças ocorrem de forma heterogênea, hectare por hectare, ao redor da Terra, e sua significação resulta primariamente da soma de muitas mudanças locais em muitas áreas diferentes.

Convém salientar que qualquer discussão sobre as questões ambientais globais provavelmente encontrará alguma controvérsia. O número de variáveis envolvidas é grande e os elementos-chave são interconectados em relações de grandes imprecisões.

Como já foi visto, a nossa habilidade para quantificar a influência humana, sobre as variações climáticas, é limitada, uma vez que muitos sinais ainda estão emergindo da própria variabilidade natural e incerteza de fatores-chave.

Isso inclui suas magnitudes, padrões de variações a longo prazo e as respostas naturais às novas concentrações de gases estufa, modificações no uso-cobertura da terra (solo). Entretanto, o balanço de evidências sugere que há uma influência humana discernível sobre as alterações climáticas.

Para Meyer e Turner II (1992), a moldagem que o ser humano vem impondo à Terra atingiu uma escala global, sem precedentes em sua taxa de magnitude, e de forma crescente envolve impactos significativos nos sistemas biogeoquímicos que sustentam a biosfera. Para esses autores, termos como "ecossistema nativo" ou "floresta virgem" são de utilidade questionável.

Corroborando essas assertivas, Stern et al. (1993) anunciaram que a Terra entrou num período de mudanças que difere dos episódios anteriores, uma vez que estas têm origem humana.

Os seres humanos, tanto individual quanto coletivamente, sempre procuraram mudar o ambiente que os cerca. No entanto, pela primeira vez, estão alterando os sistemas biogeoquímicos e a Terra como um todo. A destruição da camada de ozônio, o aumento da concentração dos gases estufa na atmosfera, a destruição de hábitats e a perda da diversidade biológica são subprodutos das diversas atividades humanas.

Para explicar ou prever o curso de tais mudanças ambientais globais, devem-se entender as fontes humanas dessas mudanças. As alterações globais presentes sustentam a noção geral de que elas são impulsionadas pelas tendências de produção e consumo globais.

Para Stern et al. (op. cit.) as mudanças ambientais globais são alterações nos sistemas naturais, cujos impactos não são e não podem ser localizados. Às vezes, as mudanças em questão são traduzidas por pequenas alterações em sistemas que operam, em todo o planeta, como as pequenas variações da concentração do gás carbônico e outros gases causadores do efeito estufa, na atmosfera.

Turner et al. (1991) referem-se a essas mudanças como sendo *sistemáticas*. As mudanças são *cumulativas* quando resultantes do acréscimo de mudanças localizadas, em sistemas naturais, como a destruição de hábitats, a perda da biodiversidade, os desflorestamentos, a desertificação e as mudanças nos padrões de assentamentos humanos. Essas são também consideradas globais porque seus efeitos são mundiais, mesmo que as causas possam ser localizadas.

Na opinião de Clark (1998), pode-se imaginar a Terra como um sistema complexo, composto por uma série de subsistemas ou esferas diferenciáveis, mas em interações. A atmosfera, a biosfera, a geosfera e a hidrosfera são *sistemas ambientais* (incluem sistemas de troca gasosa atmosférica, dinâmica biogeoquímica, circulação oceânica, interações entre populações etc.). Os sistemas econômicos, políticos, culturais e sociotecnológicos – chamados de noosfera ou antroposfera – são os *sistemas humanos*.

O estudo das mudanças globais busca entender como os *sistemas ambientais* em nível global afetam ou são afetados pelas mudanças ocorridas em qualquer um desses sistemas ou esferas. Para esse autor o ponto crucial desses estudos é o entendimento dos mecanismos de retroalimentação (*feedback*) entre os subsistemas que amplificam ou enfraquecem os impactos iniciais.

Dessa forma, os estudos sobre as dimensões humanas das mudanças globais procuram compreender as interações entre os sistemas humanos e os sistemas ambientais, em particular os sistemas ambientais globais, e entender os aspectos dos sistemas humanos que afetam essas interações.

Estas apresentam duas interfaces: uma é o subconjunto das ações humanas que atuam como **causas próximas** de mudança ambiental (aquelas que alteram diretamente o meio ambiente e têm efeitos globais. Exemplo: queima de combustíveis fósseis e mudança climática) e que são o resultado de um complexo de variáveis sociais, políticas, econômicas, tecnológicas e culturais (*driving forces* ou forças propulsoras), segundo Stern (1993); **causas indiretas** das alterações (exemplos: crescimento populacional, mudança tecnológica, desenvolvimento econômico, alterações na estrutura social e nos valores humanos); a outra é o subconjunto de resultados dos sistemas ambientais que afetam proximamente aquilo que os seres humanos valorizam.

O termo "aquilo que os humanos valorizam", frequentemente citado, refere-se, segundo o autor, não somente aos resultados que afetam a economia, a saúde e o bem-estar material humano, mas também resultados tais como a extinção de espécies, ruptura de ecossistemas e perda da beleza natural, sobre os quais os humanos depositem valor estético, espiritual ou intrínseco. Uma consequência importante da mudança ambiental global é o conflito, uma vez que afeta o que os seres humanos valorizam.

As mudanças globais de maior preocupação, na atualidade, estão relacionadas de modo inextricável com o comportamento humano. Todas as causas humanas da mudança ambiental global acontecem devido a um subconjunto de causas próximas, as quais alteram diretamente certos aspectos que culminam produzindo efeitos globais.

Para o autor, o progresso científico nessa área tem sido retardado pelo debate fútil sobre qual dessas forças indutoras seria a mais importante, notadamente por se supor que a contribuição dessas forças para as mudanças de origem antropogênica pudessem ser avaliadas independentemente.

Em décadas de debate sobre o impacto do crescimento da população sobre o ambiente, alguns afirmavam que esse aspecto era a causa primária da degradação ambiental no mundo (Ehrlich, 1960; Ehrlich e Holdren, 1971; Holdren e Ehrlich, 1974; Ehrlich e Ehrlich, 1990); outros afirmavam que o crescimento populacional era ambientalmente neutro ou até mesmo benéfico (Simon, 1981 e 1986); e outros, que a população seria secundária a fatores econômicos e tecnológicos (Commoner, 1972; Schnaiberg, 1980).

A verdade é que, apesar desses longos e acalorados debates, tem havido poucos estudos para avaliar essas inter-relações. Segundo Stern (1993), o que tem-se tornado claro é que as forças indutoras interagem – que cada uma é significativa somente em relação ao impacto das outras e que as consequências ambientais do crescimento da população são altamente sensíveis às condições econômicas e tecnológicas da população.

Cita como exemplo que os Estados Unidos liberam quase 30 vezes mais gás carbônico *per capita* do que a Índia; consequentemente, um ano de crescimento natural da população dos Estados Unidos (1,3 milhão) acrescenta à atmosfera cerca de duas vezes mais gás carbônico do que um ano de crescimento natural da população na Índia (18 milhões).

As *causas humanas próximas* importantes nas mudanças ambientais globais são aquelas que apresentam impacto suficiente para alterar significativamente as propriedades do meio ambiente global com o potencial de causar preocupação na humanidade. Como exemplo, o efeito estufa, as alterações climáticas e outras, acompanhadas de manifestações que se traduzem em prejuízos ou outras perturbações para os seres humanos como frustração de safras, secas, inundações, calor ou frio excessivos.

Dentre os agentes de mudanças, segundo Stern et al. (1993), a maior preocupação é com o nível dos gases estufa na atmosfera. Os principais gases definidos em termos de impactos globais, ou seja, a quantidade na atmosfera vezes o impacto por molécula integrada com o passar do tempo, são o CO_2 (gás carbônico), CFCs (clorofluorcarbonos), CH_4 (metano) e N_2O (óxido nitroso).

Tanto os processos naturais como as atividades humanas resultam em emissões de gases estufa. Esse autor considera que, para se entender as dimensões humanas da mudança global, será fundamental o desenvolvimento de pesquisas que estimem os impactos relativos das causas humanas próximas da mudança global sobre mudanças ambientais particulares que causam preocupação, especificando a incerteza dessas estimativas.

Com frequência se questiona sobre as reais consequências das alterações ambientais globais. Na verdade, trabalhos realizados com diferentes modelos climáticos, por exemplo, deixam claro que há incertezas científicas. Porém, os cientistas que trabalham em modelos de simulações concordam em muitas coisas, dentre elas:

– há um aquecimento da superfície na baixa atmosfera da Terra e um resfriamento da estratosfera;

– as tendências de aquecimento sobre a superfície da Terra são variadas. Nos trópicos é de 2-3°C, dependendo das mudanças sazonais, enquanto que em outras latitudes a média de aquecimento será de 5-10°C;

– os padrões de precipitação pluviométrica mudarão. Algumas áreas se tornarão mais úmidas enquanto outras se tornarão mais secas;

– os regimes de mistura do solo serão alterados devido às mudanças nos padrões de evaporação e precipitação;

– o regime dos ventos sobre os oceanos (direção, sentido e estresse) mudará;

– com isso as correntes marinhas serão modificadas, impondo mudanças nas zonas de mistura de nutrientes e consequentemente na produtividade dos oceanos;

– o nível dos oceanos subirá devido ao derretimento das calotas polares e à expansão térmica de suas águas;

– o clima global se tornará mais errático e extremo.

Todos esses fenômenos afetarão seriamente as estruturas e funções dos ecossistemas naturais e dos socioecossistemas (urbanos e rurais). As plantas e os animais terão de se readaptar a um novo ambiente, entretanto tais alterações ocorrerão mais rapidamente do que as suas capacidades de adaptação e as suas habilidades de migrar para áreas mais adequadas, o que levará à extinção de espécies. As alterações ambientais globais afetarão todos os sistemas climáticos e todas as pessoas. As atividades humanas estão causando tais alterações globais (Kongtong et al., 1990).

Para Vitousek (1994) existem três mudanças globais bem documentadas: (1) aumento da concentração de CO_2 na atmosfera; (2) alterações na biogeoquímica do ciclo global do nitrogênio; e (3) alterações produzidas pelo uso da cobertura do solo.

As atividades humanas – principalmente a queima de combustível fóssil – aumentaram a concentração de CO_2 de 280 para 368 ppm desde 1800. Esse acréscimo é único, pelo menos nos últimos 160.000 anos (as medidas foram tomadas da análise de bolhas de ar atmosférico capturadas nas capas de gelo na Groenlândia e na Antártida, por Webb e Bartlein (1992), e Raynaud (1993), e várias evidências demonstram inequivocamente que tais alterações são induzidas pelo ser humano. Essas alterações têm consequências climáticas e certamente produzem efeitos diretos sobre a biota em todos os ecossistemas terrestres.

Esse diagnóstico, corroborado por tantos outros do mesmo gênero, termina colocando em prioridade absoluta o desenvolvimento de pesquisas nessa área, no sentido de fornecer subsídios para as decisões políticas e gerar novas orientações educacionais, prioridades de desenvolvimento tecnológico, entre outras providências necessárias (Knapp et al.; Unesco, 1995).

EIXO ESTRUTURAL DO ESTUDO

De acordo com Meyer e Turner II (1992), as pesquisas atuais, de natureza interdisciplinar, sobre as mudanças ambientais globais induzidas pelas atividades humanas devem ocorrer em dois campos:

(i) alterações da superfície da terra (solo) e sua cobertura biótica;
(ii) metabolismo industrial que investiga o fluxo de energia e ciclos de matéria, por meio das cadeias de extração, produção, consumo e disposição da sociedade pós-moderna industrial.

Atendendo a tal sugestão, a discussão dos resultados obtidos neste trabalho obedecerá à seguinte distribuição, estruturada em função da lógica de importância, interconexões e ocorrência dos diversos fenômenos e processos das alterações ambientais globais:

a) mudanças ambientais globais causadas pelas alterações no uso/cobertura do solo;
b) mudanças ambientais globais causadas pelas contribuições do metabolismo socioecossistêmico urbano impulsionado pelos padrões de produção e consumo e pelo crescimento populacional;
c) análise da *pegada ecológica*.

Em cada item são agregados e analisados os elementos pertinentes a esse processo, com o objetivo de configurar as possíveis contribuições das expansões dos socioecossistemas urbanos, por meio das dimensões humanas, às mudanças ambientais globais.

Tal configuração oferece elementos para a averiguação de que os socioecossistemas urbanos são os ambientes geradores majoritários de indução de alterações ambientais globais, objeto deste estudo.

Segundo Turner et al. (1991), as alterações ambientais globais são divididas em dois grupos:

S (sistemáticas) – mudanças iniciadas por ações, em uma parte da Terra, que podem afetar diretamente os eventos de qualquer outro lugar do planeta. Seus impactos não são localizados (mudanças na composição da química atmosférica, gás carbônico, por exemplo);

C (cumulativas) – mudanças resultantes do acréscimo de mudanças localizadas, em sistemas naturais (por exemplo, perda da biodiversidade biológica devido à destruição do hábitat). Seus efeitos são globais, mesmo que as causas sejam localizadas.

As principais mudanças ambientais globais em curso (identificadas) são as seguintes:

- Alterações climáticas (S)
- Alteração na produtividade da terra (C)
- Desertificação (C)
- Desflorestamento (C)

- Efeito estufa (S)
  Gás carbônico
  Óxido nitroso
  Metano
- CFCs
- Erosão do solo (C)
- Erosão da diversidade cultural (C)
- Mudanças no uso/cobertura do solo (*Land use/cover change*) (C)
- Perda da biodiversidade (C)
  Genética (material para a evolução)
  Espécies
  Ecossistemas
- Poluição das águas (C)
  Dos oceanos
  Dos rios
  Dos lagos
  Do manancial subterrâneo
- Poluição do solo (C)
- Poluição estética, visual (C)
- Poluição sonora (C)
- Poluição do ar (C)
  Indústrias
  Veículos
  Poeira
  Queimadas
- Redução da camada de ozônio (S)
- N – desconhecidas, mas em curso (S/C?)

Por outro lado, Stern (1993) acrescenta que as causas humanas dessas mudanças têm duas componentes:

i) causas próximas – mudanças que alteram imediatamente uma parte do ambiente;
ii) forças indutoras – causas indiretas das alterações.

Dentre as forças indutoras destacam-se:

- Alterações na estrutura social
- Alterações nos valores humanos
- Crescimento da atividade econômica
- Consumo global de energia
- Crescimento populacional
- Mudanças tecnológicas

A dramaticidade das mudanças impostas pelas alterações do uso da cobertura do solo é expressa pelo WRI (1997, p. 59), cujas estimativas sugerem que 476.000 hectares de solo arável estão sendo transformados anualmente para áreas urbanas nos países em desenvolvimento.

Como consequências ambientais dessas mudanças tem-se:

(i) Emissão de gases – a maior parte da "contribuição" da espécie humana para o aumento dos gases na atmosfera ocorre por meio dos processos do metabolismo industrial, mas as alterações na superfície da terra têm contribuído de forma significativa para tanto (vários dos gases causadores do efeito estufa, implicados nas mudanças climáticas globais, são liberados por esse processo: gás carbônico pelo desflorestamento e queima de combustível fóssil; metano, das culturas de arroz; óxido de nitrogênio, da queima de biomassa e de utilização de fertilizantes, conforme já visto). As mudanças no uso e cobertura da terra respondem por 70% das emissões impostas pelas atividades humanas. Um outro aspecto é a dificuldade de quantificar os efeitos das modificações do uso da terra sobre a concentração dos gases na atmosfera. Nos Estados Unidos a expansão de novas florestas e o crescimento de florestas existentes são responsáveis pela remoção de grandes quantidades de carbono da atmosfera. Estudos sugerem que entre 1980 e 1990 cerca de 238 milhões de toneladas métricas de carbono foram retirados anualmente da atmosfera, o equivalente a cerca de 8% a 17% da emissão antropogênica daquele país (IPCC, 1996).

O estudo de Vitousek (1994) também se refere à contribuição das atividades humanas de transformação da superfície terrestre para o cenário de ruptura da homeostase dinâmica da atmosfera, notadamente quanto à emissão de gás carbônico.

(ii) Mudanças hidrológicas – os impactos são produzidos na qualidade da água e em sua disponibilidade. O metabolismo das cidades polui os rios e mares, bem como a aplicação de biocidas e fertilizantes na agricultura. A irrigação é a responsável pela maior retirada do ciclo da água (75%). Os seus efeitos secundários incluem o esgotamento da água de diversas fontes (o Mar de Aral é um exemplo clássico).

As interferências no ciclo da água, por diversas atividades humanas, já foram exaustivamente estudadas, e a citação de alguns trabalhos aqui não ocorreria sem omissões, dada a quantidade dos estudos gerados sobre esse tema. Apenas citaremos o estudo recente de Ulh e Kauffman (1990), na qual se afirma que modelos de simulação sugerem que se toda a Amazônia fosse convertida em pastagens haveria um aumento de temperatura, acompanhado de uma diminuição da precipitação pluviométrica e de alterações nos padrões de circulação da atmosfera sobre toda a região.

(iii) Mudanças climáticas – Vitousek (op. cit.) considera que as mudanças de uso da terra afetam o clima local e regionalmente de diversas formas. Tais atividades aumentam a concentração de gás carbônico, do metano e de óxidos de nitrogênio na atmosfera; produzem fogo, que libera materiais particulados que aumentam a concentração do aerossol (pode por sua vez afetar o balanço energético e o clima regional e global); promovem a conversão de florestas em pastos, com o consequente aumento do albedo (propriedade de reflectância das superfícies, ou seja, capacidade de refletir a radiação solar) e a redução da aspereza do dossel (cobertura vegetal formada pelas copas das árvores), aumentando a temperatura local e diminuindo sua umidade. Tais efeitos podem vir a afetar o potencial de regeneração das florestas.

Meyer e Turner II (1992) acrescentam que várias mudanças microclimáticas oriundas das atividades e mudanças de uso da terra são conhecidas, mas acentuam que os efeitos em níveis regionais são mais controversos. Outrossim ponderam que a discussão sobre os efeitos do desflorestamento sobre o clima global, afetando a temperatura, pela alteração do albedo, está reaberta.

Sob outro ângulo, Schneider (1994) examina as consequências das alterações climáticas sobre a produção de alimentos no mundo, abrangendo em sua análise tópicos referentes à inadequação de tecnologias, às estruturas sociais e à necessidade de políticas definidas para a questão.

(iv) Forças humanas condutoras de mudanças – Turner II et al. (1994) estabeleceram elos entre as forças humanas condutoras de mudanças e o uso/cobertura da terra. Reconheceram que as mudanças causadas na cobertura da terra são produzidas pelos usos que os humanos lhes destinam, e esses usos, por sua vez, são governados por forças indutoras humanas, assentadas em bases sociais.

A longo prazo, é evidente uma associação entre as alterações induzidas pelo uso da terra em sua cobertura com o crescimento populacional, mas a mesma relação pode ser encontrada com o crescimento tecnológico, opulência e mudanças na política econômica. Como se pode notar, há ainda um longo caminho a ser percorrido até que os primeiros modelos de análise possam ser aplicados, de modo a gerar resultados confiáveis, capazes de subsidiar decisões.

Para Meyer e Turner II (1992), o papel dado à população pelos diferentes autores reflete menos conflitos de evidências do que de interpretação da mesma evidência. Os estudos de caso com populações regionais têm sugerido cautela nas associações "população-transformação". Isso, porém, não solapa o papel da população como uma importante força indutora de mudanças ambientais, mas acentua seu significado, no contexto da organização tecnológica e sociocultural.

Quando esses estudos foram conduzidos regionalmente e em áreas que exibiam condições socioambientais similares, foram encontradas correlações significativas. Muitos estudos comparativos ofereceram evidências estatísticas que sustentavam correlações diretas entre crescimento populacional e desflorestamento. Bilsborrow e Okoth-Ogendo (op. cit.) citam diversos estudos que comprovaram tais correlações (Brasil, Haiti e Bolívia), entretanto caracterizam-nas como "casuais".

Outro estudo relevante, que busca a compreensão dessas inter-relações, foi conduzido por Myers (1995). O autor enfatiza, ao falar sobre biodiversidade, que existem vários elos que fazem o quadro muito mais complexo do que uma simples equação população/biodiversidade. Acrescenta que o crescimento populacional não é o único fator que está produzindo as mazelas ambientais conhecidas, não sendo mais que uma variável entre as demais. São também importantes os tipos de tecnologia, o suprimento de energia, os sistemas econômicos, as relações comerciais, as persuasões políticas, as estratégias políticas e um conjunto de outros fatores que podem reduzir ou agravar o impacto do crescimento populacional. Esse crescimento passa a ser significativo, em termos de produção de pressão ambiental, quando excede a capacidade de oferta de recursos naturais de um país aos seus habitantes, ou quando excede a capacidade dos seus planejadores de desenvolvimento (o que frequentemente ocorre).

Tabela 8 – *População mundial.*

Ano	*(bilhões de pessoas)*
1804	1
1927	2
1960	3
1974	4
1987	5
2000	6

Fonte: WI, 2000.

A despeito de se ter conseguido uma redução na taxa de crescimento populacional global, ainda estamos crescendo demais, a cada ano. Em 2000, foram mais 77 milhões de novas bocas. Só na Índia nasceram 44 mil pessoas a cada dia (WRI, 2000). Para o ano 2050 tem-se a seguinte estimativa: 7,9 (menor), 9,3 bilhões (média) ou 10,9 (maior) bilhões de habitantes.

3 Onde o Estudo Foi Realizado

Caracterização da região

A área de estudo encontra-se no Distrito Federal, unidade da federação que registrou o maior crescimento populacional nos últimos quinze anos, acompanhado de uma rápida expansão urbana e de um complexo espectro de degradação socioambiental, que reproduziu as mazelas comuns aos grandes centros urbanos.

O seu quadro é exacerbado pelo crescimento frenético de pequenas cidades do entorno. A região metropolitana do Distrito Federal tem 22.000 km^2, 2,7 milhões de habitantes, 250 mil desempregados e cresce 3,7% ao ano, mais que o dobro da média nacional.[1]

Com apenas 40 anos de fundação e projetado para abrigar 500 mil habitantes, o Distrito Federal reúne atualmente uma população estimada de 1.821.946 habitantes, dos quais 93% vivem em área urbana (IBGE, 1996; Codeplan, 1997), superando todas as expectativas de crescimento populacional. Tem uma taxa de crescimento anual de 2,62%, densidade demográfica de 312,94 hab./km^2, a maior das capitais brasileiras, e uma renda *per capita* de 3,61 salários mínimos.

De acordo com a Simonsen Associados (1998), o Distrito Federal ocupa a décima posição na classificação nacional de competitividade, atrás de São

1 Como exemplo, a cidade de Águas Lindas, Goiás, a apenas 42 km do centro de Brasília, passou dos seus 8 mil habitantes, em 1993, para 130 mil habitantes, em 1998. Águas Lindas não possui hospitais; apenas 8 médicos e 5 policiais civis atendem à população. A coleta de lixo atinge apenas 15% da "cidade" (Araújo Jr., 1998).

Paulo, Rio de Janeiro, Minas Gerais, Rio Grande do Sul, Paraná, Santa Catarina, Bahia, Espírito Santo e Goiás, respectivamente (classificação com base nos indicadores de riqueza e infraestrutura econômica e social).

A região caracteriza-se por um gradiente de fitofisionomias e acolhe a interpenetração biomática das cinco grandes regiões geopolíticas do Brasil, refletindo nas interdependências das suas características abióticas, bióticas e culturais. Serve de divisor de águas das bacias do Tocantins (Amazonas), Paraná (Platina) e São Francisco, o que tem grande influência na biogeografia e na diversidade da flora e da fauna de toda região neotropical. As populações humanas dessa região são representativas das demais populações brasileiras (Almeida Jr., 1994).

Localiza-se entre os paralelos 15°30' e 16°03' de latitude sul e os meridianos de 47°25' e 48°12' de longitude WGr, na Região Centro-Oeste, no centro do Brasil. Sua área é de 5.789,16 km², equivalendo a 0,06% da superfície do país, apresentando como limites naturais o rio Descoberto a oeste e o rio Preto a leste. Ao norte e ao sul, o Distrito Federal é limitado por linhas retas que definem o quadrilátero correspondente à sua área. Limita-se a leste com o município de Unaí, Minas Gerais, e com o Estado de Goiás nas demais áreas.

Situa-se dentro do bioma/domínio morfoclimático cerrado, que ocupa 25% do território brasileiro (cerca de 200 milhões de hectares).

Reúne um rico patrimônio de recursos naturais, com mais de 2 mil espécies de plantas lenhosas nativas do cerrado e um número ainda maior de herbáceas. Segundo Dias (1996), só de orquídeas abriga 233 espécies e, de aves, 430 espécies.

Os cerrados são menos conhecidos e mais ameaçados do que a Amazônia, e devem merecer prioridade de conservação, em face do grau de devastação que sofrem e do potencial de uso sustentado que ainda oferecem. Apesar disso, apenas 1,5% do seu território está protegido, sob unidades de conservação – a média latino-americana é de 4,5%. Pádua (1996) afirma ser de 1%, considerando apenas as unidades estaduais e federais, ficando as demais áreas à mercê da brutal e rápida devastação que tem acompanhado a ocupação desordenada deste bioma por atividades agropastoris extensivas, urbanização e outras.

Segundo Negret (1983), a riqueza da fauna da região pode ser ilustrada pela presença de 250 espécies de aves só na Reserva Ecológica do IBGE (1.260 ha) e de 430 espécies em todo o Distrito Federal. Anthony Raw (Departamento de Ecologia da Universidade de Brasília; comunicação pessoal) encontrou mais de 250 espécies de abelhas, em apenas um trecho de mata ciliar, no Jardim Botânico de Brasília.

O Distrito Federal está situado em uma das áreas mais elevadas do Planalto Central, correspondendo ao que restou dos aplainamentos, caracterizada pelo predomínio do relevo de chapadas e vegetação de cerrado.

Essa área foi dividida em três regiões hidrográficas: Paraná, São Francisco e Tocantins/Araguaia. Os cursos d'água apresentam características típicas de drenagem de área de planalto, sendo frequentes os desníveis e vales encaixados, onde predominam os cursos d'água perenes. Abrangem sete bacias hidrográficas: São Bartolomeu, Lago Paranoá, Descoberto, Maranhão, Preto, Corumbá e São Marcos.

Quanto ao clima, segundo a classificação de Köppen observam-se os tipos Tropical (Aw) e Tropical de Altitude (Cwa e Cwb), com duas estações – uma seca no inverno e outra chuvosa no verão. A precipitação varia de 600 a 2.200 mm anuais, mas 65% da área recebe entre 1.200 e 1.800 mm anuais.

A distribuição temporal das chuvas é muito estacional, com dois terços da região apresentando cinco a seis meses de seca durante o inverno (Ab'Saber, 1983; Adámoli et al., 1986). As chuvas costumam ser muito fortes e de curta duração, não sendo raro precipitações acima de 50 mm/dia (Cochrane et al., 1988).

CARACTERIZAÇÃO DA ÁREA DE ESTUDO

A área de estudo está delimitada por um polígono que engloba as cidades-satélites de Taguatinga, Ceilândia e Samambaia, expressando suas áreas urbanas e algumas áreas periféricas aos centros urbanos. Totaliza 136 km², equivalente a 2,3% do território do Distrito Federal e 0,0016% do território brasileiro.

Taguatinga foi a primeira cidade-satélite oficialmente fundada (1958), dois anos antes da inauguração de Brasília. Era conhecida como "Vila Sarah Kubitschek", pois abrigou as diversas e pequenas invasões existentes no Distrito Federal, principalmente a invasão Sarah Kubitschek e os acampamentos das construtoras. Foi batizada posteriormente como Taguatinga, que em tupi-guarani significa "barro branco" e/ou "ave branca", passando esta a ser o símbolo da cidade.

Tem uma área de 121 km² e reúne mais de 15 mil empresas que proporcionam arrecadações superiores a 2 bilhões de reais/ano em ICMS (Imposto sobre Circulação de Mercadorias e Serviços). Possui uma completa rede de serviços – hospitais, centros de compras, universidade e outros, que a torna independente do Plano Piloto de Brasília e apresenta a maior renda *per capita* dentre as cidades-satélites do Distrito Federal.

A área urbana é dividida em setores: central, hoteleiro, industrial, gráficas, Norte, Sul e bairro Águas Claras. Tem 97% dos seus domicílios atendidos com água encanada, 93% com esgotos sanitários, 78% com coleta de lixo e 87% de suas ruas são asfaltadas. Reúne 58 escolas públicas, 52 particulares, oito centros de saúde e uma grande variedade de pequenos hospitais e clínicas particulares e duas delegacias.

Ceilândia iniciou-se com o projeto de erradicação das favelas Vila do Iapi, Vila Tenório, Vila Esperança, Vila Bernardo Sayão e Morro do Querosene. Seu nome originou-se da sigla CEI – Comissão de Erradicação de Invasões.

A cidade-satélite é composta pelas quadras QNM,QNN,QNO,QNQ e pelo setor industrial, onde podem ser instaladas indústrias não poluentes. Tem uma área de 232 km^2, com 100% dos seus domicílios atendidos com água encanada, 99% com esgoto sanitário, 77% com coleta de lixo e 83% com ruas asfaltadas. Possui 84 escolas públicas, 22 particulares, 11 centros de saúde, um hospital público e diversas clínicas particulares e um comércio que a torna também independente. Atualmente a cidade reúne 50% dos consumidores do Distrito Federal.

Samambaia já existia como assentamento agrícola, formado pelo Núcleo Rural de Taguatinga, que compunha o chamado "cinturão verde" do Distrito Federal. Essa região, de 105,7 km^2, antes produtora de hortifrutigranjeiros, foi imprudentemente desapropriada e transformada em assentamento para abrigar os moradores de várias invasões que existiam em todo o Distrito Federal, principalmente no Plano Piloto.

A sua área urbana está dividida em Setor Norte, Setor Sul e Setor de Mansões Leste. Tem 95% dos seus domicílios atendidos com água encanada, 70% com coleta de lixo, apenas 16% com esgoto sanitário e 20% com escoamento de águas pluviais. Apenas 8% de suas ruas são asfaltadas. Possui 33 escolas públicas, três particulares, dois centros de saúde e uma delegacia. Das três cidades que formam a área de estudo, esta é a mais problemática. Apresenta um grave quadro de desemprego, ausência de áreas de lazer e outros serviços públicos, violência e degradação ambiental (erosão, poluição atmosférica, desflorestamento e outros).

A região formada por essas cidades é composta de cursos d'água que fazem parte da Bacia do rio Descoberto. Como unidades de conservação e proteção abriga o Parque Boca da Mata (260 ha), o Parque Ecológico e Vivencial Três Meninas (67 ha), ambos sem implantação definida, e a ARIE (Área de Relevante Interesse Ecológico) Taguatinga e Cortado (210 ha).

A temperatura média está em torno de 20°C. As temperaturas mais baixas ocorrem entre junho e julho com uma média de 19°C, e as mais altas entre setembro e outubro, com média de 22,8°C. A precipitação pluviométrica anual excede 1.500 mm. A umidade relativa do ar sofre uma queda em relação às suas médias anuais (68%), atingindo níveis inferiores a 25% no período da seca.

Predominam na região solos com horizontes B dos tipos câmbico e latossólico, bem como algumas manchas de solo hidromórfico. As variações altimétricas do relevo da região apresentam níveis correspondentes à superfície nas cotas de 900 a 1.000 m, cobertas por vegetação de cerrado em todas as suas manifestações fitofisionômicas e reflorestamentos, habitados por remanescentes da fauna desse bioma.

A região está submetida a uma forte pressão de demanda de recursos naturais e serviços, por um explosivo crescimento populacional, gerado pela maior oferta de serviços e por decisões políticas que terminaram incentivando a migração, agravado pelo contexto socioeconômico nacional desfavorável à permanência de populações em áreas rurais (Mendes, 1998; Zanatta, 1998).

Reúne os elementos essenciais que permitem a análise dos processos das contribuições humanas às alterações ambientais globais, reproduzindo uma situação que se repete na maioria das cidades do mundo e que precisa ser compreendida.

(Foto do Autor)

Centro de Taguatinga, DF.

4 Como o Estudo Foi Realizado

Diferentes Métodos Iluminam Diferentes Aspectos dos Processos

Quando Roger Revelle e Hans Suess descreveram a adição de bilhões de toneladas de gás carbônico na atmosfera terrestre em 1957, não imaginavam as consequências dessa constatação científica, nem a correria acadêmica que se travaria, em busca de modelos de análises, de estabelecimento de programas de pesquisas. Não imaginavam que tinham revelado um sintoma importante das profundas transformações que a Terra estaria sofrendo, desta vez com um forte componente antropogênico.

A concentração do gás carbônico na atmosfera continua crescendo de tal forma que os cientistas vêem a possibilidade de um desastre climático cada vez mais perto. À medida que o mundo vai mudando, as pessoas clamam por conhecimentos para saber como essas mudanças poderão afetá-las.

Agora a humanidade está envolta em um grande experimento global e, apesar das dimensões gigantescas desse experimento, não há respostas científicas claras para serem oferecidas.

Bons experimentos, como é ensinado nas escolas, devem ser seguros e passíveis de repetição. Eles devem testar uma hipótese específica, utilizando uma metodologia definida e controles, para identificar os efeitos de uma dada mudança no tempo e, com isso, produzir conhecimento útil.

O grande experimento global que a humanidade está testemunhando extrapola esses limites: não é passível de repetição, há muitas mudanças diferentes ocorrendo simultaneamente, com muitas variáveis, e não há *controle*, o que significa que as mudanças naturais e as produzidas pelo ser humano não são distinguíveis. Os resultados, por conseguinte, podem não ser mais úteis!

Impulsionados por um sentimento de urgência, a partir de 1980 os cientistas começaram a buscar modelos, conjuntos de dados, reunir esforços, forjando novas organizações e coordenando-as. Surgiram vários programas internacionais de estudos (serão mencionados adiante) que revolucionaram as chamadas Ciências da Terra e boa parte da Biologia-Ecologia, envolvendo-os em pesquisas multidisciplinares e interdisciplinares.

O objetivo era construir modelos que descrevessem como o planeta funciona e, com isso, poder formular previsões. Sabe-se agora que não é plausível considerar um aspecto do planeta, ignorando outros. Dados biogeoquímicos, de solo e outros desacoplados dos múltiplos processos de origem antropogênica que moldam a Terra não são mais compreensíveis. Necessita-se de novas ferramentas analíticas e de síntese. Os métodos tradicionais não respondem mais à complexidade dos desafios. O método científico tradicional nada mais pode ensinar, além de como se relacionam os fatos e como se condicionam uns aos outros.

Dessa forma, neste trabalho, por sua natureza multifacetada, conduziu-se a pesquisa por meio da utilização de diversos métodos de investigação que se completam para propiciar um quadro mais completo das interações humanas com o ambiente e entre si, impossível de expressá-las por meio de qualquer metodologia isolada. O pluralismo metodológico recomendado por Stern et al. (1993) para estudos dessa natureza, portanto, foi seguido neste trabalho.

Também diversos instrumentos da Ecologia Humana e da Educação Ambiental foram igualmente utilizados. Os diferentes métodos tendem a iluminar diferentes aspectos de um processo. Envolvem medidas diretas, medidas não reativas (Webb et al., 1972), procedimentos de pesquisa de antropologia ecológica sugeridos por Pelto & Pelto (1978), utilização dos modelos de grupos funcionais (Körner, 1994) e utilização de dados secundários de diversas agências governamentais (locais, nacionais e internacionais), e metodologias sugeridas pelo Comitê sobre as Dimensões Humanas das Mudanças Globais (*National Research Center*, Washington, Stern, Young e Druckman, 1992). Buscou-se, ao final, elaborar listagem de constatações e matriz comparativa.

As análises foram processadas por meio de modelos interativos, alimentados por indicadores básicos do metabolismo socioecossistêmico urbano envolvidos nessas mudanças.

No decorrer do desenvolvimento do trabalho, buscou-se incessantemente o exercício interdisciplinar (paradigma de uma nova ordem científica, segundo Barthes, 1993), com consultas a profissionais de diversas áreas para troca de ideias, discussões técnicas e redirecionamentos.

Deu-se especial atenção à questão dos conceitos, uma vez que se adentrava em um campo cujas bases ainda estão sendo formadas (para Canguilhem (1975), o conceito é a manifestação mais perfeita da atividade científica, entendendo-a como a formação, a deformação e a ratificação de conceitos).

Para dar mais fluidez à leitura do trabalho, decidimos disponibilizar os passos metodológicos de cada etapa nos apêndices.

5. Análise dos Resultados

Conforme justificado anteriormente, este trabalho concentrou-se em dois grandes grupos funcionais: **variações de uso/cobertura do solo e metabolismo socioecossistêmico urbano**. As discussões que se seguirão, portanto, circunscrevem-se a esses campos.

Convém ressaltar que esses dois grupos funcionais são os recomendados pelo Comitê Internacional para as Dimensões Humanas das Alterações Ambientais Globais, conforme já visto na página 43 sobre o assunto, quando foram apresentadas as bases conceituais e o contexto deste trabalho.

Contribuições das alterações de uso/cobertura do solo pela expansão do socioecossistema urbano às alterações ambientais globais

Para uma apreciação deste tema é imperativo um conjunto de informações sobre o uso do solo da área de estudo, em períodos distintos. Para tanto foi feito um levantamento de variações de uso/cobertura do solo da área de estudo entre 1994 e 1997.

Utilizando técnicas avançadas do Centro de Sensoriamento do Ibama em Brasília foi possível elaborar mapas com as variações ocorridas nas diversas categorias de ocupação do solo (Mapa 1, 1994; Mapa 2, 1997).

Com esses mapas pôde ser determinada a dinâmica que ocorreu no solo da área estudada, ou seja, as modificações referentes à urbanização, às matas de galeria, às áreas degradadas, às áreas de cerrado e de campo agropastoril.

Da análise comparativa desses mapas obtiveram-se as seguintes variações para os diversos tipos de uso do solo (Tabela 1):

Tabela 1 – *Variações na ocupação/uso do solo da área de estudo (1994 a 1997).*

	Δ 1994 – 1997		
Tipos de Uso do Solo	ha	km²	%
Área Degradada	+ 71	+ 0,71	+ 72,0
Área Urbana	+ 351	+ 3,51	+ 4,6
Campo/Agropastoril	+ 478	+ 4,78	+ 10,3
Cerrado	– 370	– 3,70	– 205,0
Mata Galeria	– 530	– 5,30	– 213,0

Legenda: + aumento. – diminuição. Δ variação.

Nessa área tem-se disponível 0,018 ha/pessoa (área total de 13.638 hectares, dividida pelo total da população de 738.578 pessoas).

Pelas variações obtidas (Δ%) observa-se que **todas** as formas de ocupação do solo sofreram modificações, mais ou menos intensamente. Tais modificações, impostas pelas atividades humanas, amplificadas pelo contexto dinâmico do megametabolismo dos socioecossistemas urbanos da região de estudo, são profundas e trazem consigo efeitos tanto diversos como inusitados em suas redes de interações. Por essa razão, muitos autores concordam que as mudanças de uso da cobertura terrestre constituam uma das fontes mais poderosas de indução das alterações ambientais globais.

Para Vitousek (1994), as mudanças no uso/cobertura da terra (solo) são agora e permanecerão por muito tempo o mais importante dos diversos componentes interatuantes de mudança global que estão afetando os sistemas ecológicos.

Tais mudanças ocorrem de forma heterogênea, hectare por hectare, ao redor da Terra, e a sua significação resulta primariamente da soma de muitas mudanças locais em áreas diferentes, espalhadas pelo planeta.

Corroborando tal assertiva, Kates et al. (1990) concluíram que cerca de metade da superfície terrestre livre do gelo polar já foi transformada de alguma maneira pelas atividades humanas. Vitousek estima que cerca de 40% da produtividade primária bruta da Terra já é usada ou dominada pela humanidade, como resultado das mudanças de uso da cobertura do solo.

Cerca de 4% da produtividade é consumida diretamente pelos seres humanos, 26% pelos sistemas dominados pelos humanos e 11% do potencial terrestre é perdido como resultado de atividades humanas relacionadas (agricultura).

As alterações que a biosfera vem sofrendo são notáveis, a despeito de se conseguir provar o seu grau de correlação ou não com as atividades humanas. De qualquer forma, na perda da biodiversidade, na degradação do solo, nas mudanças hidrológicas, atmosféricas e climáticas, o ser humano também testemunha e experimenta a perda da sua diversidade cultural.

Todas essas perdas terminam, de forma sinérgica, significando perda de qualidade de vida e, por consequência, perda da qualidade da experiência humana, aquela que pode justificar a presença humana na Terra, em última instância.

Meyer e Turner II (1992) sugerem que as mudanças de uso/cobertura da terra terminam formando uma categoria híbrida para estudos, uma vez que o *uso da terra* denota o emprego humano do solo, largamente estudado por cientistas sociais, e a *cobertura da terra* descreve as características físicas e bióticas da superfície do planeta, amplamente estudada pelas ciências naturais.

Conectando os estudos dessas áreas, segundo esses autores, configuram-se as atividades humanas que alteram diretamente o ambiente físico e que refletem objetivos humanos, moldados por forças sociais.

As mudanças na cobertura da terra ocorrem de duas formas: conversão de uma categoria de cobertura para outra e modificação, que ocorre dentro da mesma categoria. Neste estudo ambos os processos ocorreram. Áreas de cerrado foram modificadas para áreas de campo/agropastoril; áreas de campo/pastoril foram convertidas para áreas degradadas ou áreas urbanas.

A conversão é a categoria mais bem documentada e mais fácil de monitorar. Em escala global, há, entretanto, um certo descontentamento com a qualidade dos dados que são oferecidos pelas diversas instituições da área de agricultura e alimentos sobre o assunto.

Neste estudo, as mudanças observadas são discutidas a seguir.

CONVERSÕES DE ÁREAS NATURAIS PARA CAMPO/ AGROPASTORIL

Houve um aumento de 10% deste tipo de uso do solo, mormente de áreas de cerrado transformadas para pastagens. Além de alterar o albedo local, tais modificações terminaram contribuindo para o aumento das emissões de CH_4 pelo aumento da presença do gado nas pastagens e, consequentemente, das atividades biológicas desprendedoras desse gás estufa, bem como para o aumento das emissões de N_2O pela própria conversão de uso do solo. Mesmo levando-se em conta o tamanho da área, essa mudança é significativa, pois expressa uma tendência mundial de crescimento desse tipo de conversão.

Em nível global, estima-se que houve um crescimento de 466% em terras cultivadas no mundo, de 1700 a 1980, sendo que a Ásia, América Latina e América do Norte excederam a média mundial. Dados de 1989 indicam que das atividades humanas causadoras de conversões a irrigação foi a que mais cresceu em termos percentuais (2.400%). Bilsborrow e Okoth-Ogendo (1992), ao analisarem as tendências na agricultura e uso do solo, corroboraram tais assertivas, acrescentando que se espera, até o ano 2010, um crescimento anual de 11% dessas áreas, tornando mais agudo ainda os efeitos daquelas atividades. Essa demanda, é óbvio, é gerada para abastecer, em sua maior parte, as populações urbanas.

O principal processo de mudança dessas áreas ocorre por meio da conversão, por desflorestamento, para a produção de grão. A desertificação, ponto oposto extremo da urbanização (metabolismo mínimo por m^2) tem sido identificada como o resultado da excessiva pressão dessas atividades humanas, segundo Meyer e Turner II (1992).

A Conferência das Nações Unidas sobre Desertificação (1987), em seu relatório, indicava que 6% das terras do planeta constituíam-se de "desertos feitos pelo homem" e aproximadamente um quarto da superfície terrestre estava ameaçada por processos de desertificação.

Vale salientar que as afirmações de que os desertos são produtos do ser humano, encontram forte oposição de alguns especialistas da área, notadamente Mortimori (1989), que cita os exemplos do Saara como evoluções naturais. Entretanto, reconhece o potencial destruidor do superpastejo.

Nas áreas de cerrado, o superpastejo altera a composição florística e pode levar à eliminação das espécies mais palatáveis e ao concomitante aumento das não palatáveis, pela diminuição ou ausência de competição interespecífica.

Filgueras e Wechsler (1992) acentuam que a dispersão de sementes de invasoras, pelos animais, nas pastagens naturais, altera a sua capacidade de suporte, constituindo-se num relevante fator de modificação/degradação das pastagens nativas e, consequentemente, da sua sustentabilidade.

DESTRUIÇÃO DAS MATAS DE GALERIA

Na área de estudo, cerca de 213% desse tipo de cobertura vegetal foi destruído, em apenas três anos! Perderam-se 5,30 km^2 de floresta nativa que continha e protegia centenas de pequenas nascentes que formam os córregos Taguatinga e Melchior. Esses corpos d'água, em ação sinérgica com a floresta, contribuem, entre outras coisas, para amenizar o microclima da cidade de Taguatinga.

Aterrada para dar lugar a clubes, mansões, estradas, loteamentos clandestinos, invasões e pastagens, esses recursos foram perdidos para sempre. Desapareceram mesmo antes que se procedesse um inventário da sua biodiversidade, e até mesmo das suas possibilidades estéticas e de lazer, acopláveis aos serviços urbanos. Depoimentos de populares deram conta do desaparecimento de uma grande variedade de aves, notadamente beija-flores, tucanos e sabiás, muito comum na área. Foram encontrados mortos, durante o período deste estudo, três tamanduás adultos e dois filhotes – um dos mamíferos do cerrado mais vulneráveis à presença humana, por sua baixa mobilidade –, dois veados e dezenas de pequenos roedores e aves abatidas por estilingues, armadilhas e armas de fogo. A massiva destruição de hábitats causada pela expansão das áreas urbanas, segundo Colwell (1994), é a mais óbvia causa da extensão da influência humana sobre outras espécies.

Essa agonia, imposta pela ignorância e pelo modelo de "desenvolvimento" e sua lógica consumista, é acompanhada de uma omissão tácita e generalizada do governo e da comunidade, quer pela inoperância do setor público, quer pela passividade e ignorância das pessoas e dos grupos sociais (reflexo de uma educação sem sintonia e descompromissada com os problemas ambientais; ver no Anexo I – *O Papel da Educação Ambiental nos socioecossistemas urbanos*). Cumpre-se a premissa popular de que florestas próximas de áreas urbanas tendem a desaparecer, historicamente.

(Foto do autor).

Mata de galeria destruída para construção de mais vias urbanas. Estrada Ceilândia – Taguatinga.

As florestas urbanas, os parques e as reservas têm, naturalmente, um grande valor estético e recreativo, além de servir para atenuar os extremos de temperatura, reduzir o ruído e a poluição atmosférica, fornecer hábitats para aves e outros pequenos animais e prevenir contra desastres naturais.

A vegetação, enquanto indicador de qualidade ambiental, está associada a todos os outros indicadores (de qualidade da água, do ar, dos solos, da flora e da fauna). Para Knapp e Soullé (1996), avaliar alterações na cobertura vegetal significa avaliar modificações energéticas em todos os sistemas biológicos subsequentes, inclusive alterações na velocidade e intensidade dos processos abióticos.

Infelizmente, essas áreas estão sendo substituídas sistematicamente, em todo o Distrito Federal, quer por áreas para atividades agropastoris, quer por urbanização e sua parafernália conceitual – gramados, flores ou árvores exóticas, por exemplo. Nesse caso, a mão-de-obra e a energia gasta para irrigar, fertilizar, cortar, podar, remover galhos e folhas e outras tarefas necessárias para sua manutenção somam-se ao custo financeiro de se morar numa cidade. Segundo Odum (1993), o gasto para manter um gramado é estimado em 528 kcal/m^2, aproximadamente o mesmo para uma área equivalente plantada com milho. Acrescentem-se a poluição sonora e do ar atmosférico quando da operação de máquinas de podar e veículos utilizados nas múltiplas tarefas.

Johnson (1994) anuncia que os cortadores de grama com motor movido a gasolina respondem por 5% de toda a poluição atmosférica dos Estados Unidos. Esses pequenos e ineficientes motores de 3,5 hp emitem, em duas horas de operação, a mesma quantidade de hidrocarbonetos emitidos por um carro novo que percorre 4.830 km!

A EPA estima que os 89 milhões de cortadores de grama existentes nos Estados Unidos derramam 64 milhões de litros de gasolina, por ano, quando são abastecidos, superior ao montante derramado pelo *Exxon Valdez*, no Golfo do Alaska, em 1989.

Essas máquinas constituem a maior fonte sem controle de emissão de monóxido de carbono na Califórnia. Nesse Estado, as máquinas de manutenção dos jardins poluem o equivalente a 3,5 milhões de carros, percorrendo, cada um, 25.740 km. Adicione-se a esse impacto a poluição sonora.

Tudo isso para manter os gramados e uma diversidade de plantas exóticas, obedecendo a um modelo de estética urbana imposta pela academia europeia. Segundo a percepção dessa escola, os espaços urbanos destinados a áreas verdes devem ser ocupados por esse tipo de vegetação, notadamente gramíneas, ou seja, determina-se o que o hábitat deve sustentar, ignorando-se as condições naturais de sustentação de espécies vegetais como o tipo de solo, condições climáticas regionais, flora local, polinizadores, adaptações evolutivas e outros. Na concepção desses planejadores, uma área verde ocupada pela vegetação nativa é "mato" e deve ser substituída. Essa visão se espalhou pelo mundo e hoje é responsável pelos impactos descritos, além dos prejuízos de se exibir um tipo de preconceito contra a vegetação nativa que se manteria naturalmente, sem tais custos astronômicos.[1]

Este é apenas um exemplo dos tantos que existem e que foram lenta e progressivamente incorporados aos hábitos humanos, que, somados, resultam nos padrões atuais de relação com o ambiente, reconhecidamente desarmônicos.

Infelizmente, as florestas estão ameaçadas, mesmo longe dos centros urbanos. Em 1990, as florestas e outras áreas cobertas, com vegetação mais densa, cobriam 5,1 bilhões de hectares da Terra, cerca de 40% da sua superfície (WRI/FAO, 1997).

O dramático crescimento da população humana, passando de cerca de 1 bilhão de habitantes em 1800 para 6 bilhões em 1999, fez aumentar a pressão sobre o uso da terra. A necessidade de aumentar a produção de alimentos fez com que, já nos anos 1990, cerca de 40% da superfície da Terra tenha sido convertida em pastagens e áreas de produção de grãos. Tais conversões ocorreram, em sua maior parte, à custa da destruição de florestas. Nos países em desenvolvimento, em apenas três décadas – 1960 a 1990, um quinto da cobertura florestal nativa foi perdida.

O fenômeno também ocorre fora desses limites. As florestas temperadas remanescentes no Canadá, nos Estados Unidos e na Rússia continuam sendo retiradas. Além disso, continua a destruição imposta pela poluição (chuvas ácidas, principalmente) sobre as florestas da Europa, que agora só dispõe de 40% da cobertura florestal que possuía.

De qualquer forma, as florestas do mundo, como já foi citado, declinaram em 2% só de 1980 a 1990 – ou seja, 100 milhões de hectares, ou 1 milhão de km^2 (superior à Região Sudeste do Brasil, formada pelos Estados do Rio de Janeiro, Espírito Santo, Minas Gerais e São Paulo, que totalizam 927 mil km^2) (WRI, 1997).

---

1 Como parte das atividades de sensibilização/sensopercepção do Programa de Educação Ambiental da Universidade Católica de Brasília, criou-se, em plena área de gramado, uma "ilha de sucessão", ou seja, uma área com 5 m de raio, de onde foi retirada toda a grama, deixando o solo preparado para receber a vegetação que a natureza decidir. A ilha é fotografada a cada mês e o interesse das pessoas, em acompanhar o processo, é intenso.

Quando se perde a vegetação nativa, os prejuízos vão além da expectativa, pela ação sinérgica de vários subsistemas, em atuação sincronizada e interdependente.

Além de tornar as espécies nativas mais vulneráveis, a perda de cobertura vegetal contribui para as alterações climáticas, ambas local e globalmente. Essas modificações, infelizmente, estão ocorrendo em todo o planeta.

As estimativas das mudanças de uso global dessas terras são discutíveis, com problemas de dados, definições e métodos. Os objetivos de intervenção nessas áreas variam através do mundo, porém, a forma que mais se difunde é o desflorestamento para cultivo, associado com fronteiras de colonização. Outras formas são constituídas por extração de madeira e pastagens, além da urbanização.

Segundo Raven (1994), a África, a América Latina e a Ásia dispõem de 12 milhões de km^2 dessa fitofisionomia, onde se opera um desmatamento anual em torno de 75.000 km^2. O autor analisa as consequências dessa distribuição e sugere uma correlação direta com o crescimento populacional dessas áreas com a pobreza e a ignorância dos princípios ecológicos. Entretanto, não se analisam, por exemplo, de forma conveniente, as causas dessa pobreza/ignorância, o que iria remetê-lo para o descaso político e para os modelos de desenvolvimento econômico impostos pelos países ricos aos pobres, como suporte do seu estilo de vida altamente dispendioso e insustentável, como têm demonstrado Wackernagel e Rees (1996).

Os estudos de Bilsborrow e Okoth-Ogendo (op. cit.) também são impregnados da visão neomaltusiana e reducionista de Raven (op. cit.), na qual não se adicionam ingredientes políticos, econômicos, sociais e culturais para a consubstanciação das afirmações defendidas por Miller (1994), segundo o qual a investigação científica das alterações globais só seria adequada se se incluíssem os fatores sociais e os padrões de comportamento humano que podem resultar naqueles efeitos.

Um outro componente dessa equação é a atividade agrícola em áreas úmidas. Aqui, as mudanças impostas ocorrem, em sua maioria, por drenagem. Meyer e Turner II (1992) estimaram que 85-95% das conversões dessas áreas ocorreram para fins agrícolas, ficando o restante com as atividades de expansão agrícola-industrial. Os autores acreditam que as conversões estejam ocorrendo com maior velocidade nos países desenvolvidos. Contudo, a julgar pela velocidade de destruição das áreas produtivas nos países em desenvolvimento, essa posição deve ser mudada.

De qualquer maneira, a perda de cobertura vegetal nativa traz mais consequências do que o nosso conhecimento científico e tecnológico é capaz de avaliar. Um sinal disso é que as externalidades – efeitos indesejados e incompensáveis do desflorestamento, tratados na Economia Ecológica – não se limitam mais aos efeitos localizados como erosão e riscos de fogo. De acordo com o GFF (Global Futures Foundation, 1997), os maiores efeitos não pretendidos associados com o desflorestamento global são:

(i) perda da diversidade cultural – as florestas do mundo, particularmente as florestas tropicais, abrigam cerca de 10 milhões de membros dos últimos sobreviventes de culturas baseadas intimamente nesses recursos. Essas culturas que conviveram milenarmente com esse tipo de *hábitat* estão sendo literalmente roubadas pelos governos e indústrias, que transformam o seu capital natural em moeda corrente. Houve mais extinção de povos tribais, neste século, do que em outro qualquer. Só no Brasil 87 tribos indígenas foram exterminadas entre 1900 e 1950. Até nos casos raros, em que as tribos são "compensadas" por tais perdas, é inexorável a erosão cultural, pela devastadora expansão da cultura industrial. Dessa forma, à medida que as culturas ao redor do mundo vão se tornando cada vez mais semelhantes, a destruição de cada um desses modelos diferentes constitui uma perda profunda, tanto da riqueza da experiência humana quanto da base de conhecimento global.

(ii) perda de biodiversidade – a biodiversidade é importante para a saúde e resiliência do planeta, constituindo diversos processos de manutenção do equilíbrio dinâmico dos ecossistemas. Uma comunidade diversa responde melhor aos distúrbios. Um mundo sem diversidade seria frágil e amplificaria distúrbios em catástrofes, por meio do colapso dos ecossistemas que perderam as suas espécies-chave – espécies que formam ligações (*links*) cruciais para o equilíbrio do sistema. Portanto, a redução da biodiversidade por via antropogênica, combinada com as alterações climáticas igualmente induzidas por essa via, têm o potencial de descontrolar a dinâmica ambiental e ameaçar a civilização global. Além disso, a riqueza desses ecossistemas tem contribuído para o bem-estar da humanidade, provendo-lhe alimentos, medicamentos e materiais, dentre outras coisas. Até mesmo a cultura industrial retira muitos dos seus suprimentos essenciais desse patrimônio biológico. Segundo o GFF (op. cit.) todos os nossos alimentos foram tornados possíveis pela diversidade biológica, e a maior parte dos nossos medicamentos deriva diretamente de compostos que ocorrem nos ambientes naturais. Seria tolice imaginar que a nossa dependência dessas fontes já passou. A destruição da biodiversidade engendrada pelas atividades da atual geração humana se iguala àquela que ocorreu no grande período pré-histórico.

Em 1995, a Unep reuniu especialistas de todo o mundo e publicou o seu GBA (*Global Biodiversity Assessment*), um tratado sobre biodiversidade que, em suas 1.140 páginas, analisa os aspectos sociais e biológicos desse tema. Ali as alterações impostas ao ambiente global pelas diversas atividades humanas foram analisadas profundamente.

Nesse tratado, Mooney et al. (1995) acentuam que a espécie humana induz mudanças profundas nas características dos ecossistemas, alterando suas propriedades, com respeito à troca de nutrientes, energia e sedimentos, além de adicionar novas substâncias, como toxinas e fertilizantes.

Sua interferência é de tamanha magnitude que seus processos devem ser incluídos como parte da paisagem, se se pretende entender as causas e os efeitos dessas interações. Os autores citados apresentam um modelo conceitual dos efeitos induzidos pelas ações humanas sobre a biodiversidade e sobre o funcionamento dos ecossistemas (Figura 1). Mudanças no uso da terra e no uso da água afetam diretamente a biodiversidade e, simultaneamente, modificam a composição da atmosfera e o clima. As alterações do uso da terra e da água incluem a superexploração dos recursos naturais.

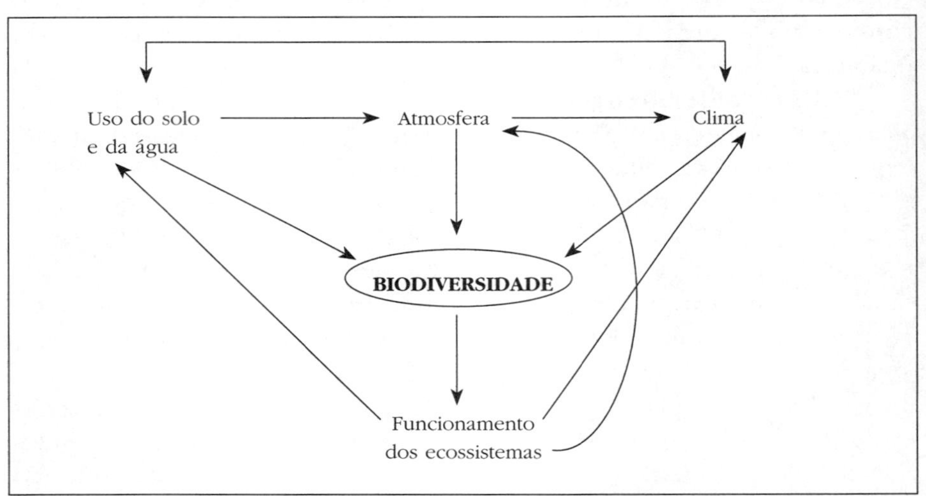

Figura 1 – *Modelo conceitual dos efeitos das perturbações humanas sobre a biodiversidade e o funcionamento dos ecossistemas (adaptado de Mooney et al., 1995, p. 318).*

Segundo Skole e Tucker (1993) as mudanças no uso da terra são a maior causa de destruição e fragmentação de *hábitats* e estas, por sua vez, são a maior causa de extinções recentes e constituem a maior ameaça à biodiversidade.

As recentes alterações na composição da atmosfera terrestre são indicadores claros da ruptura da homeostase dos ciclos biogeoquímicos que ocorreram em função das atividades humanas (Schlesinger, 1991). Primeiro, os cientistas ressaltaram as perturbações no ciclo do carbono como resultado do aumento da concentração de gás carbônico na atmosfera (Keeling, 1986). Em seguida, as perturbações no ciclo do nitrogênio, induzidas pela magnitude do nitrogênio fixado, via atividades humanas, o aumento da emissão do óxido nitroso e os altos valores de deposição de nitrogênio (Vitousek, 1990, 1994). Essas alterações nos ciclos biogeoquímicos resultaram no enriquecimento dos ecossistemas (nutrientes), o que na maioria dos casos resulta numa acentuada redução da diversidade de espécies.

O aumento de CO_2 na atmosfera e seu correspondente efeito fertilizante, pr sua vez, resultaram no enriquecimento de carbono nos ecossistemas, que é modulado pela disponibilidade de água e nutrientes. Esse enriquecimento tem efeitos sobre a biodiversidade, alterando as interações planta-planta e o balanço competitivo entre espécies, o que pode conduzir a um decréscimo na diversidade de plantas (Mooney et al., 1991).

Tais interconexões e interdependências são de tal complexidade, amplitude e profundidade que já se observam efeitos inusitados: Phillips e Gentry (1994) acentuam que o aumento da concentração de CO_2 na atmosfera favorece o crescimento de plantas trepadeiras (em florestas tropicais), o que pode explicar o crescimento da mortalidade observado.

Os cientistas concordam que um aumento na concentração dos gases estufa resultará em aumento da temperatura global e modificações nos padrões de distribuição de chuvas em todo o planeta.

Segundo Mitchell et al. (1990), as incertezas correntes estão relacionadas com os padrões geográficos dessas mudanças e com a velocidade com que tais mudanças ocorrerão. De qualquer maneira, cerca de 30% da vegetação da terra experimentará mudanças, como resultado das alterações climáticas. Os maiores prejuízos para a biodiversidade serão advindos da velocidade com que tais mudanças ocorrerão. Acentua-se que a magnitude das mudanças previstas devido à duplicação da concentração de gás carbônico na atmosfera ocorre durante as mudanças climáticas da Terra, nos períodos glaciais e interglaciais. Contudo, enquanto essas mudanças ocorriam em períodos de milênios, as alterações induzidas pelas atividades humanas ocorrem em menos de um século!

A velocidade com que se dão tais mudanças dificultará a migração para regiões onde as condições climáticas sejam similares, pois tais áreas serão largamente reduzidas.

Combinando-se a alta velocidade das alterações climáticas com a baixa velocidade de migração e a redução de áreas ajustadas aos requerimentos de sobrevivência das espécies, Watson et al. (1990) concluem que, como resultado, haverá uma drástica redução da biodiversidade global. Tais reduções afetarão o funcionamento dos ecossistemas, que, por sua vez, afetarão os seus serviços prestados aos seres vivos da Terra, inclusive aos humanos.

É impressionante como os diversos e intrincados mecanismos da natureza incluem, sistematicamente, entre os prejudicados, aqueles que iniciaram as transformações!

Os seres humanos vêm produzindo impacto sobre a biodiversidade desde os seus primórdios, 2 milhões de anos atrás. Para desenvolver suas complexas atividades o ser humano modificou profundamente a biosfera e atualmente apodera-se de cerca de 40% da produtividade biológica da Terra (Vitousek et al., 1986). Nesse processo, alterou-se intensamente a distribuição da biodiversidade em toda a superfície da Terra e experimenta-se a maior crise de extinções que o mundo já testemunhou, em 65 milhões de anos.

As **forças humanas indutoras** de tais mudanças foram assim nomeadas por McNeely et al.. (1995, adaptado, p. 719):

Antes de 1500

- fogo
- caça e coleta
- domesticação de plantas e animais
- intensificação da agricultura
- comércio
- construção dos grandes impérios (Pérsia, Romano, Mongol) com expansão das comunicações e dos sistemas de transportes
- guerras longas e expansão militar
- invasões em larga escala, longas viagens marítimas
- estabelecimento da economia de mercado (Ex.: Veneza)

De 1500 a 1800

- descoberta, colonização e exploração de outros territórios
- estabelecimento de novas economias de mercado, pelos europeus (Amsterdã, Londres, por exemplo), favorecendo a globalização das trocas comerciais
- revolução nos costumes de alimentação (aumento no consumo de chá, café, chocolate, açúcar, arroz, batata, milho e carnes)

• aumento da demanda por produtos como tabaco, algodão e madeira

• introdução internacional de espécies exóticas, por meio de atividades de aclimatização (jardins botânicos, zoológicos) e pela agricultura, silvicultura e piscicultura

• emigração, em larga escala

Desde 1800

• rápida evolução dos meios de transportes

• produção industrial, em larga escala, e surgimento de empresas multinacionais

• grandes trabalhos de engenharia para a irrigação e geração de eletricidade

• grande uso de produtos químicos na agricultura

• mecanização da agricultura e da pesca

• guerras mundiais e deslocamento de populações humanas

• desflorestamento em áreas tropicais e esquemas de reassentamentos

• urbanização crescente e criação de hábitats, caracterizados por espécies cosmopolitas

• interdependência internacional dos mercados

• lançamento de organismos resultantes da engenharia genética

Por sua vez, a *Estratégia para Biodiversidade Global* (*Global Biodiversity Strategy*) WRI, IUCN, Unep, 1992, identifica mecanismos que direta e indiretamente afetam a biodiversidade e quase todos possuem componentes humanos. Os mecanismos diretos, corroborados por Soullé e Wilcox (1980), Diamond (1985) e Pimm e Gilpin (1989), incluem:

- exploração dos recursos da vida selvagem;
- expansão da agricultura, silvicultura e aquacultura;
- fragmentação e perda de hábitat;
- efeitos negativos indiretos da introdução de espécies exóticas pelos humanos;
- efeitos positivos indiretos da introdução de espécies exóticas pelos humanos;
- poluição do solo, da água, da atmosfera;
- alterações climáticas globais.

Os mecanismos indiretos, identificados na *Estratégia da Biodiversidade Global* e que estão na base do impacto humano, sobre a biodiversidade, incluem:

- organização social humana;
- crescimento da população humana;
- padrões de consumo dos recursos naturais;
- sistemas econômicos e políticos que falham em valorizar o ambiente e seus recursos naturais;
- desigualdades na posse, manejo e fluxo de benefícios do uso e conservação dos recursos biológicos.

Segundo McNeely et al. (op. cit.), tais mecanismos de agressão à biodiversidade abrangem todo o espectro de possibilidades, do genético ao global. As consequências do desflorestamento para a biodiversidade vão desde o desaparecimento de espécies, degradação do solo, mudanças no regime das águas, aumento da sedimentação dos rios e reservatórios, mudanças no regime de chuvas, até eventos mais globais, como redução do carbono estocado na biota terrestre, aumento da concentração do CO_2 na atmosfera, mudanças na temperatura e nos regimes de chuvas globais e outras mudanças no clima global, impostas pelas alterações de uso da superfície terrestre.

(iii) Perda da capacidade de estocar o carbono – a atmosfera da Terra é formada por um delicado balanço dinâmico de ciclos de gases que protegem e tornam possível a vida na Terra. Dentre esses gases presentes na atmosfera, o CO_2 contribui para a capacidade de manter a temperatura da atmosfera terrestre, em valores moderados, apropriados à vida. Atualmente, como já foi visto, experimenta-se um rápido aumento da concentração do gás carbônico, devido à queima de combustível fóssil. Esse carbono foi removido do ciclo atmosférico durante o Período Carbonífero, cerca de 300 milhões de anos atrás, quando uma vasta quantidade de plantas foi soterrada pela dinâmica geológica. A reintrodução desse carbono, via atividades antropogênicas, está produzindo alterações climáticas globais.

A maneira mais eficiente para a sua remoção se dá por meio do crescimento da vegetação ou por meio do crescimento de recifes de corais. A madeira é um "sumidouro" de carbono, pois pode mantê-lo fora de circulação por dezenas de anos e até séculos (os corais são mais permanentes). Portanto, as florestas do mundo representam um dos maiores mecanismos de armazenamento dentro do ciclo global do carbono. Quando as florestas são destruídas, não apenas se perde essa capacidade de estocagem, mas o carbono adicional é liberado para a atmosfera por meio da decomposição e da combustão (15% do CO_2 liberado para a atmosfera na década de 80 foi atribuído à destruição das florestas tropicais).

Hoje, tanto a perda da biodiversidade quanto o aquecimento global se tornaram perigos tão evidentes para a biosfera que são temas de tratados e acordos internacionais, como a Convenção sobre Diversidade Biológica e a Convenção sobre as Mudanças Climáticas. Adicionalmente, a perda da diversidade cultural associada ao desflorestamento é tratada no Capítulo 26 da Agenda 21 (Unced, 1992, Rio). Essas iniciativas são a mais visível manifestação do crescente reconhecimento dos custos do desflorestamento – custos tão elevados que ameaçam o futuro da civilização humana.

Em 1992, a Áustria promoveu o Ato de Certificação de Madeiras Tropicais (Tropical Timber Labeling Act), iniciativa pioneira no mercado internacional de madeiras, seguindo uma série de eventos promovidos na década de 1990, por instituições ambientalistas governamentais e não governamentais. Tratava-se de tentativas de pôr limites nas atividades de retirada de madeira das florestas tropicais, intrinsecamente associadas à destruição desse patrimônio natural. A despeito do crescimento das práticas de conservação, na produção de madeira e reciclagem, as agressões continuam, notadamente nos países em desenvolvimento.

No Brasil, pode-se afirmar que as iniciativas contra a exploração predatória das florestas são ainda limitadas, em comparação com o gigantesco aparato internacional de exploração, impulsionado por um lucro grande e fácil e alimentado pelos padrões de consumo globais. Em 1998 a imprensa brasileira denunciou a ação predatória de madeireiras asiáticas no país, principalmente da Malásia e da China (de acordo com o relatório da Comissão Externa da Câmara dos Deputados, em Brasília). Segundo o *Correio Braziliense* (1998), essas madeireiras, com capital, tecnologia, mercado e má fama de devastadores de florestas em todo o mundo (para cada árvore abatida, outras 25 são sacrificadas durante a derrubada daquela e deixadas para apodrecer no meio da floresta), estão *profissionalizando* a devastação da floresta amazônica.

A pilhagem praticada se estabeleceu como a forma mais comum de exploração, permitida por um misto de falta de fiscalização governamental (até mesmo por falta de pessoal e de recursos financeiros), corrupção, ignorância ambiental e interesses políticos dos Estados da chamada Amazônia Legal Brasileira. Apesar do repúdio da sociedade brasileira e das pressões de instituições internacionais e transnacionais, a derrubada das florestas continua, como um tumor maligno. O motivo do crescimento dessa atividade é a existência de um mercado consumidor nos Estados Unidos, na Europa e no Japão, e até mesmo no Brasil, se bem que em proporções reduzidas.

Os asiáticos não são os únicos estrangeiros na Amazônia. Há pelo menos duas décadas empresas norte-americanas, suíças, japonesas, dinamarquesas, alemãs e portuguesas estão ali estabelecidas. O problema com os asiáticos é que suas ações estão associadas à destruição de florestas tropicais em seus países de origem e agora se espalham pelo mundo com práticas de pilhagem. Essas práticas continuam sendo mantidas na região, muitas vezes por meio da violência. Nos últimos dois anos, cinco fiscais do Ibama foram assassinados porque se recusaram a aceitar propina. Tais crimes ocorrem nos Estados do Pará e Amazonas, justamente nos locais onde a pilhagem está ocorrendo.

AUMENTO DA ÁREA URBANA

As cidades de Taguatinga, Ceilândia e Samambaia, em termos de ocupação de solo, não ampliaram muito a sua área no período de estudo (1994-1997), em comparação com períodos anteriores (vide fotografias comparativas 1973-1992). Houve um acréscimo de área urbana de apenas 4,6%, equivalente a 3,51 km^2. Entretanto, a despeito dessa pequena ampliação, a pressão de demanda por recursos ambientais oriundos desses componentes, em atuação sinérgica com outros, determina um componente poderoso de modificações ambientais, como será descrito.

Entre essas modificações, constatou-se a reprodução de várias tendências observáveis em ecossistemas dessa natureza, já expressas por Miller Jr. (1975, p. 190), como as notáveis variações de temperaturas, entre a área urbana e rural (ilha de calor; variação constatada, em torno de 2°C).

O desenvolvimento de áreas urbanas é similar em quase todo o mundo. As primeiras cidades eram pequenos assentamentos, circundados por terras agrícolas. Na figura a seguir, são expressas as relações dessas terras agrícolas com a cidade. Alimentos e outros produtos produzidos no campo eram levados para as cidades, para sustentar as pessoas que lá viviam. Em troca, a cidade oferecia instrumentos, ferramentas e outros produtos para as fazendas. As próprias fezes dos citadinos eram levadas para as fazendas e transformadas em adubo.

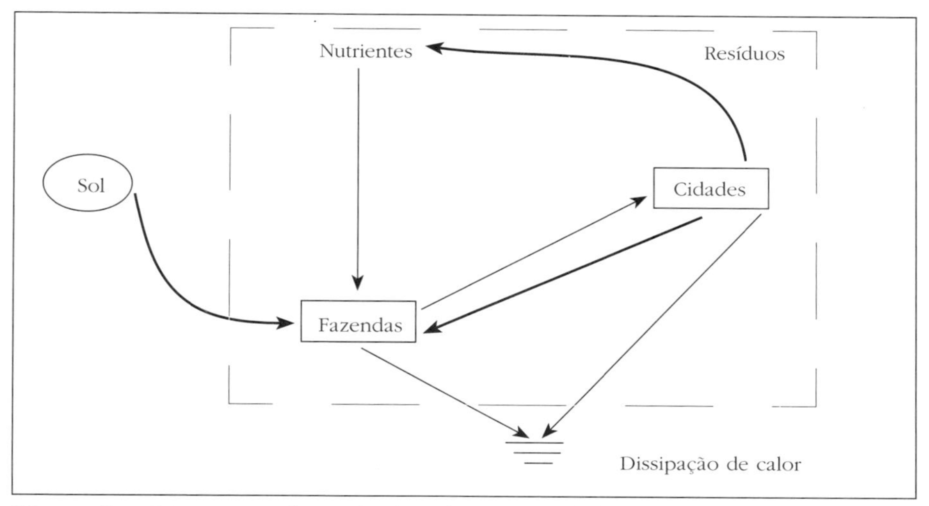

Figura 2 – *Diagrama das relações de uma cidade antiga com seu entorno (adaptado de Odum, 1993).*

O diagrama clarifica a ocorrência de reciclagem de nutrientes da cidade, de volta para as terras agrícolas. Esse retorno foi muito praticado durante os tempos passados, quando os fertilizantes ainda não eram disponíveis. Em muitas culturas ao redor do mundo, os dejetos humanos eram colhidos à noite e levados para as fazendas para serem utilizados como fertilizantes. Dessa forma, as cidades e as fazendas integravam um círculo fechado, na qual os nutrientes eram reciclados para manter a produtividade das terras agrícolas. Com o advento dos fertilizantes, essa prática foi abandonada.

Um exemplo interessante dessas relações é dado por Todd (1990), em uma fazenda em Banding, na região central de Java. Ali, um aqueduto é intencionalmente poluído ao passar pelos estábulos e esgotos sanitários da fazenda. Embora possa parecer repugnante, a parte sólida dos excrementos sofre "digestão" por alguns peixes, que processam o tratamento primário desses efluentes.

O esgoto carregado de nutrientes é, então, aerado e exposto à luz, ao passar por uma pequena queda-d'água. O esgoto serve para irrigação e fertilização de legumes. A água, rica em nutrientes, flui pelos canais e passa para o solo pelas laterais, para alimentar as raízes. A água proveniente dos canteiros elevados vem livre de nutrientes e em uma condição equivalente ao tratamento terciário. Daí flui para um viveiro de filhotes de peixes – um sistema que necessita de água pura –, onde é reiniciado o processo de adubação pelos dejetos dos filhotes. Esse processo desencadeia o crescimento de algas e animais microscópicos que ajudam na alimentação dos filhotes. Tal biota é também levada pela corrente, para acrescentar nutrientes e servir de alimento aos peixes maiores, criados nos tanques existentes mais abaixo. Esses tanques, assim enriquecidos, fertilizam as plantações de arroz que crescem rapidamente, purificam a água ao absorver aqueles nutrientes e a liberam novamente para o tanque da comunidade situado mais abaixo, reiniciando o ciclo.

Mas esse modelo adotado em Banding tende a ser esquecido. À medida que as populações crescem, o consumo de energia aumenta, as cidades se expandem, convertendo terras agrícolas em áreas urbanas, criando dois problemas associados ao desenvolvimento urbano: perda de terras férteis, em pleno uso produtivo, e poluição dos cursos d'água, uma vez que os rejeitos passaram a ser despejados ali, em vez de serem reciclados.

As cidades cresceram e as regiões se tornaram mais "desenvolvidas", com o surgimento de novas estradas e pequenas cidades. A paisagem atual de terras rurais, estradas e cidades é o resultado de padrões de crescimento e uso de energia do passado (Odum, 1993).

A organização espacial de cidades, na paisagem, é descrita como hierarquias: muitas pequenas cidades dispersas em uma região, algumas de tamanho médio e apenas uma ou duas cidades grandes.

Uma razão para a organização hierárquica de cidades é a distribuição de bens e serviços. A cidade maior importa e manufatura bens, agindo como um ponto de distribuição para as cidades médias e destas para as menores.

Outra razão é a convergência de energia. A energia é convergida das cidades menores para as médias e destas para as cidades grandes. São necessárias muitas cidades pequenas para sustentar uma cidade grande (algo como ocorre na natureza: muitos pequenos roedores e insetos são necessários para sustentar um pássaro). Na verdade, pode-se visualizar a hierarquia de cidades como uma cadeia alimentar nos ecossistemas. A retroalimentação das cidades maiores para as menores são os *feedbacks* necessários de serviços que ajudam a controlar a cadeia inteira.

As cidades envolvidas neste estudo, Taguatinga, Ceilândia e Samambaia, formam uma cadeia que abastece, em serviços, uma miríade de pequenas cidades do entorno do Distrito Federal, principalmente na área da saúde e do abastecimento, e importa dali diversos elementos de sustentação do seu metabolismo – alimentos, água, mão de obra, entre outros –, como será visto adiante quando o metabolismo ecossistêmico for analisado.

Cada cidade tem a sua hierarquia espacial interna.[2] Normalmente os centros das cidades são mais concentrados, com os maiores prédios, a mais alta densidade de pessoas e o maior fluxo de energia. Em torno do centro e em anéis, na maioria dos casos, a concentração das atividades vai diminuindo (exceto em alguns pontos de áreas industriais, *shoppings* etc.). As ruas conectam pontos de atividades. Esse arranjo é visível à noite em foto aérea ou sobrevoo, quando as luzes da cidade lembram uma estrela, com um centro brilhante e as ruas e avenidas iluminadas como "braços".

Essa categoria de uso da terra – assentamentos humanos – inclui áreas destinadas à habitação humana, transporte e indústria e, como tipo de cobertura, inclui áreas altamente alteradas, cobertas por prédios, pavimentações etc. A estimativa da área mundial ocupada por essa categoria não é precisa. Se se considera apenas as áreas estritamente ocupadas e radicalmente modificadas, chega-se a 2,5% da superfície mundial. Mas se se considera outros elementos de representação dos assentamentos humanos, chega-se a 6%. Muito do que está ocorrendo não está sendo estudado. A expansão urbana no mundo está subestimada. Por exemplo, o Núcleo de Monitoramento por Satélites da Embrapa identificou 1.500 pontos de urbanização, na Amazônia, que não estão nos mapas.

A expansão urbana ocorrida nas duas últimas gerações é responsável pela criação das áreas mais profundamente alteradas da biosfera, estabelecendo ali intensos metabolismos de alta carência energética e material, para o seu funcionamento (WRI, 1997). Na verdade, foi a partir da formação dos aglomerados urbanos que as relações ser humano/natureza se tornaram mais complexas.

AUMENTO DE ÁREAS DEGRADADAS

Neste estudo, a área degradada é compreendida como aquela que perdeu a sua camada produtiva/biótica de solo, onde se estabelece uma condição imprópria para o desenvolvimento até mesmo de espécies colonizadoras.

Na área de estudo, o aumento da área degradada deu-se em função do aumento da retirada de materiais de solo (mineração), para construção (exploração de cascalho, argila, areia saibrosa, barro para aterros, pedras e outros fins).

---

2 "Qualquer cidade, por menor que seja, divide-se de fato em duas, uma dos pobres, a outra dos ricos" (Platão, 400 a.C.).

Esse aumento foi atribuído ao crescimento da atividade de construção civil, principalmente pequenas obras (residências), impulsionado pelas facilidades de crédito e estabilidade de preços, permitidos pelo então Plano Real, em sua fase inicial.

Na verdade, houve a perda desse solo e, com isso, perdeu-se uma série de atributos socioecológicos desse recurso natural. É importante salientar que:

- o solo é o compartimento de estocagem do carbono nos ecossistemas terrestres (nos cerrados varia entre 3 e 5 kg C/m², segundo Brossard et al., 1997). Esse elemento químico é básico para todos os compostos orgânicos. A vida na Terra requer grandes quantidades de carbono (produção de carboidratos, lipídios, proteínas, ácidos nucléicos e outros). No solo, suas propriedades são dependentes dos níveis e das formas de matéria orgânica presente, que constitui a fonte de energia de inúmeros organismos edáficos;
- a perda de solo, ocorrência muito comum durante o processo de expansão urbana, constitui-se em contribuição negativa de grande impacto para as alterações ambientais globais. Por outro lado, e para consolidar a complexidade desse tema, nas suas infinitas possibilidades de conexões inesperadas, a destruição do solo reduz a emissão de CO_2 para a atmosfera! Só nos 709.590 m² de solo perdidos, na área deste estudo, segundo metodologia sugerida por Raich e Potter (1996), deixou-se de emitir 468.329 kg/m²-ano de CO_2 para a atmosfera.[3]

DESTRUIÇÃO DE ÁREAS DE CERRADO (*STRICTO SENSU*)

Junto com o quase desaparecimento da mata de galeria da área estudada, os cerrados também foram drasticamente reduzidos, registrando-se uma perda de 213% da área original, em apenas três anos. Foram perdidos 3,7 km² dessa fitofisionomia, transformada em área urbana ou campo/agropastoril.

Os cerrados foram destruídos pela atividade humana de retirada de madeira, e pela substituição por área urbana.

Essa madeira foi utilizada primariamente como material de construção (madeiramento de barracos, cercas etc.) e secundariamente como combustível.

---

3 Espera-se que este argumento não se torne apanágio dos maus empresários do setor, para justificar a sua ação destruidora como um componente de contribuição à redução do efeito estufa!

Em termos de perda de fitomassa, só nessa área foram perdidas 24.050 toneladas nos três anos do estudo (370 ha x 65; Troppmair, 1997).

Se se consideram todas as outras áreas de vegetação, chega-se a 106.306,5 toneladas (Tabela 2).

Tabela 2 – *Perda de fitomassa.*

Tipo de vegetação	Área perdida (ha)	Média (t/ha) (2)	Fitomassa perdida (t)
Campo limpo (1)	71	1,5	106,5
Cerrado	370	65	24.050
Mata Galeria	530	155	82.150
Total	971		106.306,5

(1) Equivalente à área de campo que foi degradada.
(2) Médias segundo Troppmair (1997).

Dessa perda total subtraem-se os 478 ha da área que foram convertidos para campo/agropastoril, chegando-se a um total de perda de fitomassa igual a 105.828,5 toneladas.

Essas perdas de cobertura vegetal, pelas atividades humanas, disparam consequências em todas as direções, muitas delas ainda desconhecidas. Goudie (1990) sugere as seguintes inter-relações (Figura 3):

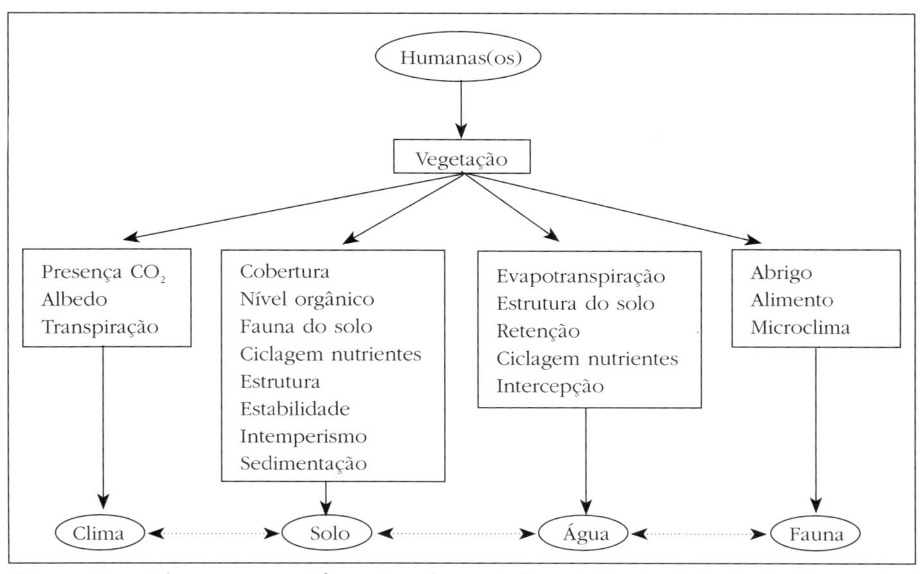

Figura 3 – *Algumas ramificações das mudanças induzidas pelos humanos sobre a vegetação (adaptado de Goudie, 1990).*

Na área estudada, a perda de cobertura vegetal (mata de galeria, cerrado e campo limpo) foi relevante, considerando o pequeno espaço de tempo nomeado para as comparações (1994-1997).

Os resultados expressos conformam os impactos produzidos pelas alterações de uso da cobertura do solo e expõem a complexidade sistêmica desses processos. Os efeitos dessas mudanças são sentidos em todos os níveis de organização, do genético ao global (Turner et al., 1990).

Processos desse escopo estão ocorrendo em todo o mundo, em escalas menores, reproduzindo um modelo de enfraquecimento contínuo dos sistemas que asseguram a vida na Terra. Clima, solo, água e fauna terminam sendo os sensores naturais do que estamos impondo ao planeta. Talvez o melhor indicador individual da "saúde" da Terra seja o número cada vez menor de espécies com as quais compartilhamos nossa vida: das 242.000 espécies vegetais conhecidas, 14% estão ameaçadas de extinção; das 24.000 espécies de peixes, um terço está ameaçado de extinção; das 4.400 espécies de mamíferos (à qual pertencemos), 11% estão sob ameaça de extinção e outros 14% vulneráveis à extinção. A causa principal de tudo isso é a destruição de hábitats (Brown e Flavin, 1999), exatamente o que testemunhamos todos os dias quando cada metro quadrado de cidade é criado.

CONTRIBUIÇÕES DO METABOLISMO SOCIOECOSSISTÊMICO URBANO ÀS MUDANÇAS AMBIENTAIS GLOBAIS RESULTANTES DO CRESCIMENTO POPULACIONAL E DOS PADRÕES DE CONSUMO ADOTADOS

Como vem sendo visto neste trabalho, a cidade requer uma grande variedade de recursos do ambiente para sustentar o seu intenso metabolismo ecossistêmico: Água, combustíveis, eletricidade, alimentos (principalmente carne, leite e seus derivados, feijão, arroz, frutas, óleo, açúcar, sal, massas e outros), metais, madeiras, fibras, plásticos, tecidos (roupas, cama, mesa, banho, cortinas, estofados), asfalto, vidros, cerâmicas, tijolos, cimento, areia, pedras, papel, solventes, tintas e uma grande variedade de outros produtos químicos, entre tantos outros fatores.

Seria praticamente impossível a completa determinação dos materiais e da energia que integram o metabolismo diário dos socioecossistemas urbanos e que circulam nos seus milhares de subsistemas, produzindo algum tipo de pressão sobre os estoques do capital natural.

Será dada atenção a alguns componentes cruciais desse metabolismo, pertencentes aos **grupos funcionais**, aqueles que são os mais determinantes em meio aos outros, quer pela sua intensidade, quer pela sua rede complexa de interações. Integram também esta análise, como não poderia deixar de ser, elementos da dinâmica populacional e dos seus padrões de consumo.

A produção industrial de uma cidade é consumida, em parte, na própria cidade, e exportada para outros mercados. Junto com os serviços e outras importações, estabelecem o ciclo de dinheiro no ecossistema urbano (sentido inverso do fluxo energético).

A energia do Sol, dos ventos e das chuvas, nas cidades, é importante para a indústria e para as pessoas. Aprecia-se a vegetação e os animais selvagens, nos parques e gramados das áreas urbanas, mas talvez não se perceba o quanto esses recursos são determinantes para a manutenção das cidades e do cotidiano das pessoas.

O vento dissipa as emanações industriais e a água dissolve e/ou carreia resíduos sólidos e líquidos das casas, do comércio e da indústria. São apenas alguns dos inúmeros e preciosos serviços prestados pelos ecossistemas e, dada a sua aparente disponibilidade perpétua, não se avalia o quanto se faz para desestabilizá-los a ponto de se tornarem inoperantes.

Outro influxo importante para os ecossistemas urbanos é a migração. A chegada de novos moradores altera abruptamente a demanda por serviços e, a depender do seu fluxo, pode provocar rupturas graves.

Nos países pobres e em desenvolvimento, a migração responde pela maior parte dos problemas criados para a sustentabilidade da qualidade de vida nas cidades (*World Resources*, 1997). Neste estudo, este componente da dinâmica populacional humana se mostrará decisivo.

Pela complexidade dos sistemas urbanos, considera-se um risco supersimplificar o seu metabolismo. Os materiais que entram numa cidade podem estar disponíveis em mais de 200 subsistemas.

Há sistemas para suprimento de água e remoção de lixo e esgotos, sistemas de proteção policial, serviços de saúde e de educação, de transportes, de energia, de comunicações, e todos eles têm um impacto sobre o ambiente. Entretanto, após os estudos referentes aos grupos funcionais, em Ecologia, como já citado, foram possíveis análises ecossistêmicas com um número mais reduzido de variáveis, com relativa segurança para inferências.

OS PADRÕES DE PRODUÇÃO E CONSUMO

Reconhece-se que a maior parte da pressão exercida pela espécie humana sobre os recursos naturais do planeta, e que contribui para tais alterações ambientais globais, vai além das suas necessidades básicas para a sobrevivência e tem suas raízes no comando ditado pelos padrões de consumo/estilo de vida.

Esses padrões de consumo são ditados pelos modelos de "desenvolvimento" vigentes, impostos pelos países mais ricos. Tais modelos operam influências nos sistemas **políticos**, de **educação** e **informação** em quase todo o mundo, resultando em uma situação socioambiental insustentável, como foi concluído na Rio 92. Os resultados desse modelo estão expressos nas estatísticas socioambientais da população humana global: 1,2 bilhão de pessoas passam fome (55% da população dos Estados Unidos está acima do peso); 1,2 bilhão não têm acesso à água potável e 22% (1,3 bilhão) são analfabetos. Cerca de 70% dos recursos da Terra são consumidos pelos 10% mais ricos. No mundo existem 150 milhões de desempregados e 900 milhões de subempregados, sem nenhuma proteção social. Enquanto a economia global se expande, os ecossistemas locais se deterioram. Como corolário da cruel concentração de renda global, as 225 pessoas mais ricas do mundo têm uma riqueza conjunta de US$ 1 trilhão, um número igual às receitas anuais combinadas de mais da metade mais pobre da humanidade (Brown e Flavin, 1999, p. 21).

Tal modelo de desenvolvimento econômico se fundamenta no **lucro** a qualquer custo, e este é atrelado à lógica do **aumento da produção** (os recursos naturais são utilizados sem se respeitar a capacidade natural de recomposição, e a natureza é vista como um grande supermercado gratuito, com reposição infinita de estoque, observando-se os benefícios e desprezando-se os custos).

Essa produção crescente precisa ser consumida. O **consumo** é estimulado pela mídia – especialista em criar "necessidades desnecessárias"–, tornando as pessoas amarguradas ao desejarem ardentemente algo que não podem comprar, sem o qual viviam muito bem, antes de conhecerem as sofisticadas e ilusórias publicidades. O que se vende não é apenas um produto, mas um estilo de vida. As marcas são acompanhadas por imagens de liberdade, conquistas, riqueza, eterna juventude e outras fantasias. Onde há a mídia, e em especial a televisão, as pessoas de qualquer etnia, cultura ou origem, de um modo geral, terminam desejando as mesmas coisas.

O binômio produção-consumo termina gerando uma maior **pressão sobre os recursos naturais** (consumo de matéria-prima, água, energia elétrica, combustíveis fósseis, desflorestamentos etc.), causando mais **degradação ambiental**.

Esta se reflete na perda da qualidade de vida, por condições inadequadas de moradia, poluição em todas as suas expressões, destruição de hábitats e intervenções desastrosas nos mecanismos que sustentam a vida na Terra.

Muitas vezes, para recuperar o que se degradou, termina-se pedindo empréstimos ao mesmo Sistema Financeiro Internacional que lucrou com a degradação desse ambiente e, agora, lucra novamente ao emprestar dinheiro a juros extorsivos, aumentando a dívida externa dos países pobres e/ou em desenvolvimento, comprometendo as suas finanças, a sua economia interna já combalida e o seu futuro.

É óbvio que esse sistema é **não sustentável** para a grande parte dos seres humanos e os sintomas dessa insustentabilidade preenchem as manchetes da mídia, diariamente, traduzidos em graves e profundas crises socioambientais, econômicas e políticas em todo o mundo. Se as tendências não forem revertidas, poderemos enfrentar um futuro no qual a deterioração ambiental contínua resultará em declínio econômico (também).

Segundo Brown et al. (1996), a economia global praticamente quintuplicou nos últimos 45 anos. O consumo de água, grãos e carne triplicou enquanto o uso do papel sextuplicou. O uso de combustíveis fósseis e o de emissões de CO_2 cresceram quatro vezes. Esse consumo, entretanto, é restrito a uma parcela da população humana. As pessoas do grupo dos 40% mais pobres do planeta sobrevivem com uma renda de menos de 2 dólares/dia, menos de 7% da renda global. Enquanto isso, o grupo dos 20% mais ricos duplicaram o consumo de madeira, energia e aço, e quadruplicaram o número de seus automóveis, em sustentação aos seus estilos de vida altamente dispendiosos (Durning, 1996).

Por sua vez, os indutores de consumo sofisticam cada vez mais suas estratégias, a chegar ao bizarro. Da prancheta à fábrica, a Gillete investiu 750 milhões de dólares para desenvolver o projeto do seu novo barbeador, o Mach 3. Ocupou 500 engenheiros com diplomas do MIT e Stanford, dois dos principais centros de pesquisa tecnológica do mundo, nessa tarefa. Para convencer os consumidores, reservou uma verba de 300 milhões de dólares, destinada à campanha de divulgação. O seu objetivo é aumentar o consumo desse item em 35%. Esta é a lógica predominante: aumentar o consumo (*Veja*, 29 abr. 1998, p. 101).

No Brasil, um exemplo contundente é o das(os) apresentadoras(es) de programas infantis. Justamente aquelas(es) que teriam uma grande parcela de responsabilidade na formação dos jovens (e adultos também), no sentido de se buscar um novo estilo de vida sustentável, são as(os) campeãs(ões) nacionais de indução ao consumismo.

Os seus sorrisos estão a serviço da venda de centenas de produtos, principalmente bonecas, esmaltes, brinquedos, sandálias, alimentos, jogos, aparelhos de ginástica e roupas. Um pequeno grupo de apresentadoras(es) divide as fatias milionárias do mercado brasileiro: Angélica, 250 produtos, faturamento em 1997 de 75 milhões de dólares e lucro de 5 milhões de dólares; Eliana, 80 produtos, faturamento anual de 45 milhões de dólares e lucro de 3 milhões de dólares; Gugu, 46 produtos, faturamento anual de 30 milhões de dólares e lucro de 2,5 milhões de dólares; e Xuxa, 30 produtos, faturamento anual de 15 milhões de dólares e lucro de 1,2 milhão de dólares.

Esse mercado não pára de crescer. Novos lançamentos ocorrem periodicamente e o objetivo geral é a busca do aumento das vendas. Ocorre também que **esse fenômeno é quase global**, ou seja, muitos outros países têm as suas "Angélicas e Xuxas" que igualmente estimulam o consumismo. Por esse e outros caminhos, o consumismo entrou numa escala global como estratégia absoluta de "crescimento", ou caminho por meio do qual se atinge a "felicidade", como as propagandas apregoam.

Estima-se que até meados do próximo século o PIB mundial deverá passar dos atuais 40 trilhões para 200 trilhões de dólares. Considerando que a economia global já se depara com alguns limites biofísicos do planeta – capacidade de absorção de CO_2, por exemplo –, aumentos dessa magnitude se constituirão em sérios desafios para a sustentabilidade humana. Em alguns países, entre os quais os Estados Unidos e o Japão, a *pegada ecológica* é maior do que sua área total, devido a uma dependência líquida em importações (o Japão importa 75% de quase tudo o que usa) ou porque os recursos ou capacidade de absorção de resíduos estão esgotados. Para sustentar o mundo, nos padrões americanos ou japoneses, seria necessária uma área equivalente a três Terras.

Diante desse quadro, tornam-se claras as preocupações emanadas da Rio-92, pela posição majoritária de que as causas primárias da degradação ambiental no mundo advinham dos níveis insustentáveis de produção e consumo vigentes nos países industrializados. O desenvolvimento sustentável só seria alcançado se os brutais impactos desse modelo fossem drasticamente reduzidos e, concomitantemente, se buscassem formas de controlar o crescimento populacional (Brandsma e Eppel, 1997).

O reconhecimento dessa situação se deu em todas as sessões da Comissão de Desenvolvimento Sustentável da ONU e se consolidou por meio do Capítulo 4 da Agenda 21, no qual essa ideia está expressa. Firmou-se o princípio das responsabilidades comuns, segundo o qual todos os países devem promover novos padrões sustentáveis de produção e consumo, cabendo a liderança aos países industrializados.

Ocorre que, devido ao processo multifacetado da globalização, esses padrões de produção e consumo não estão mais restritos apenas aos países industrializados. Nesse sentido Ribemboim (1997) observa que o discurso inquisitório de apor a culpa das desigualdades entre as nações, da miséria e das injustiças sociais aos países ricos está ultrapassado. O mesmo se dá com o discurso que atribui às populações desses países ricos a exclusividade das práticas perdulárias e insustentáveis. Acentua que Argentina, China, Índia, Taiwan, Coreia do Sul, Tailândia e Brasil reúnem 720 milhões de pessoas, cujos padrões de consumo são similares aos 880 milhões de consumidores de classe média dos países desenvolvidos.

Para esse autor, os ricos degradam o meio ambiente por meio de sua enorme capacidade de consumir, desperdiçar e gerar resíduos poluentes. Os pobres, por sua vez, por dependerem dos recursos ambientais diretamente para a sua subsistência, desenvolvem uma relação estreita e frágil com os recursos naturais, degradando-os. A miséria humana empobrece o meio ambiente e este, empobrecido, afeta os seres humanos.

Para a resolução desses problemas, frisa Ribemboim (op. cit.), costuma-se prescrever, de forma simplista, a necessidade de mudanças dos padrões de produção e consumo dos ricos e de mudança nos padrões de crescimento populacional dos pobres. Urge um modelo de desenvolvimento não mais direcionado para o aumento/estímulo da capacidade de consumir, mas um paradigma alicerçado no compromisso com a equidade social (princípio ético de solidariedade intrageracional) e com a sustentabilidade (princípio ético de solidariedade intergeracional), uma profunda mudança do próprio padrão civilizatório.

A Comissão de Desenvolvimento Sustentável da ONU reconheceu que políticas públicas voltadas para tais mudanças devem estar relacionadas com aspectos sociais, econômicos e ecológicos do desenvolvimento sustentável, ou seja, que se utilize um enfoque integrado economia/meio ambiente, tanto pelo lado da oferta (produção) quanto pelo lado da demanda (consumo).

Isso significa que os serviços prestados pelos ecossistemas – normalmente ignorados em seu valor, pelas leis de mercado – passem a compor os elementos constituintes da economia. Essa forma de integração foi apresentada por Belia (1996), que afirma haver uma assimetria no consumo dos dois tipos de bens, uma vez que o consumo dos bens produzidos é relativamente proporcional à renda apropriada pelo indivíduo, enquanto os serviços do meio ambiente se distribuem de forma mais ou menos equitativa numa determinada região.

Brandsma e Eppel (op. cit.) corroboram tais assertivas ao afirmarem que muitos dos problemas decorrentes de padrões insustentáveis de produção e consumo são devidos ao fato de que os bens e serviços ambientais encontram-se subavaliados e consequentemente desperdiçados, tanto no processo produtivo quanto durante o consumo. Atribuem a falhas institucionais pela externalização dos custos ambientais. Citam a poluição como exemplo clássico, apontando o caso do preço da gasolina nos Estados Unidos, inferior ao da água mineral. Acrescentam que, se fossem consideradas todas as externalidades – contribuições para a poluição do ar, efeito estufa, aumento dos ruídos e outros –, o preço da gasolina seria seis vezes mais caro.

Esses autores acrescentam que é muito frequente o estímulo a práticas insustentáveis, por meio de políticas equivocadas de subsídios que não internalizam os custos ambientais (setor agrícola, por exemplo). Myers (1996) estima que o total de subsídios equivocados chegue a cerca de 600 bilhões de dólares por ano, destinados ao desenvolvimento não sustentável, justamente o valor equivalente ao montante necessário para se implantar a Agenda 21, no planeta.

As relações padrão de produção-consumo/serviços ecossistêmicos e destas com o crescimento populacional têm-se tornado cada vez mais complexas, interatuantes e importantes. Aqui essas relações serão analisadas, utilizando-se traços resultantes do metabolismo gerado pelos seus intensos processos.

O CRESCIMENTO DA POPULAÇÃO HUMANA

Em 12 de outubro de 1999, oficialmente, chegamos a 6 bilhões de pessoas, na Terra, o dobro do que tínhamos em 1960. A população mundial continua a crescer a uma taxa de 1,3% ao ano, acrescentando 77 milhões de novas bocas a cada ano. Pelo menos por mais duas décadas ainda estaremos acrescentando mais 70 milhões, a cada ano.

A área deste estudo não foge a essa tendência. Formada pelas cidades-satélites de Taguatinga, Ceilândia e Samambaia, no Distrito Federal, está submetida a um intenso crescimento populacional, em média 2,8% ao ano (Codeplan, 1998), grande parte decorrendo da migração.[4] Segundo Mendes (1998), na década de 60 os migrantes correspondiam a 79,9% do crescimento populacional do Distrito Federal. Atualmente a contribuição é de 48,1%. Desses valores, 48,5% são oriundos da Região Nordeste e 22,9% da Região Sudeste.

O seu entorno cresce a estonteantes 5,7% (a cidade de Águas Lindas de Goiás, a 42 km do Plano Piloto de Brasília, por exemplo, tinha apenas 5 mil habitantes em 1991, passando para 140 mil habitantes em apenas sete anos). Somente nos últimos três anos 100 mil migrantes chegaram a Brasília e se espalharam pelas suas cidades-satélites (Zanatta, 1998).

Como era esperado, dentre todos os elementos formadores do perfil ambiental do Distrito Federal e, consequentemente, dessa área de estudo, o que sofreu a maior alteração nos últimos tempos foi a variável demográfica.

O crescimento populacional ocorrido no Distrito Federal, sempre acentuado em comparação com as demais unidades da Federação, foi agravado no final da década passada, por uma sequência de decisões políticas equivocadas que viriam induzir uma forte corrente migratória para Brasília, ainda presente nos dias atuais, em menor intensidade, mas ainda a taxas preocupantes.

Segundo Pontes (1994), "... em 1989 o Distrito Federal tinha 62 favelas e invasões. Para resolver o problema o governo do Distrito Federal lançou o Programa de Assentamento das Populações de Baixa Renda, no início de 1989. Desde então, foram distribuídos 120 mil lotes". Lançavam-se as bases para o estímulo a um fenômeno migratório contínuo, agravando uma situação já presente em Brasília, desde a sua fundação.

Silva (op. cit.) atribui à ampliação do programa para atender também aos "inquilinos de quintal", o estopim da bomba populacional que se seguiria.

---

4 O economista americano Edward Glaeser, professor da Universidade de Harvard, especialista em megacidades, em entrevista a Thomas Traumann da revista *Veja* (29 jul. 1999, p. 87), acentua que: "Os prefeitos não devem se preocupar com a pobreza. Se o fizerem, atrairão os miseráveis. A pobreza não pode ser tratada na esfera municipal, mas federal... Cria-se o paradoxo da eficiência. Quem trabalhar melhor, em vez de aumentar a qualidade de vida de seus moradores, estará atraindo mais miséria para seu município." Embora encerre um conteúdo fecundo para acaloradas controvérsias, isso aconteceu em Brasília, hoje uma cidade circundada pela miséria. O conselho desse economista: "Vote com mais entusiasmo nas próximas eleições".

Com pouco mais de 1, 3 milhão de habitantes em 1988, em apenas cinco anos o Distrito Federal chegaria aos quase 2 milhões, com o acréscimo repentino de 700 mil migrantes "numa impressionante taxa de crescimento nunca experimentada em lugar nenhum do mundo, sequer em tempos de guerra".

Um acréscimo populacional dessa natureza, em qualquer parte do mundo, representaria a geração de problemas graves na estrutura e na dinâmica de uma cidade, comprometendo a qualidade e até mesmo a operacionalização dos seus serviços essenciais – transportes, educação, segurança, lazer, saúde, saneamento e preservação – por sobrecargas.

Dessa forma, são frustradas todas as tentativas de políticas de gestão ambiental urbana, arrebentadas que são pelos números explosivos que inviabilizam qualquer planejamento, notadamente pela grave e crônica limitação de recursos financeiros destinados à ampliação e à melhoria dos serviços essenciais das cidades, quadro comum na América Latina.

O crescimento populacional rápido verificado no Distrito Federal, a despeito de ocorrer em todas as cidades-satélites, concentrou-se no eixo Samambaia/Ceilândia, cidades-satélites vizinhas a Taguatinga, criadas mais recentemente.

A maior parte dos lotes doados concentrou-se na região de Samambaia, de onde partiu a maior pressão sobre os serviços de Taguatinga. Acrescente-se aqui a pressão do enorme contingente vindo do entorno do Distrito Federal, em busca dos serviços desse satélite, principalmente nos setores de saúde, emprego e educação.

Quando não evoluem conjuntamente oportunidades de emprego/oferta de serviços urbanos com o aumento populacional, reúnem-se aí os ingredientes suficientes para a configuração de estresse socioecossistêmico urbano, com expressões de degradação ambiental generalizada, o que significa perda da qualidade de vida e, consequentemente, perda da qualidade da experiência humana (Boyden et al., 1981).

Por meio de pesquisa oral, com questões não induzidas, buscou-se diagnosticar como as pessoas estavam percebendo essas mudanças. Durante dois meses, a equipe de auxiliares de pesquisas entrevistou 500 pessoas, em locais e horários estocásticos da área de estudo, em 1987 e 1998, adicionando-se dados de 1995 de um jornal local (Tabela 3).

Tabela 3 – *Análise de Insatisfação em Taguatinga (N = 500. Valores em %).*

Reclamações	**1987**	**1995(*)**	**1998**	**2000**
Desemprego	5	35	39	45
Violência	12	23	22	25
Saúde	21	13	21	22
Educação	19	11	3	1
Lazer	14	11	2	1
Transporte	29	10	10	5
Meio Ambiente	–	–	3	1

Fonte: Lu (1995); N não informado. "N" é o tamanho da amostra, na linguagem científica.

No contexto atual, o desemprego[5] passou a ocupar a maior preocupação das pessoas, ao lado da violência e dos péssimos serviços de atendimento de saúde (não pela qualidade dos profissionais, mas devido ao aumento da demanda, com a permanência do mesmo quadro de pessoal e à crônica falta de recursos).

É de destacar-se a baixa percepção dos habitantes em relação à perda da qualidade ambiental, o que denota a ineficiência e/ou inexistência de programas de educação ambiental nos níveis formal e não formal, capazes de sensibilizar as pessoas e torná-las mais participativas nas ações de manutenção e melhoria da qualidade de vida. Outro aspecto observado neste estudo, ainda que de forma preliminar, e com um N muito baixo para permitir maiores inferências, foi a baixa escolaridade dos migrantes. Numa entrevista informal com 300 pessoas em uma quadra da Samambaia, apenas 27 tinham o primeiro grau concluído.

Um dos elementos da dinâmica socioambiental da região que apresentou um crescimento exacerbado foi a violência. Em 1996 houve, em Brasília, um aumento de 10% nos homicídios, 17% nos assaltos e 13% nos roubos/furtos de carros. A média anual de homicídios/1.000 habitantes no Distrito Federal (28,2) foi superior à nacional (20) e muito superior à dos EUA (11), porém ainda inferior à de São Paulo (47) e do Rio de Janeiro (56) (Vital, 1996).

Esses dados corroboram de alguma forma as afirmações de Ferreira (1995) de que "Taguatinga importa violência. A cidade recebe, das vizinhas

5 Em março de 2001, 47 mil pessoas disputavam 360 vagas para o Banco de Brasília (salário de 640 reais).

que a cercam – Ceilândia, Samambaia, Santa Maria, Recanto das Emas e Parque da Barragem – a maioria dos marginais...” “Dos quarenta presos que estão aqui, só um ou dois moram em Taguatinga”, queixava-se o delegado titular da 12ª DP. Turiba (1995) confirmava a precariedade da situação: “A segurança ostensiva e preventiva de Taguatinga está falida. A Polícia Militar não tem mais condições operacionais de policiar a cidade. ... somente três carros e 150 homens estão disponíveis para uma população superior a 300 mil habitantes.”

Outros elementos considerados no metabolismo socioecossistêmico urbano de Taguatinga, identificados por meio de dados não intrusivos (Tabela 4), corroboraram o estádio descrito. É o caso das placas de sinalização de trânsito, em diversas vias de Taguatinga, por exemplo.

Tabela 4 – *Evolução do número de placas de sinalização de trânsito perfuradas por projéteis de armas de fogo.*

	1988	1992	1998	2000
% Placas Perfuradas	5	27	46	50

(N = 50)

As placas foram cadastradas e mapeadas aleatoriamente em diversas vias da cidade e remapeadas nos períodos indicados. Foi desprezada a taxa de substituição, pela natureza estocástica da substituição e do próprio cadastramento.

Outros elementos que poderiam contribuir para a análise seriam as taxas de destruição dos equipamentos públicos (telefones, ônibus coletivos, árvores recém-plantadas, iluminação pública, placas de sinalização de endereços, sanitários públicos etc.).

Taguatinga, Ceilândia e Samambaia ainda têm poucas opções de lazer, notadamente ligadas ao contato com a natureza. Possui uma Área de Relevante Interesse Ecológico – ARIE, Parque JK, que engloba as ARIEs dos córregos Cortado e Taguatinga, o Parque Boca da Mata, o Parque Três Meninas e o Parque Saburo Onoyama (Vai-Quem-Quer). Este, criado em 1989, recebe em torno de 15 mil pessoas nos fins de semana, com uma estrutura subdimensionada para um público tão elevado, e sofre os efeitos da sobrevisitação. Os demais ainda não dispõem de estrutura para visitantes.

A despeito de serem escassas as oportunidades para essas vivências, as áreas potenciais para tanto, como as do Núcleo Rural de Taguatinga, por exemplo, estão sendo engolidas sofregamente pelo mercado imobiliário. Mesmo assim, na cidade ainda se encontram vastas áreas de matas ciliares com nascentes de águas límpidas. Os córregos assim formados infelizmente perdem sua qualidade algumas dezenas de metros adiante, pelos despejos de esgotos domésticos.

Por outro lado, como resposta adaptativa-cultural, desenvolveu-se em Taguatinga, de forma vertiginosa, um setor de diversões noturnas – Pistão Sul –, composto por bares, boates, clubes, danceterias, restaurantes, áreas para espetáculos e afins, para onde um grande número de pessoas converge todos os dias e, mais freneticamente, nos finais de semana.

A despeito de tanto descaso, as pessoas terminam desenvolvendo mecanismos compensatórios interessantes, e ainda acreditam na reversão do quadro vigente: em uma amostra de 350 pessoas, como resposta à pergunta "Você trocaria esta cidade por outra?", 227 (65%) responderam **não**!

O crescimento da população no Distrito Federal (Tabela 5) suscita discussões acaloradas intermináveis, notadamente pela não aceitação dos dados oficiais referentes à evolução do crescimento. Os dados apresentados por Silva (1995) não encontram convergência com os dados oficiais.

Tabela 5 – *Evolução do crescimento da população, por localidade (× 1.000).*

Localidade	1959	1960	1970	1980	1986	1988	1990	1992	1998*
Taguatinga	3	26	107	192	230	243	238	235	253
Ceilândia	–	–	84	280	350	373	374	376	392
Samambaia	–	–	–	–	0,4	1,7	67	131	144

* Estimativa Codeplan.

Fonte: Anuário Estatístico Codeplan 1994 e Silva (1995).

Existem divergências quanto aos valores absolutos das populações das cidades-satélites nomeadas para este estudo. Os valores apresentados pelas pesquisas das suas respectivas administrações diferem significativamente dos números encontrados pela Codeplan. Neste estudo, vamos seguir os números oficiais.

Segundo os números oficiais, as cidades-satélites estudadas apresentam o seguinte quadro de crescimento populacional (Tabela 6):

Tabela 6 – *Crescimento populacional na região do estudo.*

Localidades	**1994(*)**	**1998****	**2020****
Taguatinga	224.026	229.828	418.800
Ceilândia	351.291	360.389	641.400
Samambaia	144.616	148.361	237.500
Total	719.933	738.578	1.297.700

* **Fonte**: Codeplan

** **Fonte**: Codeplan, Ditec-Gepro-NEP, considerando a taxa média de crescimento projetada para 1998 (2,59) e 2020 (1,70).

Uma das consequências diretas desse crescimento da população para a qualidade ambiental da cidade, e, como componente, no somatório das contribuições desse socioecossistema urbano às alterações ambientais globais, foi o aumento da frota de veículos e, consequentemente, das emissões de poluentes para a atmosfera urbana.

O CONSUMO DE COMBUSTÍVEIS FÓSSEIS

Como já foi visto, o consumo de combustíveis fósseis em diversas atividades humanas representa uma das maiores fontes de emissão de diversos gases estufa para a atmosfera, principalmente gás carbônico. Nos socioecossistemas urbanos, essas emissões ocorrem, majoritariamente, devido ao transporte, ao uso do gás de cozinha e às incinerações.

EMISSÕES DE GASES ESTUFA E OUTROS IMPACTOS PRODUZIDOS PELOS TRANSPORTES

Em 1950 existiam no mundo 50 milhões de veículos. Atualmente são 520 milhões e estima-se que em 2010 sejam 816 milhões de veículos (FOL, 1998; WRI, 1997; Worldwatch Institute, 2000). O Brasil representa uma força nesse mercado: em 1970 possuía uma frota de 3.111.890 veículos; em 1980 passou para 10.826.198; em 1990 para 13.070.000; em 1996 para 16.054.300, chegando aos atuais 18 milhões de veículos, representando a sétima maior frota do mundo.

Os transportes consomem cerca de 20% de toda a energia produzida globalmente. Desse montante, em torno de 60-70% são destinados a conduzir pessoas; o restante, para conduzir cargas. O setor de transportes cresce a uma média global anual de 2,7%, maior do que qualquer outro setor da atividade humana (World Energy Council, 1998).

A rápida urbanização na maioria dos países significa que não apenas mais pessoas estarão vivendo e trabalhando nas cidades, mas também que mais pessoas e mercadorias estarão fazendo mais viagens dentro dessas cidades.

Essa demanda crescente de viagens urbanas tem implicações para o ambiente, para a eficiência econômica e para a habitabilidade dessas áreas. A promessa de liberdade e poder dos automóveis pode ser contrariada pela irritação dos congestionamentos. Tradicionalmente, a resposta para essa demanda tem sido a ampliação e construção de vias para acomodar o crescente número de veículos, criando uma nova forma urbana esparramada. É curioso que os planejadores de transporte tenham reconhecido que a construção de mais vias não resolve necessariamente os problemas de trânsito (é como comprar calças mais largas para resolver o problema da obesidade), mas continuam suprimindo áreas verdes para dar lugar a mais e mais vias.

Os veículos motorizados oferecem vantagens inegáveis como velocidade, conforto, independência. Entretanto, os custos crescentes da dependência dos veículos já são muito aparentes. Incluem gastos incessantes com manutenção e construção de mais vias, congestionamentos que minam a produtividade econômica, altos níveis de consumo de energia com seus respectivos impactos sobre o ambiente e sobre a economia, aumento da poluição atmosférica e sonora, acidentes e desigualdades sociais que aumentam quando os pobres encontram os seus serviços de transporte público cada vez mais deficientes. Tais problemas ocorrem em todo o mundo, porém são mais visíveis onde a população urbana está crescendo mais rapidamente, como é o caso dos países em desenvolvimento, transformando o setor de transportes na fonte de poluentes que mais cresce no mundo (WRI, 1997).

De acordo com Andres et al. (1996), no momento, cerca de 80% da emissão anual de CO_2 para a atmosfera ocorre em função da queima de combustíveis fósseis (carvão e derivados de petróleo). Essa combustão também libera outros componentes químicos para a atmosfera, como o nitrogênio.

Dessa forma, os combustíveis fósseis desempenham o papel de pivô no orçamento global do CO_2, atuando como fonte desse gás e como fonte de nitrogênio atmosférico que pode fertilizar a biosfera e estimulá-la a sequestrar carbono.

Os combustíveis fósseis, na atualidade, jogam para a atmosfera cerca de 5,5 GtC (Gt = bilhões de toneladas métricas) ao ano. Da destruição das florestas tropicais são emitidos cerca de 1,6 GtC/ano. Os oceanos absorvem 2,0 GtC/ano e o crescimento das florestas absorve 0,5 GtC/ano. Isso daria um acúmulo anual de 4,6 GtC! Entretanto – e felizmente –, medidas atuais acusam um acúmulo anual de 3,3 GtC (a diferença de 1,3 GtC/ano é atribuída ao *missing sink*, termo utilizado para expressar as diferenças entre as estimativas das fontes e as estimativas das absorções; na verdade, ainda não foi dada uma explicação consensual para essa diferença. Essa desigualdade tem crescido consistentemente desde 1920, e mais intensamente desde 1950. Sabe-se que existe um "sumidouro" de gás carbônico, mas a maneira como ele funciona e as evidências de suas operações nos ecossistemas ainda não foram medidas ou estabelecidas).

Como se pode depreender desses dados, a utilização de combustíveis fósseis é crucial para o desequilíbrio do orçamento global do carbono. Esse desequilíbrio contribui para o efeito estufa, e este para as alterações climáticas globais.

Os problemas relacionados com o transporte, na maioria das cidades do mundo, originam-se de uma série de fatores inter-relacionados. As forças sociais indutoras de tais processos compõem-se de fatores demográficos (urbanização, aumento da população), econômicos (aumento da renda, redução dos preços dos veículos e facilidades de aquisição), culturais (associação da posse de veículos com *status*) e políticos (*lobbies* poderosos que induzem os governos a considerar a expansão da indústria automotiva como um importante gerador de crescimento econômico) (NIUA, 1994). Esse tipo de visão, aliada ao contexto de rápido crescimento da população e expansão urbanas, bem como momentâneo favorecimento econômico, levou a região envolvida nesse estudo a aumentar significativamente sua frota de veículos, atingindo a incrível densidade de 147 carros/km^2, superior até mesmo a uma das maiores relações do mundo, a Holanda (128 carros/km^2) (Tabela 7).

Tabela 7 – *Frota de veículos no Distrito Federal.*

Ano	1994	1997	1998	2000
Veículos	564.529	707.953	736.705	810.000

Fonte: Detran-DF, 1998.

Entre 1994 e 1997 houve um vertiginoso crescimento de 25,4% na frota de veículos do Distrito Federal, cerca de 8,4% ao ano. Esse crescimento foi atribuído ao Plano Real, que, dentre outras facilidades, ampliou os prazos de financiamentos de veículos em geral. Em 1988, já por influência da crise financeira internacional, houve uma retração de 4,3% e o crescimento ficou em cerca de 4,06%.

Segundo Marsicano (1998), a cada mês, 6 mil novos carros são adicionados à frota do Distrito Federal (3.600 segundo as concessionárias) e cerca de 5 mil novos motoristas são habilitados no mesmo período (veículos/habitante: Brasil: 1/9; DF: 1/3). O trânsito na região se transformou em um forte componente de estresse e degradação de qualidade de vida. Além do tempo perdido e dos prejuízos materiais e ambientais imponderáveis, os engarrafamentos passaram a compor a lista cotidiana de sofrimentos das pessoas.

Do número total de veículos, segundo o Detran-DF, cerca de 40% pertencem a proprietários que vivem em Taguatinga, Ceilândia e Samambaia (294.682 veículos). Os dados são indiretamente corroborados pelo aumento do fluxo de veículos na avenida central de Taguatinga, principal via de escoamento do tráfego dessas cidades (Tabela 8).

Tabela 8 – *Evolução do tráfego na via central de Taguatinga (× 1.000).*

Ano	1986*	1990	1993	1998**	2001
Nº veículos/dia (ida/volta)	23	65	68,5	75	78

Fontes: Departamento de Estradas de Rodagem (período medido: 6 às 18 h).
* Pesquisa Lab. Ecologia/UnB (período medido: 6 às 18 h; Dias, 1986).
** Centro de Pesquisas UCB (período medido: 6 às 18 h; Dias, 1998; 2001).

Esse movimento diário de veículos nessa via surpreendeu as estimativas mais extremas. Em 1993, Marsicano descrevia que a expectativa era de que o tráfego dessa via atingisse 50 mil veículos/dia em 2000, mas em 1993 já superava esse limite, com mais 10 mil veículos/dia.

De 1986 a 1993 houve um crescimento de 163% no movimento de veículos automotores que cruzam a cidade de Taguatinga, o que significa, pelos parâmetros da Resolução 018/86 do Conama, no mínimo, a cada quilômetro rodado, um total de 150 kg de óxido de nitrogênio e 1.800 kg de monóxido de carbono despejados diariamente na atmosfera da cidade somente em 1 km dessa via. Esses valores, considerados para períodos anuais, podem demonstrar a dramaticidade do impacto.

A região TCS (Taguatinga, Ceilândia e Samambaia) consome 20.187.690 litros de combustível por mês, distribuídos em seus 45 postos. Cerca de 60%

desse consumo é de gasolina, ficando o álcool hidratado com 35% e o óleo diesel com 15%. Essa região possui uma frota de 294.682 veículos, que, uma vez abastecidos, vão despejar seus poluentes na atmosfera global.

As emissões provenientes da queima desse combustível são complexas e aqui serão considerados os parâmetros do tipo de combustível preponderante, ou seja, a gasolina.

De uma forma geral, essa queima libera monóxido de carbono, óxidos de nitrogênio e enxofre, gás carbônico, nitrogênio, material particulado e cerca de 500 tipos de hidrocarbonetos.

Em termos relativos os poluentes oriundos da gasolina e do diesel são emitidos nos termos plotados no Quadro 1.

Quadro 1 – *Emissões relativas.*

	Tipo de Combustível	
Poluente	Gasolina	Diesel
Gás carbônico	***	*
Monóxido de carbono	****	**
Hidrocarbonetos	****	***
Óxidos de nitrogênio	****	**
Material particulado	**	****
Aldeídos	****	***
Benzeno	****	**
Dióxido de enxofre	*	****
1,3 butadieno	****	***

Legenda	
****	concentração extra
***	concentração alta
**	concentração média
*	concentração baixa

Fonte: Fuelsaver Oversears Ltda.

De forma simplificada a queima da gasolina em um veículo bem regulado é assim expressa:

$$2\ C_8H_{18}\ (l) + 25\ O_2\ (g) \rightarrow 16\ CO_2\ (g) + 18\ H_2O\ (g)$$

Entretanto, como os motores se comportam melhor quando há um excesso de combustível e uma deficiência de oxigênio na mistura, ocorrem combustões incompletas, com formação de monóxido de carbono (CO) em lugar do gás carbônico.

$$2\ C_8H_{18}\ (l) + 17\ O_2\ (g) \rightarrow 16\ CO\ (g) + 18\ H_2O\ (g)$$

De uma forma mais detalhada, a reação pode também ser assim escrita:

$$CnH_2n + 1/2\ O_2 + 5{,}66n\ N_2 \rightarrow nCO_2 + nH_2O + 5{,}66n\ N_2$$

Nessa equação não se têm definidos os totais dos produtos resultantes. A razão é que esses compostos são resultados de combustões incompletas e assim muitos hidrocarbonetos não são queimados ou são parcialmente oxidados em CO, sendo então exaustados.

O fator que decide quanto de CO, HCs (hidrocarbonetos) ou NOx (óxidos de nitrogênio) será liberado na combustão, depende da taxa de ar presente na combustão (*airfuel ratio*), que indica a quantidade de ar necessária para queimar uma dada quantidade de combustível. Cada motor tem a sua taxa específica na qual opera melhor, mas em geral se situa em torno de 14:8. Quando a mistura ar-combustível tem pouco O_2, os hidrocarbonetos são apenas parcialmente oxidados para CO, sendo exaustados. Quando há mais O_2 disponível na mistura, o N_2 é transformado em óxidos de nitrogênio. Muitos veículos operam com uma mistura "rica" em oxigênio para ganhar mais potência (necessita operar com uma taxa em torno de 12:1; a maior eficiência termal requer uma taxa de 17:1).

A partir dos anos 1970 teve início a evolução dos equipamentos visando à redução das emissões por meio de conversores catalíticos e processos mais eficientes de combustão (culminando com a atual injeção eletrônica). As regulamentações foram sendo implantadas na maioria dos países. No Brasil, por meio da Resolução nº 18, de 6 de maio de 1986, o Conama criou o Programa de Controle da Poluição do Ar por Veículos Automotores (Proconve), com o objetivo de reduzir as emissões dos poluentes, promover o desenvolvimento tecnológico, criar programas de monitoramento e promover a sensibilização da população.

Contudo, a escalada do ser humano na Terra não se faz sem surpresas. Muitas "soluções tecnológicas" encontradas e que naquele momento representavam saídas brilhantes da inventividade humana mais tarde trariam graves problemas – a exemplo do que ocorrera com os CFCs. A EPA concluiu que o uso de catalisadores nos veículos pode ser a causa do atual crescimento da concentração atmosférica do óxido nitroso (N_2O). Esse gás seria 310 vezes mais eficiente do que o CO_2 para bloquear o calor que deixa a Terra e induzir o efeito estufa. Nos Estados Unidos, a concentração do N_2O cresceu 44% entre 1990 e 1996 e já representa 7% dos gases ligados ao aquecimento global.

Os combustíveis são pródigos na criação de problemas. Suas emissões extrapolam a queima. Uma outra fonte de emissão se dá por meio da evaporação. Esse processo ocorre quando os veículos estão sendo reabastecidos (a entrada do combustível líquido expulsa para a atmosfera o vapor aprisionado no tanque) e durante a circulação do combustível nos motores. Como não ocorre reação química nesse processo, o que é liberado para a atmosfera são os próprios hidrocarbonetos da gasolina. Esse tipo de emissão é difícil de quantificar e mais ainda de controlar, e tem-se constituído em motivo de preocupação tanto para as pessoas que trabalham nos postos de reabastecimento quanto para as autoridades de controle da área.

Todos os componentes de emissões dos combustíveis apresentam algum potencial de dano à saúde humana. O monóxido de carbono é tóxico para os seres humanos (não representa perigo para as plantas). Se aspirado, pode reagir com a hemoglobina tomando o lugar do oxigênio e tornando o sangue venenoso. A ocorrência de redução de oxigênio no cérebro pode causar desde simples náuseas até a morte, dependendo do tempo de exposição e da concentração dos gases aspirados.

Os óxidos de nitrogênio são prejudiciais às plantas. Nos seres humanos, quando inalados podem causar irritações nos pulmões ou mesmo dano sério, ao oxidar as superfícies internas. Por serem fortes oxidantes, causam irritação nos olhos, bronquite e pneumonia.

Alguns hidrocarbonetos são cancerígenos e causam efeitos adversos nas plantas. Além desses impactos, os efeitos diretos dessas emissões vão desde danos à vegetação em geral (inclusive na agricultura), má visibilidade e danos materiais (corrosão, enegrecimento e outros). Mas a propriedade desses poluentes que mais tem preocupado os ambientalistas é a sua capacidade de reagir na atmosfera e formar poluentes secundários. Os óxidos de nitrogênio (óxido nitroso, especificamente), por exemplo, têm um papel decisivo na formação do ozônio, oxidando o O_2 para O_3 na presença da luz:

$$NO_2 + O_2 + h\nu \rightarrow NO + O_3$$

O processo também pode acontecer ao contrário; entretanto, o óxido nitroso prevalece mais na atmosfera e a reação tende a ir para a direita. Quando o NO é convertido em NO_2, algum ozônio será consumido, mas, por causa de outras reações que ocorrem na atmosfera, a sua concentração termina sendo mantida (a menos que novas intromissões sejam procedidas).

O monóxido de carbono, relativamente inerte e com uma vida média de um mês, pode participar de um conjunto de reações químicas que culminam com a produção de mais ozônio. O problema com o ozônio (sempre presente quando há muitos veículos em operação e muita luz solar) é que esse gás causa uma série de transtornos para a espécie humana (irritação nos olhos, na garganta e até mesmo danos irreversíveis nos pulmões), para a vegetação e até mesmo para materiais como borrachas e pinturas. Essa sua habilidade é atribuída ao alto poder oxidante.

Convém notar que as emissões oriundas da queima de combustíveis fósseis são formadas por constituintes químicos que contribuem direta ou indiretamente para as alterações ambientais globais, quer induzindo o efeito estufa e consequentemente alterações climáticas, quer produzindo efeitos localizados, que, no somatório global, terão impactos relevantes.

As emissões produzidas por esses veículos dependem de vários fatores. Variam em função do tipo e qualidade do combustível utilizado, do tipo de mistura combustível-ar atmosférico, do equipamento (tecnologia, taxa de compressão, número de cilindros, tipo de exaustão etc.), da temperatura ambiente, da altitude e da manutenção. Um exemplo das fontes de variabilidade das emissões é a potência: um veículo movido a gasolina, de quatro cilindros, equipado com quatro válvulas por cilindro produz 45-60 kW/l enquanto outro com apenas duas válvulas por cilindro chega apenas a 30-45 kW/l; um veículo diesel aspirado naturalmente produz 20-28 kW/l, enquanto um turbinado chega a 38 kW/l e um turbinado-intercooler chega aos 40 kW/h, por exemplo. Essas especificações produzem emissões diferenciadas (FOL, 1998).

A despeito de todos os prejuízos causados ao ambiente e consequentemente ao ser humano (não apenas pela queima de combustíveis fósseis para movimentar a gigantesca frota global, mas os danos causados pelo mau uso – acidentes, congestionamentos, individualismo, ocupação de espaços antes destinados a fins mais comunitários), não há ainda uma sinalização de que isso possa mudar a curto prazo.

As montadoras transnacionais exercem forte influência sobre os governos federais e estaduais, que ainda acreditam (pelo menos anunciam) ser a instalação de indústrias automotivas elemento preponderante de desenvolvimento. Esse discurso fez com que muitos governadores, com o intuito de atrair montadoras para os seus respectivos Estados, oferecessem vantagens e isenções, em detrimento de recursos públicos (redução ou dispensa de cobrança de impostos, oferta de terrenos e outras facilidades). Essa estratégia beneficia as montadoras e privilegia o transporte individualizado, ao mesmo tempo que reduz as possibilidades de o Estado oferecer transporte coletivo de boa qualidade, pela própria redução dos seus recursos, dentre outras causas.

Segundo Lucena (1998), o Brasil produz 1,6 milhão de veículos por ano, mas a previsão da Anfavea (Associação Nacional dos Fabricantes de Veículos Automotores) é de que se chegue logo aos 2,5 milhões/ano. Com isso o Brasil saltará da 8ª posição para a 4ª posição na montagem de veículos no mundo, atrás apenas dos Estados Unidos, do Japão e da Alemanha. Instalaram-se, recentemente, no Brasil, novas montadoras da Chrysler, Volkswagen (Audi A3 e Golf) e Renault (Clio e Scénic) no Paraná; General Motors (Projeto Blue

Macaw) no Rio Grande do Sul; Honda (Civic), Toyota (Corolla), Land Rover (Defender) e Kia Motors (Bongo) em São Paulo; Mercedes Benz (Classe A) em Minas Gerais e Citroën-Peugeot, no Rio de Janeiro.

O que fica patente, nesse momento, é a lógica dominante do "desenvolvimento", nitidamente favorecendo o transporte individual em detrimento do coletivo. A preocupação é vender, e cada vez mais. Não são levados em conta os custos dessa estratégia.

O que vem ocorrendo na capital de São Paulo, por exemplo, poderia ser um alerta para o mundo, mas a crise de percepção é aguda. Aí 6 milhões de veículos são responsáveis por 92% da poluição atmosférica. Estima-se que esse número chegue a 7 milhões em 2005. Para uma cidade que dispõe de apenas 3 m^2 de área verde por habitante (o ideal recomendado pela OMS é de 12 m^2/habitante), vislumbram-se problemas ainda mais graves.

A concentração de esforços nos transportes individuais é um sintoma significativo do comportamento social do tipo "todos contra todos", resultado de uma das formas emergentes de subjetividade globalizada orientada para a individuação egoísta (Viola, 1996).

Neste estudo, um exemplo cabal dessa situação foi constatado ao observar-se a ocupação média dos veículos em trânsito, na via central de Taguatinga (que é utilizada para escoamento do tráfego da Samambaia e Taguatinga): notou-se que de cada cem veículos (particulares) que passavam cerca de 75% deles conduziam apenas uma pessoa (na Tabela 9 pode-se comparar padrões de ocupação).

O resultado desse processo é um sistema de transporte caro, lento e danoso.

Tabela 9 – *Proporção de carros por 1.000 habitantes em diversas regiões do mundo.*

Regiões	Carros/1.000 hab.
África	14,2
Ásia Oriental	28,9
Ásia do Sul	3,1
Europa Central/Oriental	71,5
Oriente Médio	44,6
América Latina	37,9
China	1,5
Estados Unidos	561,0
OECD	366,0
Brasil	114,9 *
Curitiba	333,0
Área deste estudo	**400,0** *

Fonte: Zegras (1997, p. 82).
* Cálculos da pesquisa (v. metodologia).

A proporção de veículos por 1.000 habitantes encontrada para a área de pesquisa é desconcertante. Funciona como um indicador dos padrões de consumo adotados e das políticas públicas escolhidas pelos seus gestores, claramente decididas pelo transporte individualizado, que só pode ser entendido pelos interesses e benefícios pessoais e de grupos envolvidos. Usa-se o carro para tudo. Vai-se de carro para a padaria e, com isso, desloca-se uma tonelada de ferro para trazer 100 gramas de pão.

Tais padrões de consumo exibidos pela população terminam refletindo respostas adaptativas aos péssimos serviços de transporte público disponíveis, curiosamente acompanhados de uma intensa oferta dos chamados carros "populares" (1.000 cc), responsável em grande parte pelo aumento do número de veículos nas ruas.

Por outro lado, a própria concepção urbanística da região (cidades-satélites, longas distâncias de percurso) termina exigindo dos seus habitantes, sem outras opções, que se "opte" pela condução individual. A forma da cidade influencia muitos e é influenciada pelos padrões de transporte.

As cidades adensadas como algumas do Japão e da Europa, por exemplo, permitem que os seus residentes realizem 30-60% de suas viagens urbanas a pé ou de bicicleta. Em contraste, as cidades dispersadas, como algumas da Austrália e dos Estados Unidos, encorajam ou exigem o uso do veículo individual. Esse é o caso das cidades de Taguatinga, Samambaia e Ceilândia, concebidas de forma a exigir ou um eficiente e complexo sistema de transporte público (trens, metrôs, linhas e ônibus integrados e em vias exclusivas) ou então a opção mais cara, própria dos países ricos, o carro! Sai caro para a comunidade, para o país e para o ambiente. Lamentavelmente, um número crescente de cidades, em todo o mundo, vem se desenvolvendo de forma difusa e de modo a depender cada vez mais do transporte individualizado. Para avaliar o impacto do transporte individualizado no orçamento familiar, procedeu-se a um breve levantamento. Em um grupo de cem pessoas perguntou-se, de forma não intrusiva, quanto do orçamento familiar era despendido para custear o carro. As respostas foram surpreendentes (Tabela 10).

Tabela 10 – *Gastos relativos do orçamento familiar para se manter um carro, na região do estudo (pessoas consultadas estocasticamente: 100).*

N = 100	**% do orçamento**
36	30
29	20
23	10
12	5

Nessa parte da pesquisa registrou-se um caso curioso, que pela sua excentricidade não foi acrescentado ao N observado. Trata-se de um chefe de família que investe 65% do seu orçamento doméstico para manter um carro (combustível + manutenção (taxas, lavagens, pneus, segurança etc.) + pagamento das 36 prestações). Um caso típico de sacrifício extremo para se seguir um padrão de vida ditado pela mídia, mas inatingível para a maioria das pessoas. Sacrifica-se até uma provável poupança, para fazer parte dos que "ostentam" essa capacidade de deslocamento. A indústria automobilística sabe, de forma muito eficiente, como se utilizar fundamentalmente desse lado da vaidade humana, para vender seus produtos. Curiosamente, o Distrito Federal é a unidade da federação brasileira que mais adquire carros zero-quilômetro, segundo a Federação do Comércio.

O jogo de interesses que se constitui nessas decisões pelo transporte individualizado torna-se evidente quando se comparam os custos médios dos diversos meios de locomoção (Tabela 11).

Tabela 11 – *Capacidade, custos e emissões de vários tipos de transporte.*

Modo de transporte (a)	**Pessoas conduzidas por hora**	**Custo por passageiro por km (em US$) (b)**	**Emissões por passageiro por km (em gramas) (c)**
Caminhada	1.800	desprezível	desprezível
Bicicleta	1.500	desprezível	desprezível
Motocicleta	1.100	x	27.497
Carro	500-800	0,12-0,24	18.965
Ônibus	1.000-15.000	0,02-0,05	1,02
Trem (d)	20.000-36.000	0,10-0,15	0,62
Metrô (e)	70.000	0,15-0,25	0,71

Fonte: Adaptado de Zegras, 1997, p. 93.
(a) Assumindo alta taxa de ocupação e eficiência.
(b) Inclui os custos de capital e de operação.
(c) Incluem CO, NOx, SOx, aldeídos, hidrocarbonetos e MPS.
(d) e (e) Movidos a óleo combustível.
(x) Não disponível.

Na Tabela 9 não foram incluídos os trens movidos a energia elétrica, certamente os de menor impacto ambiental e menor custo operacional. De qualquer maneira, os transportes coletivos denotam uma nítida vantagem, tanto econômica quanto ecológica. Isso não parece interessar aos governantes brasileiros, pois a malha ferroviária nacional foi brutalmente desmontada – justamente em um país com dimensões continentais próprias para esse tipo de transporte –, para dar lugar aos caminhões de carga que infernizam as estradas e tornam o frete um componente muito pesado para os preços finais. Os próprios trens de passageiros que atendiam à área de estudo foram desativados – Trem Bandeirante, que fazia a linha Brasília--São Paulo –, restando apenas os trens de carga, que transportam, principalmente, combustível para os automóveis!

Em decorrência desses condicionantes, o consumo de combustíveis na região estudada, como era esperado, é extremo em termos comparativos e as contribuições danosas à atmosfera pela sua queima são impressionantes. Os 242.252.280 litros vendidos anualmente nos 45 postos emitem para a atmosfera (Resolução Conama, 18/1996):

58.140,5 t/ano de monóxido de carbono (24 g CO/km rodado)
4.845,0 t/ano de óxidos de nitrogênio (2g NOx/km rodado)
5.087,3 t/ano de hidrocarbonetos (2,1 gHC/km rodado)

Considerando a metodologia sugerida por Silva (1975), emite ainda:

58,1 t/ano de amônia (0,24 g amônia/l)
484,5 t/ano de óxidos de enxofre (0,00kg SOx/l)

Considerando a metodologia de Vine et al. (1991), esse consumo emite também:

637.123,5 t/ano de gás carbônico ($2,63\ kg\ CO_2/l$)

Para assimilar essa quantidade de CO_2 são necessários 353.957,5 ha/ano (em média 1 ha de floresta absorve 1,8 ton CO_2; Wackernagel e Rees, op. cit., p. 73). Isso significa que, nessa área, só para atender à sua demanda por combustível é necessário 0,47 ha/pessoa/ano.

Libera ainda $1,8 \times 10^{12}$ kcal para o ambiente imediato (MME-DNC,* 1996) (11.220 kcal/l), contribuindo ainda mais para a formação da "ilha de calor" da cidade.

Tudo leva a crer que a comunidade internacional só ficará livre dos transtornos e prejuízos causados pelo consumo de combustíveis fósseis quando forem substituídos por uma nova geração de soluções tecnológicas mais limpas, como o uso da eletricidade, células de combustível e outros processos em teste e pesquisa.

---

* Ministério das Minas e Energia – Departamento Nacional de Combustíveis.

A célula de combustível, um dispositivo eletroquímico que combina hidrogênio para produzir eletricidade e água, estará substituindo os motores de explosão atuais – autênticas "bombas" com explosões controladas pelo pé (acelerador). Gastando cerca de 1,5 bilhão de dólares nesse projeto, a Daimler-Chrysler lançará 100 mil carros com esse equipamento em 2004. Empresas como Shell, Toyota e Honda estão nesse empreendimento. A meta de conclusão da transição está entre 2030 e 2040 e a era do hidrogênio estará muito próxima de 2050.

De qualquer maneira, muitos desafios à reforma dos meios e formas de transportes estão presentes de maneira semelhante em todo o mundo. O transporte individualizado,[6] hoje, responde por grande parte da perda da qualidade de vida das pessoas em muitas cidades do mundo. Mesmo que os meios de propulsão mudem, muitos problemas continuarão, como a disputa por espaço, perda de tempo em congestionamentos, trânsito violento, estresse cumulativo, individualismo exacerbado pelo consumismo e outros. O que se busca é uma mudança mais profunda, em que a solidariedade tenha vez.

Iniciativas como a carona solidária (a Sema de São Paulo cadastra as pessoas e as integra em grupos) são esforços pontuais para a redução da poluição. No entanto, outros sinais da reação já são sensíveis. Segundo Wassermann (1998), grupos de ativistas, inimigos do automóvel, invadem a Internet, com mensagens e campanhas contra o "vilão", acusado de ser o responsável por um número de mortes superior ao de todas as guerras, pela maior parte da poluição no mundo, pelo fim do convívio social nas ruas e pelo isolamento das pessoas.

Na verdade, as estatísticas corroboram de certa forma tais assertivas. No Brasil os custos com os acidentes anuais chegam a 5 bilhões de dólares, o suficiente para construir 400 mil casas populares. Morrem 25 mil pessoas por ano em acidentes de trânsito; em São Paulo, onde os congestionamentos atingem 200 km, adotou-se o rodízio como tentativa de redução das emissões. No mundo, morrem cerca de 1 milhão de pessoas, por ano, representando 500 bilhões de dólares de custos para a economia global, além dos custos emocionais, não quantificáveis.

Por conta de situações como essas, eclodem grupos de ativistas contrários aos carros, provocando obstruções nas vias públicas, para liberá-las aos pedestres e ciclistas.

---

6 Curiosamente as motos poluem mais do que os carros. Um relatório do Banco Mundial indica que a maioria das motos possui motores "sujos" (de dois tempos) e emite mais de 10 vezes o volume de matéria particulada fina por veículo/quilômetro que um carro moderno e apenas um pouco menos do que um caminhão a diesel.

As ideias divulgadas vão desde projetos para a construção de cidades totalmente livres de carros, bloqueio de ruas movimentadas até grupos que defendem a total moratória na construção de novas estradas. Os principais grupos organizados são os chamados *Critical Mass*, que são integrados por ciclistas que organizam passeios por avenidas movimentadas das grandes cidades, fechando-as para as bicicletas e pedestres ("nós não estamos bloqueando o tráfego, nós somos o tráfego").

O movimento começou na Praça Justin Hermann, San Francisco, Califórnia, em 1993, reunindo 50 participantes. Hoje reúne 5 mil pessoas e os grupos se espalham pelo mundo, havendo em algumas dezenas de grandes cidades nos Estados Unidos, no Canadá, na Austrália e na Europa. Esses movimentos têm como objetivo a construção de ciclovias, a melhoria das condições de segurança nas vias públicas e a crítica aos atuais padrões de uso de veículos, com estes exercendo domínio sobre ciclistas e pedestres, a partir da concepção dos "urbanistas" e gestores públicos. Denunciam o excessivo individualismo e a falta de coesão da sociedade (sentimento de responsabilidade social).

Na Alemanha, o *Platform Binnenstad Autovrij*, um dos grupos anti-automóveis mais importantes, promove em Amsterdã "dias voluntários sem carros". No Brasil, os ciclistas do movimento *Night Bikes* de São Paulo rejeitam a posição radical e o confronto. Acreditam que o novo Código de Trânsito já produziu uma mudança sensível no comportamento dos motoristas.

Para o então presidente do Partido Verde, responsável pela instalação de ciclovias no Rio de Janeiro, enquanto o usuário de carros – um meio muito confortável de deslocamento – não tiver de pagar um ônus por isso, ele não o trocará pelo transporte público.

Mesmo nas cidades brasileiras onde existem ciclovias e um bom sistema de transporte urbano implantado, a exemplo de Curitiba, o uso das bicicletas é reduzido e os carros particulares infernizam o trânsito.

A área onde este estudo foi conduzido reúne cidades com relevos suaves, quase todas planas e desenvolvidas dentro de um plano urbanístico. Este, entretanto, como a maioria deles, não expressa qualquer preocupação com ciclovias ou com pedestres. O eixo da concepção é o transporte individualizado. Cada vez mais os veículos ocupam mais espaço dentro da malha urbana, seja pela contínua ampliação das vias de escoamento, seja ampliando as áreas de estacionamento, entre outras coisas. Os ciclistas são obrigados a aventuras diárias, competindo com os carros em vias rápidas e perigosas, e os pedestres a se recolher à sua insignificância, quando não estão espremidos em calçadas estreitas e tomadas pelos próprios veículos.

Segundo Wassermann (op. cit.), algumas cidades já começam a ser projetadas sem contar com o automóvel. Em outubro de 1998 um grupo de arquitetos, engenheiros e urbanistas reuniu-se em Lyon, na França, com o objetivo de discutir soluções para eliminar da vida das cidades a figura do automóvel. No encontro foi gerado o Protocolo de Lyon, que dá algumas indicações de como podem ser transformadas as cidades de modo a se viver sem os carros.

Um dos principais expositores, o engenheiro e *designer* holandês J. H. Crawford, vem projetando cidades para alguns milhões de habitantes que funcionariam sem a necessidade de uso do automóvel e onde os deslocamentos máximos de um extremo ao outro da cidade não levariam mais do que 30 minutos. Seus projetos prevêem diversos minicentros circulares ligados entre si por linhas de transporte de massa sobre trilhos.

Na verdade, os veículos individuais respondem por uma grande parcela dos impactos ambientais negativos gerados pelo megametabolismo dos socioecossistemas urbanos sobre as alterações ambientais globais.

Não apenas as emissões oriundas da queima de combustível fóssil, mas de toda a parafernália que antecede a sua fabricação, que acompanha o seu uso (e as consequências do uso) e a sua destinação final. O carro, além de estratificar ainda mais a sociedade humana – pois saltou de meio de transporte para símbolo de *status* –, serve como meio de exploração, pelo estabelecimento de inúmeros monopólios transnacionais (combustíveis, pneus, montadoras, acessórios, peças de reposição etc.). Infelizmente, a tendência mundial aponta para um crescimento contínuo da aquisição de veículos individuais, em detrimento de investimentos em transportes coletivos (Tabela 12).

Tabela 12 – *Aquisição de veículos motorizados, no mundo (× milhão).*

	Anos				
Países	**1970**	**1980**	**1990**	**2000**	**2010**
Desenvolvidos	280	400	600	700	800
Em desenvolvimento	50	100	140	200	300

Fonte: Adaptado de Zegras, 1997, p. 83.

Uma mudança nesses hábitos requer um eficiente, contínuo e longo trabalho de Educação Ambiental, sensibilizando as pessoas e os diferentes grupos sociais para a necessidade de se buscar e atingir um novo estilo de vida. É preciso ter em mente que toda a estrutura viária dos carros foi construída nos últimos 100 anos e, mais intensamente, nos últimos 50 anos. Em mais 50 anos pode-se muito bem modificar isso tudo para um sistema mais inteligente, mais solidário, mais a serviço da escalada evolucionária do ser humano.

As consequências do aumento da frota de veículos vão além das suas emissões, que contribuem mais diretamente para as alterações ambientais globais. Uma série de outros componentes derivados desse processo também foi investigada.

Essa quantidade de veículos atravessando a cidade, além dos poluentes citados, deixa para trás um número significativo de partículas provenientes dos desgastes mecânicos, expulsos junto com a exaustão dos gases, o desgaste dos pneus e o desgaste das próprias vias, que vão compor o ar atmosférico da cidade, com a poeira, grãos de pólen e esporos de fungos, vírus, restos orgânicos e cinzas de incinerações, além da poluição sonora e do aumento das vibrações locais.

A evolução da quantidade de partículas em suspensão foi estimada neste trabalho (Tabela 13).

Tabela 13 – *Material Particulado em Suspensão (MPS) no centro de Taguatinga (Média das amostras. Partículas presentes: 2,41 mm²/5 h. Mês referência: outubro).*

Ano	1980	1990	1994	1998
MPS	279	855	923	955

A esses elementos, adicionem-se alguns tipos específicos de contribuição:

(a) as produzidas pela destruição da cobertura vegetal, comum durante a construção dos recentes assentamentos em Brasília. A destruição da cobertura vegetal facilita a remoção de partículas coloidais do solo por redemoinhos e estas flutuam, indo juntar-se ao aerossol;
(b) o aumento da frota de veículos, após o Plano Real, notadamente de carros ditos "populares", pelas facilidades de financiamento;
(c) os incêndios, em áreas de cerrados circunjacentes;
(d) o aumento da queima de lixo e de pneus, prática comum nos assentamentos, com o objetivo de afastar pernilongos que infestam a região

ou como método de "eliminação" do lixo (o que denota, dentre outras coisas, a falta de informação sobre os danos ambientais causados por essa prática).

A presença de partículas no ar atmosférico dessa parte da cidade, agindo de forma sinérgica com outros poluentes, foi "sentida" pelos bioindicadores mapeados naquela via (liquens) (Tabela 14).

Tabela 14 – *Presença de liquens em árvores da Via Central de Taguatinga (Área crostosa/15 árvores. Método Draw-upon. Parmelia sp).*

Anos	1990	1992	1994	1996	1998
Área crostosa (cm^2)	595	358	145	9	9

O estudo da poluição do ar não é simples, mormente porque os níveis de poluentes, mesmo nas piores áreas, flutuam muito ao longo do dia. Variam com as condições climáticas (estado higrométrico, temperatura, velocidade e direção dos ventos, nebulosidade, intensidade da radiação solar e outros). Medições ao acaso, feitas em determinados horários, teriam precisão limitada visto que as emissões ocasionais poderiam ser perdidas. Por isso medidas no regime de 24 horas podem ser mais significativas. Para essa finalidade os liquens são especialmente adequados. Particularmente sensíveis à presença do SO_2 e muito suscetíveis à poluição atmosférica, em geral (Mellanby, 1980), podem revelar, na sua dinâmica de crescimento (positivo ou negativo), o estádio do ambiente em relação à qualidade do ar. Segundo Xavier (1979), os liquens crescem, em média, 1 cm por ano.

De acordo com Andre (1994), quando as concentrações de SO_2 são altas, não há presença de liquens, formando o "deserto de liquens", conhecido na literatura.

A ausência de liquens em uma determinada área praticamente indica a existência de ar impuro, apesar de algumas espécies tolerarem altos índices de poluição, como a *Lecanora conizaeoides* (150 $\mu g/m^3$ SO_2). Em contraste, outras são muito sensíveis e só observadas em áreas com ar puro.

Sloof e Wolterbeek (1993) consideram que o uso desse bioindicador oferece meios para que se possam estimar preliminarmente as fontes de poluição, sua localização e dispersão.

Neste estudo, estabeleceu-se uma estreita correlação entre o aumento do fluxo de veículos na área e das demais atividades descritas que contribuem para a formação do aerossol atmosférico urbano e a diminuição da área foliar dos bioindicadores.

Neste ponto, seria interessante reunir dados sobre a evolução de atendimentos nas especialidades de pediatria, otorrinolaringologia, dermatologia e alergologia nos postos de saúde e hospitais da rede pública e particular da área de estudo para um possível exercício de correlação. Entretanto, imersos em múltiplas e crônicas crises produzidas pelo acúmulo de atendimentos, em função do aumento da pressão de demanda, pela ausência de novos investimentos e atravancados pelos mecanismos burocráticos, cartoriais, os serviços públicos de saúde locais não conseguiram sistematizar esses dados.

Por outro lado, as instituições privadas não permitiram o acesso a tais informações. Assim, não se tem como oferecer dados que permitam identificar que pacientes atendidos pertenciam à região em estudo (um levantamento preliminar indicou que, de cada 100 pacientes atendidos em Taguatinga, apenas 12 eram dessa cidade-satélite), inviabilizando qualquer estudo mais acurado de correlação.

Tais elementos de degradação da qualidade do ar atmosférico dessa área felizmente são contrabalançados pela intensa arborização. O que preocupa é que essa cobertura vegetal, em sua maior parte composta por árvores frutíferas, plantadas nos quintais das residências, uma prática comum nessas cidades, vem sendo sistematicamente substituída por áreas impermeabilizadas quando essas casas são demolidas para dar lugar a prédios. Um aspecto que contribui para contrabalançar a situação é que a região tem relevo alto e ventos moderados que conduzem a deposição do material particulado para outros locais (transferência de impacto negativo).

Outro componente do conforto ambiental urbano, a qualidade de intensidade sonora, como era esperado, sofreu redução, com a nova dinâmica. Apesar de serem conhecidas as patologias dos efeitos causados por intensidades sonoras elevadas, notadamente relacionadas com a capacidade de indução de estados de estresse, esse item tem sido sistematicamente relegado a um plano infinitesimal de consideração. Aliás, esse fato, misto de desleixo, irresponsabilidade e incompetência técnica, repete-se nacionalmente, na falta de especificações, desde a construção civil até a fabricação de utensílios/eletrodomésticos.

Aqui, acrescente-se o fato de que o aumento da frota de veículos não produziu danos maiores à qualidade sonora do ambiente estudado, porque os veículos mais recentes são mais silenciosos. Contudo, como a frota de veículos com mais de 10 anos de uso é muito grande (constata-se visualmente), essa vantagem é diluída.

No centro de Taguatinga, por exemplo, as intensidades sonoras sempre estiveram acima de 55 dB(A) (limite máximo recomendado internacionalmente), conforme Tabela 15 (normas brasileiras: Resolução Conama 001/90 sobre Poluição Sonora e NBR 10152 da ABNT sobre Níveis de Ruído para Conforto Acústico). Esse componente de degradação do ambiente local parece ser uma tendência em quase todos os centros urbanos do mundo.

Segundo Zegras (op. cit.), cerca de 100 milhões de pessoas nos países da OECD estão expostas a ruídos superiores a 65 dB(A), 10 a mais do que o máximo aceitável (55 dB(A)). Os efeitos dessa situação estão refletidos nos índices de doenças de origem nervosa e estados de estresse contínuo, sendo estes considerados como epidêmicos pela OMS. No Brasil, a Sociedade Brasileira de Otologia (1988) avaliou os índices de deficiência auditiva, examinando 60.263 pessoas, em 25 Estados, e 63% delas apresentaram algum grau de perda auditiva. Os resultados foram atribuídos ao ruído de fundo do meio urbano e à automedicação.

Tabela 15 – *Evolução dos níveis de intensidades sonoras no centro de Taguatinga (MR: Decibelímetro Digital (IPT), Ref. dB(A). Valores médios).*

	1987(*)	1993	1996	1998
Intensidade Sonora dB(A)	69	78	84	86

(*) **Fonte**: Laudo Técnico Coama/Sematec, GDF.

EMISSÕES PRODUZIDAS PELO CONSUMO DE GÁS DE COZINHA

Em uma cidade pode-se imaginar que cada indivíduo que ali habita precisa se alimentar e que seus alimentos são preparados, em sua maioria, em fogões alimentados por gás liquefeito de petróleo (GLP). Mesmo nas favelas, a sua presença é certa.

O ser humano, com a criação das cidades, desenvolveu uma série de subsistemas de dependência crescentes e hoje quase não se dá conta disso. A utilização do GLP, para a preparação de alimentos, é uma dessas dependências quase que ignorada. A menos que uma greve dos petroleiros ou dos distribuidores altere a sua disponibilidade (como a que ocorreu em 1993, causando inúmeros transtornos), há uma aceitação tácita em não se tocar no assunto.

Entretanto, além dessa dependência perigosa e frágil da sociedade urbana, um outro aspecto se soma. A queima do gás de cozinha, composto principalmente por butano (C_4H_{10}), libera quantidades significativas de gás carbônico para a atmosfera.

A população estudada consome 1.329.440 botijões de GLP por ano. Considerando que a combustão da mistura de gases dos 13 kg do botijão doméstico produz, em média, 88 kg de CO_2, tem-se uma emissão de 146.238,4 t CO_2/ano, o que requer uma área de 81.243,5 ha de áreas naturais para a sua absorção. Dividindo-se esse valor pela população local, tem-se o requerimento individual para a demanda desse item de consumo, ou seja, 0,11 ha/pessoa/ano.

Emissões e outros impactos produzidos pela geração de resíduos

Como já foi visto, as áreas urbanas afetam o ambiente, majoritariamente, por meio de três vias: conversão de terras para uso urbano, consumo de recursos naturais e disposição de resíduos do seu metabolismo (WRI, 1997). À medida que a cidade se expande, as terras agrícolas e as florestas circunvizinhas são progressivamente transformadas para áreas ocupadas por estradas, prédios, casas, indústrias e todos os componentes da multifisionomia urbana. Nessas áreas, o ser humano desenvolve atividades que requerem uma grande quantidade de recursos naturais e, como resultado do megametabolismo do socioecossistema urbano, "excreta" resíduos sólidos, líquidos e gasosos, em tal quantidade que logo supera a capacidade de assimilação dos ecossistemas locais.

Muitas vezes, essa "excreção" inclui fertilizantes (substitutos de nutrientes) e agrotóxicos (substitutos do controle biológico, um negócio de 12 bilhões de dólares anuais) utilizados na produção de alimentos (com uma média mundial de 22 kg de fertilizantes/pessoa/ano), que são transferidos para as cidades, onde os nutrientes entram nos sistemas de esgoto e frequentemente acabam nos rios ou nos oceanos.[7]

A escala de consumo urbano e geração de resíduos varia dramaticamente de uma cidade para outra, dependendo de diversos fatores, entre eles o poder aquisitivo da população e seus padrões de consumo e o tamanho da população. Segundo o WRI (1997, p. 57) o mais alto consumo e maior geração de resíduos tendem a ocorrer entre os grupos de melhor poder aquisitivo, portanto cidades de países ricos tendem a contribuir de forma desproporcional para os problemas ambientais globais. Em contraste, o uso de recursos naturais e o nível de geração de resíduos *per capita* entre populações pobres tendem a ser baixos.

Para o WRI (1997, p. 69-70), o crescente nível de consumo é uma característica das populações de áreas urbanas, que leva à geração copiosa de resíduos, principalmente sólidos. O impacto dessa poluição é experimentado localmente e a grandes distâncias. O fator agravante é que a geração desses resíduos continua crescendo em todo o mundo, tanto em valores *per capita* quanto em termos absolutos.

Nos Estados Unidos, em 1960, uma pessoa gerava 1,2 kg de resíduos por dia. Em 1995 passou a gerar 2,0 kg (segundo M. Fehr e Calçado, em seu estudo *Lixo biodegradável no aterro, nunca mais* (2001), a média mundial para países ricos é de 1,6 kg/pessoa/ano; para países pobres, a metade. A humanidade gera 30 bilhões de toneladas de lixo por ano).

Segundo Figueiredo (1994), o aumento observado na geração de resíduos, além de inviabilizar economicamente a adoção de técnicas de aterragem, vem se apresentando como um problema ainda não equacionado nos Estados Unidos. O exemplo mais contundente de aumento da geração de resíduos urbanos vem da China. O país mais populoso da Terra vem experimentando um crescimento econômico de 9% ao ano nas duas últimas décadas. Sem compromissos com o controle ambiental, transformou-se no lugar mais poluído do globo. Suas cidades estão imersas em atmosferas densamente poluídas, seus rios recebem esgotos domésticos e industriais sem qualquer tratamento, bebe-se água contaminada (60% da população) e o lixo é acumulado na periferia das cidades, formando montanhas inacreditáveis, ou simplesmente é atirado nos rios.

---

7 Para exemplificar a complexidade sistêmica: os nutrientes dos fertilizantes que escorrem para os lagos, rios e mares aumentam o teor de fosfatos, os quais promovem a proliferação exagerada de algas. Quando estas morrem, absorvem o oxigênio livre da água (para a sua decomposição), levando boa parte da vida aquática à morte por falta de oxigênio.

Com isso, a China sofre prejuízos de 32 bilhões de dólares, cerca de 5% do seu PIB, só para as despesas médicas (1,7 milhão de casos de bronquite por ano; 178 mil mortes prematuras pela poluição atmosférica). A chuva ácida provoca prejuízos anuais à agricultura, em torno de 2,8 bilhões de dólares.

O fenômeno do aumento de consumo também ocorre no Brasil. Nos últimos anos, mais intensamente, devido à estabilização econômica do Plano Real e ao relativo aumento do poder aquisitivo da população de baixa renda. Segundo a Unilivre (1997), a geração de lixo (1995-1996) em Belo Horizonte e Belém cresceu 20%, em Curitiba, 27%, em São Paulo, 12%. O Brasil chega a produzir 240 mil toneladas de resíduos sólidos por dia, 75% deles depositados inadequadamente em lixões. Segundo o economista paulista Sabetaí Calderoni, autor do livro *Os bilhões perdidos no lixo* (1997, USP), o Brasil joga fora 5,8 bilhões de reais, por ano, por não reciclar o seu lixo urbano (ou seja, cada brasileiro joga fora 16 dólares, todo ano). Dos cinco milhares de municípios brasileiros, apenas duas centenas praticam algum tipo de coleta seletiva.

O Distrito Federal teve um aumento de 1,5% entre 1993 e 1994 e registrou um aumento de 25% no período de 1995 a 1996 (pico de consumo do Plano Real). Na área deste estudo a tendência não foi diferente (Tabela 16).

Tabela 16 – *Lixo coletado em Taguatinga, Ceilândia e Samambaia no período 1987-1997 (em toneladas por ano).*

Ano	Taguatinga	Ceilândia	Samambaia	Total
1987	43.595	31.006	–	74.601
1988	41.438	39.758	–	81.196
1989	46.823	43.668	–	90.491
1990	58.285	48.574	–	106.859
1991	67.583	64.370	8.487*	140.440
1992	82.452	57.329	12.600	152.381
1993	59.716	46.797	11.899	118.412
1994	53.387	43.449	10.586	107.422
1995	56.817	54.414	20.138	169.955
1996	71.818	83.146	29.992	184.956
1997	65.677	76.332	42.162	184.171

Σ = 1.410.884

Fonte: Assessoria de Planejamento do Serviço de Limpeza Urbana do Distrito Federal.

* Início dos trabalhos de coleta em Samambaia, com a criação do Distrito.

Os resultados dessa coleta corroboram as assertivas do WRI e da Unilivre, primeiro porque a geração de resíduos é crescente – até mesmo pela expansão urbana e aumento da população – e segundo porque o pico de consumo realmente ocorreu em 1996. Tem-se aqui uma nítida intercorrelação entre o desempenho econômico de um país ou região, a produção de resíduos e as contribuições às alterações ambientais globais, que termina estabelecendo um dilema e clarificando as impossibilidades do sistema de desenvolvimento vigente (Figura 4).

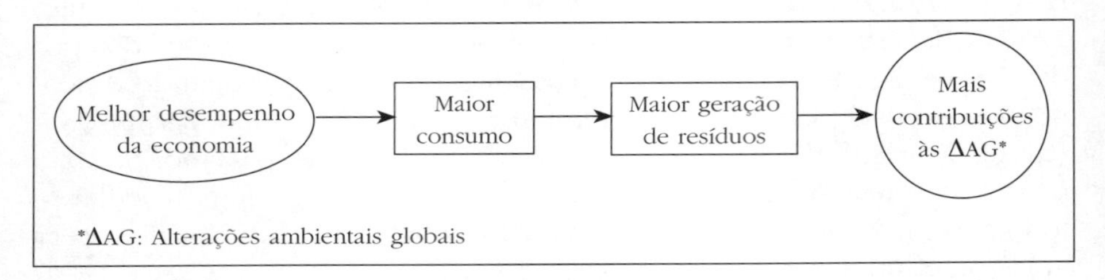

Figura 4 – *Dilema e insustentabilidade do modelo de "desenvolvimento".*

Há ainda que se considerar que na área de estudo, apesar de haver coleta de lixo sistemática cobrindo toda a área, alguns moradores ainda despejam lixo nas vias públicas e em terrenos baldios. Obviamente, esses valores não são computados. De qualquer forma, a produção de resíduos sólidos em Taguatinga, Ceilândia e Samambaia extrapola o esperado, aproximando-se dos padrões de consumo de São Paulo, por exemplo. Outrossim, configura-se claramente a tendência mundial de crescimento contínuo de geração de resíduos em áreas urbanas. A cidade de Samambaia quintuplicou a sua produção em apenas seis anos. Nesse mesmo período (1991-1997), Taguatinga e Ceilândia mantiveram um crescimento apenas discreto, reforçando a premissa de que cidades novas, em expansão urbana e populacional, apresentam geração de resíduos exacerbada (Tabela 17).

Tabela 17 – *Comparação da geração de resíduos sólidos* per capita.

Cidades	**kg × *per capita*/ano**
Abidjan	200
Quito	281
Bangkok	321
São Paulo	352
Washington	1.246
Área de estudo	**256**

Fonte: Adaptado de WRI, 1997, p. 70.

Considerando apenas o total de lixo produzido em 1997 na área de estudo (184.171 toneladas), tem-se uma emissão de 61.390 t CO_2/ano (método DeCicco, et al., 1991). Adicione-se aí um montante equivalente de CH_4 (metano), pois, segundo a EPA (1995), as emissões de gases provenientes de lixões são compostas por 50% de gás carbônico e 50% de metano, aproximadamente. Para absorver tais emissões são necessários 68.211 ha/ano de áreas naturais, ou 0,09 ha/pessoa/ano. Pensando em termos globais, levando-se em conta quantas cidades no mundo estão fazendo a mesma coisa e de forma crescente, tem-se uma ideia das dimensões do problema.

Além do mais, deve-se levar em conta que nos lixões ocorrem outros tipos de emissões de compostos químicos, cujos efeitos ainda não foram avaliados e, portanto, podem até ser indutores de mudanças ambientais globais. Dentre os compostos químicos considerados perigosos, que desprendem gases orgânicos quando colocados em lixões, a EPA destaca:

metil clorofórmio
vinilideno cloreto
acrilonitrilo
1,1,2-tricloroetano
etil cloreto
etil benzeno
metil isobutil ketona (MIBK)
cloreto de vinil
tolueno

1,1,2,2-tetracloroetano
etileno dicloreto
dissulfito carbônico
sulfeto carbonil
clorofórmio
hexano
percloroetileno
xileno

etilideno dicloreto
propileno dicloreto
tetracloreto de carbono
clorobenzeno
cloreto de metileno
metil etil ketona (MEK)
tricloroetileno
benzeno

Na verdade, a maior parte dos resíduos de natureza químico-sintética que compõem o lixo urbano é lançada no mercado, sem avaliações de ação sistêmica. Os órgãos de fiscalização e controle desses produtos não conseguem acompanhar a alucinante velocidade de lançamento de novos produtos em todo o mundo. Pesquisas para avaliações sistêmicas demandam tempo e, normalmente, os empreendedores não esperam por isso. Dessa forma, as cidades estão imersas num oceano de produtos químicos cujas consequências de uso e disposição estão longe de serem avaliadas mais profundamente.

A composição do lixo no Distrito Federal foi estudada por Junqueira (1995). Segundo esse autor, 50% dos resíduos são formados de matéria orgânica, 15% de papel, e o restante de composições variadas de plásticos (duro e fino), papelão, madeira, alumínio, latas e vidros (garrafas).

Desse material não orgânico, a maior parte dos resíduos está relacionada com embalagens (sabe-se que 60% dos plásticos utilizados em embalagens são polietilenos, plásticos rígidos utilizados em embalagens de óleos lubrificantes, leite, filmes e outros; 11% são poliestireno ou styrofoam, utilizado em estofamentos, isolamento térmico etc.; 10% são polipropilenos, utilizados em fraldas descartáveis, embalagens de alimentos e outros, e compõem um grupo de materiais de alta persistência no ambiente, variando de 50 a 200 anos).

Gay (1992) considera que muitos desses produtos que compõem o lixo são perigosos para a saúde humana e para o meio ambiente, não apenas por causa das suas características físicas e químicas, mas pela quantidade e concentração e pelas formas impróprias de tratamento, armazenagem, transporte e uso.

Um agravante é que o número desses produtos químicos que entram no metabolismo dos socioecossistemas urbanos não para de crescer. Só nos Estados Unidos foram registrados na última década 60 mil novos produtos, a maioria dos quais com efeitos tóxicos não esclarecidos. Cerca de 10% têm sua venda restrita, retirada ou banida do mercado após estudos mais aprofundados. Muitas vezes esses produtos de efeitos sistêmicos desconhecidos são queimados nos lixões, liberando gases tóxicos para a atmosfera – o que ocorre com a queima de plásticos, partes de computadores, medicamentos e uma grande variedade de embalagens à base de produtos petroquímicos, com destaque para as embalagens de pesticidas, herbicidas e outros biocidas que liberam dioxina (carcinogênica e teratogênica).

Os compostos à base de cloro também integram os lixões, provenientes de solventes utilizados para diversos fins (como fluidos de limpeza – tricloroetano; desengordurantes – tetracloreto de carbono), como integrantes de equipamentos elétricos (PCBs – bifenil policlorados, carcinogênicos, utilizados como isolante em instrumentos elétricos e como fluido hidráulico). Contam ainda com fibras de asbesto, pequenas quantidades de mercúrio, chumbo, cobre, níquel e zinco.

O problema de geração e disposição de resíduos nos socioecossistemas urbanos ainda está longe de ser resolvido. Para a maioria desses ecossistemas, ainda está distante até mesmo o seu equacionamento. Enquanto isso, o consumo mundial aumenta e um número cada vez maior de cidades – que também aumenta – produz quantidades crescentes de resíduos. É um fenômeno global, cujas consequências sistêmicas não estão sendo avaliadas na intensidade e profundidade que a sua importância requer.

Por outro lado, essa situação tem gerado episódios que mesclam a falta de ética com a crueldade. Nações ricas enviam seus resíduos tóxicos para nações pobres. O caso mais escabroso se deu entre França e Benin: Benin importaria lixo radioativo e industrial da França, em troca de financiamento de 1,6 milhão de dólares e "assistência" econômica durante 30 anos. O próprio Brasil já se viu às voltas com a importação de resíduos tóxicos dos Estados Unidos, para áreas de Pernambuco, nos anos 1980. A importação ainda ocorre, agora disfarçada de importação de carcaças de baterias e de pneus usados (Unesco, 1981). Esse tipo de "comércio" ainda existe, de forma clandestina, em muitos países pobres, sob o manto da corrupção e do egoísmo.

Muitos desses impactos descritos seriam eliminados ou drasticamente reduzidos se já houvesse sido instituído o gerenciamento ambiental dos resíduos sólidos. Em seu livro *Os bilhões perdidos no lixo*, o economista Sabetaí Calderoni (USP, 1997) afirma que todo ano o Brasil joga fora 5,8 bilhões de reais por não reciclar os seus resíduos[8] urbanos. Somente 137 dos cinco milhares de municípios brasileiros exibem alguma preocupação com a reciclagem. Os prefeitos, em sua maioria, despreparados para o cargo, deveriam passar por um curso obrigatório de administração pública, no qual a visão sistêmica fosse dominante e a dimensão ambiental incorporada em todos os setores, não apenas à educação e ao meio ambiente, mas à agricultura, segurança, saneamento e outros. Isto é obvio, mas não está claro nas intenções governamentais.

Impactos gerados pelo consumo de energia elétrica

O filme *O efeito dominó* (*The trigger effect*, dirigido por David Koepp, EUA, 1996) mostra os efeitos de um blecaute, em um subúrbio de uma cidade na Califórnia. Um casal entra em desespero quando precisa encontrar urgentemente um medicamento para dar ao seu bebê, que está com uma grave infecção. Paralelamente, mostra a progressiva e gradual decadência da ordem social da cidade à medida que as horas vão se passando e o fornecimento de energia elétrica não é restabelecido. Medo, pânico, fome, desordem, mudanças comportamentais, violência e crime integram um espectro de conflitos de toda ordem. O filme virou realidade, em 1997,

8 Nas nossas atividades de formação de multiplicadores em Educação Ambiental, não utilizamos mais o termo "lixo". Queremos acabar com a cultura do "lixo" por ser sinônimo de algo que não presta mais, que se deve jogar fora, em qualquer lugar. Em vez disso, passamos a visualizar o ex-lixo como matéria-prima disponível para ser reutilizada, reaproveitada, reciclada, ou seja, resíduo sólido a ser reincorporado à dinâmica socioambiental.

quando um blecaute atingiu Nova Iorque. Saques, depredações e incêndios levaram 4 mil pessoas para a cadeia. As 25 horas sem energia elétrica ficaram na memória das pessoas, como um pesadelo. O episódio virou livro (*Blackout Looting!*, de Robert Curvin) e rendeu outro filme: *O Verão de Sam* (*Summer of Sam*), de Spike Lee, 1999.

Situações semelhantes a essas já foram experimentadas por inúmeras pessoas em diversas cidades ao redor do mundo (a Região Centro-Sul do Brasil viveu momentos difíceis durante o "apagão", blecaute ocorrido em março de 1999). Por último, em maio de 2001, anuncia-se para a nação a falência do sistema energético brasileiro, resultado de uma mescla formada por degradação ambiental,[9] falta de novos investimentos, desperdício e incompetência. Medidas como transformar as segundas-feiras em feriados, suspender os direitos do código do consumidor, sobretaxar o consumo, suspender novas ligações e promover apagões aleatórios mostraram a armadilha em que caem os governantes e a população, quando não se faz gestão com uma visão global, holística.

Os inúmeros e inimagináveis transtornos gerados em uma reação em cadeia demonstram a perigosa e pouco percebida relação de dependência da eletricidade que a sociedade humana estabeleceu para o funcionamento dos centros urbanos. Ao lado dessa falta de percepção, adicionam-se diariamente novos instrumentos de consumo, criando novas dependências. Ao mesmo tempo, mantêm-se padrões de consumo elevados e uma grande margem de desperdício. A energia elétrica é vista como algo em disponibilidade infinita e praticamente sem custos ambientais e raramente faz parte das preocupações das pessoas. O reflexo disto é que o Brasil desperdiça 17% da energia elétrica produzida, segundo o Procel (Programa de Conservação de Energia Elétrica, Ministério da Indústria e do Comércio).

No setor industrial a perda chega a 25% da energia consumida. Além disso, o país perde 5 bilhões de dólares anualmente devido a equipamentos obsoletos, máquinas desreguladas, banhos demorados e luzes acesas desnecessariamente. Adicionem-se ainda a esse repertório alguns componentes culturais que intensificam o consumo, como o uso de chuveiro elétrico – exclusividade brasileira –, equipamento altamente dispendioso (o Procel estima que o governo tem de investir cerca de US$ 8.000,00 para atender a cada novo chuveiro elétrico instalado!), ou a televisão ligada sem

---

9 97% da energia elétrica consumida no Brasil vem de hidrelétricas. Com as florestas e as nascentes sendo devastadas, aliado à falta de chuvas, o sistema entra em colapso.

telespectadores por perto, geladeiras abertas por muito tempo e muitos outros exemplos.

Na verdade, a conta de energia elétrica no Brasil ainda era acessível, até maio de 2001. No Distrito Federal 1 kWh custava apenas R$ 0,15319. Uma casa com consumo médio mensal de 280 kWh pagava em torno de R$ 40,00, ou seja, R$ 1,3 por dia para movimentar a sua incrível e complexa parafernália eletrodoméstica.

A despeito de todas as dificuldades enfrentadas pelo país, o consumo de energia elétrica continua crescendo a 3,5% ao ano nos últimos dois anos. Isso significa que, se não houver um programa de novos investimentos no setor elétrico (acompanhado de medidas de conservação de energia e do desenvolvimento de formas alternativas de energia), o Brasil passará, cada vez mais, pelos vexames de um racionamento. O curioso é que os recursos do Sistema Financeiro Internacional, destinados a esse setor, só respondem por 10% das necessidades do país. Em 2001, o Brasil precisaria de 11 bilhões de dólares para equilibrar a demanda.

Acompanhando essa tendência, o consumo de energia elétrica na região deste estudo apresentou o seguinte quadro evolutivo (Tabela 18):

Tabela 18 – *Consumo de energia elétrica na área de estudo (MW/h).*

	1980	1985	1990	1995	1997
Taguatinga	83.933	110.065	191.726	265.806	306.459
Ceilândia	60.103	86.757	247.334	311.331	335.120

Fonte: Companhia Energética de Brasília, Área de Mercado, GESP/DT. $\Sigma = 738.030$

A cidade de Ceilândia, apesar de ter surgido após a cidade de Taguatinga, encerra, atualmente, 50% dos consumidores do Distrito Federal, conforme informações da Associação do Comércio de Brasília (razão pela qual existe uma grande concentração de centros de compras no local), e isso ficou registrado no aumento do seu consumo de energia elétrica, já superior ao de Taguatinga.

O crescimento de consumo de Samambaia é sintomático, expressando a tendência geral quando da expansão de ecossistemas urbanos. Nesse caso específico, em menos de uma década registrou-se um aumento de 2.090%. Tais valores são a expressão viva do drama da insustentabilidade das atividades humanas, situadas em patamares de expansão que desafiam a resiliência da Terra e a inventividade humana.

A análise dessas tendências ganhou um novo instrumento de avaliação introduzido por DeCicco et al. (1991, p. 127). Trabalhando com um grupo de cientistas para o Conselho Americano para uma Economia com Eficiência Energética (American Council for an Energy-Efficient Economy), desenvolveu uma "dieta" de CO_2 para a sociedade reduzir o aquecimento global, por meio de uma série de atitudes individuais no cotidiano doméstico.

Para quantificar tais ações, foram estabelecidos vários fatores de conversão, dentre eles o que estabelece uma relação entre o consumo de energia elétrica (kWh) e a emissão de CO_2 (libras), ou seja, 1,5 lb/kWh (ver Metodologia, nos Anexos). Baseando-se nessa relação, para atender ao consumo de energia elétrica da população da área de estudo (738.030 mWh) emite-se cerca de 502.147 t CO_2/ano, que requer uma área de 278.970,5 ha/ano para ser absorvido (ou seja, cada habitante se apodera de 0,38 ha/p/ano para atender ao seu consumo de eletricidade).[10]

Além do mais, o provimento de energia elétrica no Brasil é oriundo, em sua maioria, de usinas hidrelétricas. Logo, o consumo de eletricidade acaba contribuindo também para o estabelecimento de impactos ambientais negativos gerados pela instalação, operação e manutenção dessas usinas. Os efeitos danosos mais conhecidos – considerando que muitos deles estão em curso, porém desconhecidos ainda – incluem:

- impedimento à migração de peixes;
- modificação do teor de oxigênio dissolvido na água (pelo longo tempo de permanência da água nos reservatórios = anoxia (falta de oxigênio) nas camadas mais profundas);
- proliferação de macrófitas aquáticas;
- aumento do teor de nutrientes sólidos, materiais flutuantes e húmicos (decomposição dos vegetais submersos com a consequente produção de gás sulfídrico e amônia);
- diminuição do transporte de sedimentos à jusante;
- alterações na cor da água e no regime fluvial;
- mortandade de organismos aquáticos;
- alterações na paisagem natural;
- instabilidade das margens (por causa da oscilação sazonal);

---

10 Ainda que o cálculo seja para termelétricas, encontra o seu correspondente em energia gerada por hidrelétricas, considerando a área de absorção de gás carbônico, encoberta pelos reservatórios.

- desflorestamentos;
- surgimento de doenças e pragas;
- drástica redução no estoque pesqueiro nativo;
- impactos biopsíquicos e socioculturais impostos aos povos ribeirinhos e indígenas, desfigurando seu modo de vida, seus recursos e sua qualidade de vida (Dias, 1998, p. 205).

Na maioria das vezes, aquele(a) citadino(a) confortavelmente instalado(a) em seu escritório ou em sua residência não tem a menor ideia das consequências dos seus hábitos de consumo (nem o próprio sistema de educação lhe estimula a fazer tais exercícios de reflexão, análise, crítica e autocrítica). A cidade tem esse poder de envolver as pessoas numa falsa atmosfera de independência.

IMPACTOS GERADOS PELO CONSUMO DE ÁGUA

A água é um fator limitante vital para as espécies que vivem na Terra. A espécie humana, apesar de todo o progresso científico e tecnológico, não consegue viver sem esse componente ecossistêmico. Todavia, a despeito dessa dependência umbilical, como já foi visto, parece não se aperceber disso. Em quase todos os continentes, os principais aquíferos estão sendo exauridos com uma rapidez maior do que sua taxa natural de recarga.

A aparente abundância de água na natureza talvez justifique, em parte, a negligência histórica dos seres humanos nas suas relações com os recursos hídricos.

Sabe-se que não existe tanta água potável disponível para a espécie humana, como a paisagem parece mostrar. Da água existente na Terra (1.370.000.000 km^3), 97% estão nos mares (1.320.000.000 km^3), e apenas 3% de água doce. Desses 3%, 76% estão sob a forma de gelo polar, portanto indisponíveis. Logo, como água potável, resta apenas 0,03% do total de água do planeta (a maioria na forma de águas subterrâneas, 8.850.000 km^3, e apenas 125.000 km^3 em lagos e rios) (Kulke, 1998).

Essa minúscula parcela, dada a sua importância para a sobrevivência dos seres humanos, deveria receber todos os cuidados possíveis. No entanto, não é isso o que se observa, como é sabido, pois sofre todo tipo de agressões. **Quando uma espécie negligencia os seus recursos vitais, tem-se caracterizada uma perigosa crise de percepção.**

Como resultado, há escassez de água potável no mundo. Cerca de 1,3 bilhão de pessoas não têm acesso à água potável, e a sua ausência causa mais mortes na infância do que qualquer doença (Worldwatch Institute, 1999, 2000). A demanda continua crescendo junto com o crescimento econômico e com o aumento da população.

De 1940 a 1990 a demanda cresceu quatro vezes (aumento na irrigação, consumo industrial e doméstico; Shiklomanov, 1993). Ao mesmo tempo, cresceu a degradação das águas por todo o tipo de poluição e a degradação das suas fontes por diversas pressões do crescimento das atividades humanas, decrescendo efetivamente a disponibilidade de água potável. Para complicar mais ainda, os recursos hídricos são distribuídos de forma irregular na Terra (Tabela 19). Prevê-se o agravamento dos conflitos existentes (mais de 60 nações envolvidas) por causa desse recurso, nos próximos decênios.

Tais conflitos já estão na ordem do dia da política internacional, com muitos conflitos fronteiriços. A Síria já colocou até tropas na fronteira com a Turquia para impedir que o vizinho utilize as suas reservas de água. O conflito envolve também o Iraque (Rio Tigre-Eufrates). Na fronteira de Israel a situação é semelhante (sua política de colonização é controvertida também por causa do abastecimento de água). No Cairo, o governo ameaça iniciar uma guerra, caso as nações do curso superior do Nilo levem adiante o plano de construir uma barragem. No Sudeste Asiático, o Laos está em conflito com a Tailândia por causa da intenção deste último país em represar o Mekong (drenaria o Laos). Estão também em conflito a Mauritânia e o Senegal, a Eslováquia e a Hungria, o Cazaquistão e Uzbequistão (Mar de Aral), Bangladesh, Índia e Nepal (Rio Ganges), Gaza, Israel, Jordânia e Líbano (Rio Jordão), Burundi, Congo, Eritreia, Etiópia, Quênia, Ruanda, Sudão, Tanzânia, Egito e Uganda (Rio Nilo).

A prospectiva é de que esses conflitos cresçam em todo o mundo.

No Distrito Federal, a situação poderá se tornar grave. Um crescimento populacional ainda exagerado, aliado a padrões de consumo que demandam volumes crescentes de água e à pressão sobre os recursos hídricos (desflorestamentos operados pela expansão das atividades agropecuárias intensivas e pela urbanização), configura os elementos essenciais para o escasseamento desse recurso.

Tabela 19 – *Reservas de água, em alguns países (km³).*

PAÍS	TOTAL DE ÁGUA EM RESERVAS (km³)
Alemanha	171,0
Arábia Saudita	4,6
Brasil	**6.950,0**
Canadá	2.901,0
China	2.800,0
Espanha	111,3
Estados Unidos	2.478,0
França	198,0
Índia	2.085,0
Israel	2,2
Kuwait	0,2
Reino Unido	71,0
Rússia	4.498,0
Suíça	50,0
Suriname	200,0

Fonte: WRI, 1997, p. 306-7.

O Brasil é um país privilegiado em termos de disponibilidade de água. Dispõe de 12% das reservas de água do mundo.

O total de água disponível, por nação, não representa um índice que demonstre a sua condição de abastecimento. Essa condição aparece quando se tem a disponibilidade relativa, ou seja, a disponibilidade em função da sua população. Aqui, revelam-se as situações dramáticas de muitos países, dando formas a um esboço do que será a questão da água, em pouco tempo transformada em assunto de segurança alimentar. Muitos países de economia poderosa são vulneráveis, nesse ponto, conforme se pode depreender da Tabela 20.

Tabela 20 – *Disponibilidade de água por habitante, em alguns países.*

PAÍS	**DISPONIBILIDADE DE ÁGUA (m^3/pessoa)**
Alemanha	2.096
Arábia Saudita	254
Brasil	**42.957**
Canadá	98.462
China	2.992
Espanha	2.809
Estados Unidos	9.413
França	3.415
Índia	2.228
Israel	382
Kuwait	103
Reino Unido	1.219
Rússia	30.599
Suíça	6.943
Suriname	472.813

Fonte: WRI, 1997 p. 306-7.

Essa situação fez com que a partir de 1990 fosse introduzido o conceito de índice de estresse de água (*water stress index*), que expressa os recursos renováveis de água anuais, por pessoa, disponíveis para a agricultura, indústria e o uso doméstico (Falkenmark e Widstrand, 1992).

A disponibilidade de menos de 1.000 m^3/pessoa/ano foi tomada como o limite abaixo do qual as nações experimentam escassez crônica de água, em uma escala suficiente para impedir o desenvolvimento e causar danos à saúde humana. Tomando como base essa medida, 20 países já sofrem de escassez crônica de água, entre eles Argélia, Israel, Jordânia, Quênia, Kuwait, Malta, Singapura, Tunísia, Emirados Árabes e Iêmen.[11]

Esse índice está sendo utilizado para projetar a situação da água potável para o mundo. Segundo projeções de Engelman e LeRoy (1993), o número de pessoas que vão viver sob escassez crônica de água subirá de

11 No Distrito Federal, a água disponível, por habitante/ano, é semelhante à disponibilidade dos Estados de Pernambuco e Paraíba, ou seja, abaixo de 2.000 m^3/pessoa/ano.

132 milhões (1990), para 653 a 904 milhões (projeções de baixo e alto crescimento populacional) em 2025. Em 2050 a projeção indica que 1,06 bilhão a 2,43 bilhões de pessoas viverão sob tais condições.

Somente decisões políticas realistas e eficientes, não apenas voltadas para o gerenciamento dos recursos hídricos, mas também de educação ambiental, poderão afastar a humanidade dessa prospectiva nefasta. Os ingredientes dessa mistura explosiva já estão configurados pelo aumento da demanda e pela redução da oferta.

A tendência global de aumento de consumo, como era esperado, foi também encontrada na área de estudo (Tabela 21).

Tabela 21 – *Consumo anual de água, na área de estudo (× 1.000 m³).*

	1989	1990	1991	1993	1997
Taguatinga	16.287	17.009	15.401	15.507	19.226
Ceilândia	19.550	19.696	19.566	19.644	25.399
Samambaia	–	780	5.362	6.865	10.525

Fonte: Superintendência de Operação e Tratamento de Sistema de Água e Caesb. Σ = 55.150

Depreende-se que a tendência de aumento de consumo é generalizada, mesmo nas cidades já estabelecidas há mais tempo, como é o caso de Taguatinga. O surgimento de Samambaia, a partir de 1989, terminou impondo, em menos de uma década, uma sobrecarga de 10 milhões de metros cúbicos ao sistema de abastecimento local, forçando novos investimentos, ampliações e novas captações, aumentando, portanto, a configuração de impactos sobre o ambiente natural.

Grande parte das alterações ambientais globais, induzidas pelas dimensões humanas, ocorre de forma indireta, caso do consumo de água. A captação, o armazenamento, o tratamento, a distribuição e a manutenção de todo o sistema envolvem investimentos financeiros colossais, acompanhados em sua magnitude de criação de pressão sobre os recursos naturais.

Essa pressão vai desde o barramento, com suas influências sobre áreas naturais, curso dos rios, sua biota e as populações ribeirinhas, conforme visto anteriormente, até o consumo de combustíveis fósseis, eletricidade, produtos químicos para o tratamento, materiais para escritório e construção e afins, necessários para sustentar a operação do sistema. Considerando-se que esse processo é comum à maior parte das cidades do mundo, tem-se uma ideia da contribuição que este item acrescenta às alterações ambientais globais.

A espécie humana é a recordista na aceleração do metabolismo da água no planeta. Nenhuma outra espécie apresenta requerimentos de água tão altos quanto ela. Neste estudo, cada habitante consome 580 l/dia! Nem um elefante, com aquela massa corporal, dezenas de vezes superior à humana, utiliza essa quantidade.

Para atender à demanda exagerada da área de estudo (55.150.000 m^3/ano), sua população se apropria de 35,46% da produção total da Barragem do Descoberto (155.520.000 m^3/ano). Considerando a área da bacia de captação (444 km^2), tem-se que ela exige 15.744 ha de área natural ou 0,02 ha/pessoa/ano de área natural para atender somente às suas necessidades de água potável. Se as outras espécies animais tivessem requerimentos, nem sequer próximo destes, a água disponível no planeta seria insuficiente para manter a biodiversidade, como a concebemos.

Um fator agravante é que se deve acrescentar, a esses requerimentos de água para a higiene, indústria, comércio, alimentação (principalmente produção de carne, como será visto adiante), lazer e manutenção, o expressivo volume que é desperdiçado (cerca de 30% da água tratada). Adicionem-se ainda as perdas na rede física, por vazamentos e outros, que chegam a 28% (Gonçalves, 1998).

A forma como uma comunidade trata os seus recursos hídricos é um espelho da sua consciência ambiental e da competência e comprometimento da sua administração. Sob esse ponto de vista, a administração do Distrito Federal, da década de 90, em relação aos recursos hídricos, foi catastrófica: a Bacia da Barragem do Descoberto, que abastece 60% de sua população, em vez de receber todos os cuidados de proteção dos seus mananciais, foi invadida por assentamentos humanos. Agora, a cidade de Águas Lindas, sem infraestrutura, despeja nessa bacia os esgotos dos 200 mil habitantes que ali chegaram em menos de sete anos!

Esse episódio demonstra, como outros casos espalhados pelo mundo, o que ocorre com os recursos naturais de uma dada região, e especificamente com os seus recursos hídricos, quando há uma expansão urbana explosiva, impulsionada por pressões poderosas, cujas tensões são originadas por fatores diversos e em regiões diversas. Neste caso, tem-se uma histórica migração rural-urbana cujas raízes são bem conhecidas e estudadas: a estrutura fundiária rural. O que vem a seguir são consequências, mescladas com contexto econômico desfavorável e políticas sociais desastrosas.

Fica uma grande indagação: se até mesmo um recurso ambiental vital, como a água, está ameaçado, o que esperar para os demais?

IMPACTOS GERADOS PELO CONSUMO DE MADEIRA E PAPEL

Dentre os diversos produtos importados para o consumo nas cidades, a madeira é, certamente, um dos mais significativos, não apenas em termos quantitativos, mas em termos da extensa teia de impactos gerados e agregados ao seu consumo.

Milhares de áreas nativas, além das fronteiras da cidade, são destruídos para que aquele produto chegue ao comércio local. Dezenas de impactos ambientais negativos são gerados por essa atividade, devido à forma predatória como as madeiras são extraídas.[12]

Em cada peça de madeira que chega à cidade, ali vão imbutidas ações que contribuíram e estão contribuindo para a perda da biodiversidade, ameaças à diversidade cultural (inclusive sítios arqueológicos e a nefasta aculturação e dizimação dos povos indígenas), perda da cobertura vegetal (e possíveis contribuições às alterações microclimáticas locais e climáticas globais), erosão e empobrecimento dos solos, assoreamento dos rios e danos à vida aquática, inundações, doenças, estabelecimento de monoculturas... (essa lista de possíveis interações é infindável e termina se comunicando com toda a ecosfera).

Não que se condene o uso de madeiras, mas a forma como elas são obtidas. Em sua maioria, explora-se, sem replantio, sem manejo (ou um plano de manejo fictício, existente apenas no papel, para cumprir exigências burocráticas), sem respeito à capacidade de regeneração dos ecossistemas e à condição de ameaça de extinção de muitas espécies da flora e da fauna. Estabelece-se uma relação exclusiva de predação.

Na verdade, só 10% do consumo mundial de madeira é proveniente de áreas manejadas. Em torno de 55% do que é cortado atualmente continua sendo utilizado como combustível (Brasil, China, Índia, Indonésia e Nigéria representam a metade do consumo mundial de lenha. Em todo o mundo, cerca de 2 bilhões de pessoas ainda dependem da lenha e do carvão como suas principais ou únicas fontes de energia doméstica. Destes, cerca de 100 milhões de pessoas já sofrem de "penúria de lenha". Em 40 dos países mais pobres, a madeira atende a mais de 70% das necessidades energéticas, segundo WWI, 1999-2000).

---

12 "Corte a floresta de sua ambição primeiro, antes de cortar árvores de verdade" (provérbio budista).

O comércio de madeiras, hoje, no mundo, é representado por *lobbies* poderosos, em todos os países, capazes de eleger políticos "renomados" que vão defender os interesses desses grupos, nos seus parlamentos, criando legislações truncadas e neutralizando as existentes, exercendo influências sobre políticas para o setor, apoiando programas particulares e enfraquecendo a ação dos grupos ambientalistas. Por essas e outras razões, os cientistas políticos já acreditam na caducidade da democracia praticada nos moldes atuais, incapaz de responder à complexidade da sociedade, a despeito da sua importância histórica.

Têm sido encontradas diversas formas de burlar as leis ambientais e poucas formas de fazê-las serem cumpridas. Com isso, testemunha-se a drástica redução dos estoques naturais do mundo.[13]

É óbvio que a exploração de madeira existe porque há um mercado consumidor, que geralmente não questiona a fonte dos produtos que consome, nem os impactos que eles geram (mesmo que tais impactos venham a significar ameaças à sua sustentabilidade).

Na área desse estudo a situação encontrada não foi diferente das demais cidades do mundo. As madeireiras estão lá, as movelarias e todo o aparato paralelo de negociação de produtos madeireiros. A fiscalização é inoperante, dentre outros fatores, pela carência de pessoal e pela deficiência de sua formação, pelos parcos recursos destinados a tal atividade e por uma omissão histórica dos meios de comunicação e da própria população, que em última instância será a mais prejudicada.

Por outro lado, à exceção da indústria de celulose que já encontrou formas adequadas de abastecimento da sua demanda, por meio do reflorestamento para corte programado, não existe nenhuma evidência de preocupação, pelos comerciantes da área, em promover formas de reaproveitamento ou reciclagem de móveis. A verdade é que são encontradas no lixo madeiras trabalhadas plenamente reaproveitáveis. Por outro lado, a durabi-

---

13 Há 8 mil anos a Terra era coberta por 6 bilhões de hectares de áreas florestais. Hoje, temos apenas 3,6 bilhões de hectares e a cada ano destroem-se 14 milhões de hectares (cerca de seis vezes a área de Sergipe). As florestas estão desaparecendo mais rapidamente do que podem ser estudadas e/ou protegidas. Ao que parece uma "resposta" da natureza (se é que podemos dizer assim), a Aids e o ebola, doenças letais, saíram das florestas tropicais devastadas (doença comum entre chimpanzés, transmitida pelo consumo de sua carne, no Gabão e em Camarões). Bright (2000, p. 29) acentua: "Quem gostaria de apostar que os seres humanos já se defrontaram com todas as patogenias potencialmente mortais que permeiam nossas florestas? Entretanto, esta é uma aposta que nossa espécie está fazendo, coletivamente, cada vez que outro trecho é derrubado."

lidade dos móveis tem sido reduzida drasticamente, pela opinião dos próprios vendedores. Acreditam que são formas de caducidade programada para induzir novos consumos prematuramente.

Nas 32 madeireiras visitadas na área deste estudo, revelou-se que a maior parte das madeiras vêm do Estado do Pará, seguido do Maranhão e de Mato Grosso e de Rondônia. Ou seja, o consumo majoritário se dá à custa da destruição da floresta amazônica, uma vez que essas áreas integram a Amazônia Legal. As árvores predominantes são ipê, maçaranduba, angelim, mogno, cedro e muiracatiara. São oferecidas na forma de assoalhos, portas, portais, rodapés, forros, lambris, compensados, madeirite, esquadrias, vigamentos, tábuas em geral, pranchas, madeiras "bruta e aparelhada" e outras.

Só na região estudada as 32 madeireiras vendem cerca de 2.400 m^3 por mês, ou 28.800 m^3 por ano! Isso equivale a 96 carretas por mês (média de 25 m^3 por carreta) ou 1.152 carretas por ano!

Considerando que a produtividade média das florestas tropicais é de 2,3 m^3/ha/ano (Wackernagel e Rees, 1996, p. 81), tem-se que só para manter o consumo das três cidades estudadas são destruídos 12.521 ha/ano! Dividindo-se esse valor pelo total da população (738.578 habitantes), tem-se que cada pessoa requer, de área natural para atender ao seu consumo, 0,017 ha/ano.

Essa destruição, por seu turno, além de causar esses prejuízos, ainda contribui para o efeito estufa e para as alterações climáticas globais. É que cada hectare de floresta tropical pode absorver cerca de 1,8 tonelada de carbono (Wackernagel e Rees, 1996, p. 73). Como foram destruídos 12.521 ha/ano, cerca de 22.537 t C deixam de ser absorvidas pela floresta derrubada e são acumuladas na atmosfera, contribuindo para a retenção de calor e consequentemente para o efeito estufa.

Saliente-se que, para essas estimativas, não se considerou uma variedade de usos da madeira, cuja determinação seria demasiadamente complexa. Incluem-se nesse grupo a utilização da madeira como combustível (lenha para fogões, fabricação de carvão – se bem que aqui a madeira utilizada é proveniente de áreas de reflorestamento, mas acaba significando a ocupação de áreas para essa finalidade), carroçarias, estaqueamentos e móveis em geral, espalhados pelas 112 movelarias do comércio local.

Um fato curioso é a falta de percepção dos consumidores sobre o assunto. Questionados sobre a origem da madeira ou dos móveis que estavam comprando, deixaram claro um misto de ignorância conveniente com omissão disfarçada, uma curiosa mescla de cumplicidade, culpa e abstração (Quadro 2).

Quadro 2 – *Avaliação da percepção do consumidor de madeira.*

	Consumidores em madeireiras	Consumidores em movelarias
Conhecem a origem da madeira	27%	5%
Conhecem os danos ambientais	78%	23%

N = 100

O consumo da madeira bruta parece deixar as pessoas mais conscientes da condição de recurso natural do produto adquirido, enquanto a madeira já trabalhada, envernizada e adornada na forma de móveis parece se transformar em um produto mais afastado de sua condição natural, como se fosse algo fabricado em unidades industriais independentes dos recursos naturais.

Outro aspecto relevante é a resistência do mercado em aceitar novas espécies de madeiras como produtos confiáveis. Nesse sentido, o Ibama, por meio do seu Laboratório de Pesquisas em Produtos Madeireiros, tem oferecido ao mercado nacional e internacional resultados de pesquisas que demonstram o grande potencial de dezenas de espécies nativas adequadas ao manejo florestal, ou seja, de rápido crescimento e de especificações técnicas adequadas ao consumo. A utilização dessas espécies poderia livrar outras da predação e dos riscos de extinção, como é o caso do mogno e da castanheira. O mogno leva cerca de 50 anos para atingir o "ponto de corte" e não se conhecem plantios de mogno.

Apenas o setor de papel e celulose entendeu essas novas possibilidades, alcançando na última década aperfeiçoamentos notáveis no seu relacionamento com os recursos naturais. Acusada de ser uma indústria poluidora e devastadora de áreas ambientais, investiu em pesquisas de melhoramento de espécies e encontrou nas plantações manejadas de eucalipto (*Eucalyptus urograndis*) formas eficientes de deixar as florestas nativas em paz. Antes, eram necessários 100 anos de produtividade de floresta amazônica para produzir 300 m^3 de madeira. Esse mesmo volume agora é produzido entre 7 e 10 anos.

É óbvio que a utilização de espécies exóticas não se faz sem controvérsias. Acusadas de reduzir a disponibilidade de água no solo e de formar "florestas mortas", ou seja, quase sem fauna, essas plantações em monoculturas estão longe de ser uma unanimidade. A reciclagem e o reaproveitamento também reduziram substancialmente o impacto ambiental dessas atividades (convém lembrar que as fibras de papel só podem ser recicladas cinco ou seis vezes antes de se tornar muito fracas para outro uso. WRI, 1999, p. 72). Entretanto, estão no excessivo crescimento do consumo e no desperdício de papel os problemas dessa área (além daqueles causados pelos efluentes líquidos e gasosos gerados nas plantas industriais). O consumo mundial de papel está crescendo em um ritmo tão rápido que suplanta os ganhos alcançados pela reciclagem.

Embora a reciclagem tenha imposto uma desaceleração no crescimento de demanda da polpa de madeira, serviu mais como um complemento do que um substituto para a fibra virgem.[14]

Felizmente, a produção de papel novo, a partir do velho, tem-se tornado mais eficiente: para cada tonelada de papel usado, quase uma tonelada de papel novo pode ser produzida (mais eficiente do que a relação 2-3,5 toneladas de árvores para produzir uma tonelada de papel virgem). O mundo recicla 43% do papel utilizado (a Alemanha detém o recorde mundial com 72%, seguida pela Coreia do Sul, com 66%, e da Suécia, com 55%. Não há dados confiáveis para o Brasil). Acredita-se que o mundo recupere 45% do papel utilizado, por volta de 2010. A reciclagem precisa ser obrigatória, incluída nos nossos hábitos cotidianos. Precisa-se proibir, por lei, o despejo de papel nos aterros (enquanto o processo de Educação Ambiental se desenvolve).

Por outro lado, as novas tecnologias têm produzido pressões crescentes de demanda (Tabela 22), a exemplo do advento das impressoras e outros (o sonho do escritório sem papel ainda não se realizou). Nesse mercado mundial o Brasil é o 7º produtor de celulose e o 12º de papel. Abriga 220 empresas em 16 Estados (Associação Brasileira Técnica de Celulose e Papel – ABTCP).

Tabela 22 – *Consumo de papel no mundo.*

PAÍS	**CONSUMO *PER CAPITA* (kg/ano)**
Estados Unidos	317,0
Canadá	247,0
Brasil	**51,0** (*)
Índia	2,0
Média mundial	50,0
Média países em desenv.	18,0

Fontes: * Aracruz Celulose, CC (1997).
Wackernagel e Rees (1996, p. 85) e Worldwatch Institute (2000, p. 80).

14 Para produzir uma tonelada de fibra virgem são necessários 44 mil a 83 mil litros de água. Sua conversão em papel requer também muita energia elétrica e a utilização de produtos químicos que acabam gerando resíduos gasosos, sólidos e líquidos altamente poluentes.

Só esse componente já é suficiente para destacar as extremas diferenças de apropriação dos recursos naturais feita pelas nações, para sustentar os seus terametabolismos (Tera = 10^{12}). Um americano consome cerca de oito vezes mais papel que um brasileiro. Nada mais natural que, para manter os níveis de consumo dos países ricos, mais áreas naturais ou de produção de alimentos nos países pobres sejam convertidas para plantações de eucalipto ou afins.

Na área de estudo, o consumo de papel foi de 37.667,4 t/ano, o que equivale a 67.801,4 m^3 de madeira/ano. Para sustentar o consumo, essa população ocupa uma área de 29.478,9 ha/ano, o que dá 0,04 ha/pessoa/ano (para se ter uma ideia, um canadense ocupa 0,19, um número 4,7 vezes maior).

O consumo de produtos madeireiros pela população urbana é apenas um dos exemplos dos muitos que existem dentro do metabolismo dos socioecossistemas urbanos, que de forma semelhante contribuem para as alterações ambientais globais e portanto produzem impactos negativos sobre a biosfera, notadamente sobre ecossistemas localizados distantes da área de consumo e que certamente, por essa razão, não são incluídos no rol das preocupações da sociedade.

IMPACTOS GERADOS PELO CONSUMO DE CARNE BOVINA

É um componente do megametabolismo urbano, relativamente fácil de ser quantificado, e que contribui de forma expressiva e variada para as alterações ambientais globais. Integra os elementos de consumo que entram no ecossistema urbano, significando a apropriação e importação da produtividade de outras regiões.

O mercado mundial de carne bovina movimenta de 10 a 12 bilhões de dólares por ano. O Brasil, com o seu rebanho de 165 milhões de cabeças, participa com 6 milhões de toneladas/ano, equivalentes a 8% desse mercado.

A média mundial de consumo é de 8,9 kg/pessoa/ano. A média da Europa é de 20,2 kg/pessoa ano, a do Brasil, 30,4 kg/pessoa/ano e da Argentina, 73 kg/pessoa/ano.

Segundo o Sindicato do Comércio Varejista de Carnes Frescas do Distrito Federal, a média de consumo local é de 28 kg/pessoa/ano. Isso significa que somente para atender às cidades de Taguatinga, Ceilândia e Samambaia, que formam a área deste estudo, são consumidos 20.680 t/ano. Considerando que cada boi mede 230 kg (apenas a carne comercializada, nos pontos de vendas), a população consome anualmente 89.913 bois. Sabendo que na área de cerrado são necessários 4 hectares para "criar" um boi para abate (4 ha/boi), a população precisa de 359.655 ha de áreas naturais apenas para atender ao seu consumo anual de carne bovina. Isso significa que cada pessoa se apodera de 0,48 ha, ou seja, 26 vezes o tamanho da sua própria área (13.638 ha). Ainda, se se considera que para produzir 1 kg de carne bovina são necessários 4 mil litros de água (Kulke, 1998, p. 39), a população utiliza 82.720.000 m^3 de água adicionais para obter a sua carne bovina. Isso significa que é necessário 0,03 ha/pessoa/ano de áreas naturais para manter o seu consumo de carne bovina.

Na verdade, a carne bovina, como componente da dieta dos seres humanos, constitui um dos setores mais poderosos de pressão sobre os recursos ambientais. Ele responde pela maior parte da transformação de uso do solo junto com a agricultura. A *pata do boi* tem ocupado áreas crescentes, em todo o mundo, substituindo áreas naturais, arrastando, em seu espectro, o desflorestamento e todas as suas consequências.

Adicionem a isso a intensa produção de metano, liberado para a atmosfera (desde as atividades de apascentamento até a queima do carvão, na preparação dos churrascos) e os prejuízos causados pela compactação do solo, na área dos pastos (a compactação reduz a porosidade e consequentemente o arejamento, prejudicando a ação dos microorganismos que dão vida ao solo).

Adicionem-se ainda a esse espectro as atividades dos matadouros e frigoríficos, que invariavelmente despejam os seus resíduos, *in natura*, nos corpos d'água. Tais resíduos, ricos em materiais orgânicos, exigem alta demanda bioquímica de oxigênio para sua degradação, o que significa redução do O_2 dissolvido, prejudicando a biota aquática e todo o seu equilíbrio ecológico. Além disso, veiculam uma variedade de agentes patogênicos que vão disseminar várias doenças, bem como comprometer a potabilidade desse recurso.

Essa forma de produção de proteínas para o consumo humano precisa ser reavaliada. Até o presente, ela tem sido viável graças à degradação do capital natural, ou seja, sem que sejam levadas em conta as externalidades. Caso sejam incluídos os custos ambientais nessa atividade, ela se tornará praticamente inviável, nos moldes concebidos hoje. A discussão da eficiência energética desse setor já se arrasta por várias décadas (iniciada em 1964 por MacFadyen, que demonstrou que o gado criado em campos de grama consome somente um sétimo da produção primária total). Phillipson, em seu estudo clássico de ecologia energética (1977), contestou os métodos tradicionais de produção de alimentos e salientou que para o ser humano fazer o uso máximo da energia solar acumulada pelas plantas (na forma de compostos orgânicos complexos), deveria tornar-se predominantemente herbívoro.

Para produzir 217 milhões de toneladas de carne, anualmente, no mundo parcelas enormes da superfície da Terra são ocupadas por essa atividade de baixa produtividade. Tem-se buscado aumentar essa produtividade por meio do aperfeiçoamento genético de linhagens mais produtivas, rações especiais e até mesmo o confinamento. Nesse caso, há apenas uma transferência de impactos, isto é, livram-se as áreas naturais do pastejo, mas as ocupam para a produção de grãos, particularmente soja, principal produto para ração. Por outro lado, a inadequação de manejo nessa área já forneceu inúmeros exemplos de degradação ambiental, principalmente no Centro-Oeste brasileiro, onde extensas áreas estão em pleno processo de areificação.

Outro aspecto da questão do consumo de carne bovina refere-se às acusações que esse tipo de alimento vem sofrendo. Segundo a bancada de juízes reunida no 17º Congresso Mundial de Câncer (Rio de Janeiro, agosto, 1998), só o cigarro pode ser mais perigoso do que a carne vermelha. Os cancerologistas agora atribuem ao consumo da carne vermelha 35% das mortes por câncer.

Segundo Burgierman e Maia (1998), nos anos 1990 preocupava-se com os males da gordura animal para o coração (aumento da taxa de colesterol, um entupidor de artérias). Até 1990, apenas o câncer no intestino – o terceiro que mais mata no mundo – havia sido associado ao consumo de carne vermelha. Contudo, apareceram em seguida o câncer de boca, faringe, seios, próstata e do estômago, o recordista de mortes no país. O segredo desses casos está associado à absorção exagerada de hidrogênio no estômago do consumidor, por dessulfovíbrio (bactérias que combinam o enxofre e o hidrogênio para obter energia e, nesse processo, liberam o dióxido de enxofre, que é cancerígeno). O alcatrão contido na fumaça do churrasco e o próprio sal (combina com a N-nitrosamida e se transforma numa toxina cancerígena) estão na lista dos agentes causadores de problemas. O Instituto Nacional de Câncer relatou a morte de 14.500 brasileiros em 2000, por essas razões.

Tudo indica que boa parte dos seres humanos já percebeu essa situação. Na Inglaterra 46% dos consumidores cortaram a carne vermelha e nos Estados Unidos o consumo de vegetais cresceu 20% desde 1973. Na Europa o consumo de carne bovina decresceu 20% e nos Estados Unidos, 7%.

Em contrapartida, o consumo de carnes brancas cresceu 20% na Europa e 40% nos Estados Unidos. No Brasil, esse aumento foi de 100% (em seu incitante ensaio sobre a sustentabilidade, Viola (1995) sugere que em 2050 a dieta do brasileiro será predominantemente vegetariana). Em decorrência, os preços internacionais da carne bovina despencaram e o consumo nos países pobres aumentou (em média 40%). Por outro lado, a carne bovina ganhou adeptos no Oriente. Na Coreia do Sul e no Japão, os casos extremos, o consumo dobrou em dez anos. Essa imitação retardatária dos hábitos ocidentais está ceifando a vida de muitas pessoas. Os cânceres do sistema digestivo, antes quase inexistentes, estão surgindo com alta frequência.

Entretanto, a despeito disso tudo, o consumo de carne bovina ainda é muito alto. Só para se ter uma ideia, a rede McDonald's, ao inaugurar a sua 500ª loja, no Brasil, divulgou que a sua rede brasileira consome 7 bois e 226 frangos por hora.

Os especialistas em reeducação alimentar recomendam uma dieta variada, com alimentos que contenham, de forma balanceada, proteínas, gorduras, calorias, vitaminas, sais minerais e fibras. O nome de vegetarianos famosos, em fases tão distintas da história humana (Pitágoras, Sócrates, Leonardo Da Vinci, Isaac Newton, Charles Darwin, John Lennon, Brigitte Bardot, Dustin Hoffman e outros), entretanto, deixam claro que a discussão ainda não terminou, mas deve estar num momento especial de efervescência. Nos Estados Unidos, a cada ano, cerca de um milhão de pessoas se tornam vegetarianas e surgem em diversos países movimentos como o *Meatless Day* (Um dia sem carne) e o de tratamento ético dos animais.

Este é um ponto, na nossa opinião, em que uma das feridas do controverso e contraditório comportamento humano se abre. Dissimulado por valores culturais, aprisionamos, de forma cruel, bois, carneiros, coelhos, galinhas, porcos e outros animais, para depois degolá-los friamente. As toalhas de linho, os talheres reluzentes e a culinária sofisticada disfarçam a crueldade do tratamento e da morte desses seres. Tais animais são tratados como mais um bem de consumo, como máquinas das quais se retiram leite, ovos e peles. Sob cativeiro, muitas vezes sob condições pútridas, são engordados artificialmente e seus cadáveres comercializados aos pedaços.

Acreditamos que o ser humano já possua conhecimento científico suficiente e tecnologia adequada para dar suporte ao surgimento de novas formas de obtenção de proteínas e outros derivados, deixando os animais em paz.[15] Outrossim, além do aspecto ético, deve-se considerar que não tem sentido continuarmos nos alimentando do topo da cadeia alimentar,

15 Os produtos de soja, como o queijo tofu, têm potencial para substituir a proteína animal, como carnes e ovos, na dieta humana.

em que a demanda por recursos naturais é mais alta, diante da situação de estresse ecossistêmico progressivo que ora experimentamos.

É uma questão complicada. A morte de animais para o consumo humano é um hábito arraigado na maioria das culturas globais, formando um largo repertório de variações: na China[16] come-se cachorro e no Ocidente é animal de estimação; na Índia a vaca é sagrada e nas Américas é bife; o macaco é espécie protegida nas Américas e na Coreia come-se macaco... Contudo, agora, diante das limitações ambientais que são impostas à raça humana, precisamos corrigir esse hábito primitivo. Assim como muitas pessoas acham natural o seu direito de devastar florestas, acabar com nascentes e poluir o ar, a matança de animais continua sendo percebida como algo plenamente aceitável, porém agora um novo componente é inserido nessa equação: a insustentabilidade.

Ativistas como Guimarães (2000) são mais radicais. Defendem o vegetarianismo radical ou *Vegan*. Seus adeptos não consomem nenhum produto de origem animal, nem mesmo ovos, leite, couro, lã e outros. Segundo Guimarães, há quem ache que matar animais é um direito natural do ser humano. Entretanto, já houve quem achasse natural o extermínio de uma raça humana por outra, que algumas pessoas se julgassem superior por razões de credo religioso e/ou cor da pele. Foi preciso que grupos abolicionistas e humanistas surgissem, mesmo sendo ridicularizados e discriminados no início. Haverá um momento em que o ser humano, auxiliado por um novo tipo de abolicionista – que falam por seres que não podem falar –, perceba que os animais não são uma propriedade sua.

Para condimentar mais ainda essa discussão, os neurobiologistas Samuel Flaxman e Paul Sherman, da Universidade de Cornell, nos Estados Unidos, relataram um estudo feito com 79 mil grávidas, em 16 países, segundo o qual o enjoo de grávidas nada mais é do que uma defesa natural, surgida ao longo da nossa evolução, encarregada de evitar que a mãe coma alimentos contaminados e perca o bebê. A maioria delas tem náusea ao sentir cheiro de carne, de peixe ou de aves, os três produtos mais suscetíveis à contaminação (bactéria toxoplasma, responsável por abortos ou má-formação de fetos). Entre os povos que baseavam sua alimentação em vegetais como o milho, o arroz, a batata e a mandioca, o enjoo era uma experiência desconhecida (Campolim, 2000).

16 Na China existem cerca de 10 mil ursos presos em minúsculas jaulas imundas, imobilizados, deitados, para que deles seja retirada a bílis, que, de acordo com a "tradição" chinesa, cura doenças diversas, além de ser matéria-prima para xampus e afrodisíacos.

Há uma grande variedade de propostas de formas alternativas de alimentação, como a dos higienistas que acreditam ser as doenças consequências de desarranjos provocados por alimentação inadequada, maus hábitos – como o uso de álcool e fumo –, falta de repouso e desequilíbrio emocional, e muitos outros grupos.

Uma coisa é certa: testemunha-se um momento de mudanças de hábitos, de reeducação alimentar. Tais mudanças também são impulsionadas por estudos que indicam a inadequação das dietas, principalmente nos países ricos: excesso de calorias, açúcar e produtos manufaturados. Os Estados Unidos têm 55% da sua população acima do peso e o ataque cardíaco figura como a principal causa de morte súbita não violenta do país. No Brasil, 40% da sua população encontra-se acima do peso (desses, 11% são obesos. Não se tem dados dos que morrem de fome).

É muito atual a observação do dramaturgo francês Molière (1622--1673): "devemos comer para viver, e não viver para comer". Na verdade, **o ato de colocar na boca os produtos da Terra representa uma profunda interação com ela**. A reeducação alimentar pode até mesmo melhorar as relações do ser humano com a Terra, reduzindo os impactos criados por atividades desse tipo e tornando o seu modo de vida mais harmônico.

A resistência a renunciar a uma dieta à base de carnes é um bom exemplo para destacar a resistência das pessoas em incorporar a dimensão ambiental nas suas decisões e o quanto vai ser difícil levar a humanidade a adotar hábitos sustentáveis. Contudo, não será mesmo esse o ritmo ditado para percorrermos o lento caminho da nossa escalada evolucionária?

A teia de interações e impactos negativos sobre o ambiente, gerados pelas atividades para a produção de alimentos da espécie humana, é extensa. Se se consideram outros elementos básicos da dieta local, como feijão e arroz, tais contribuições assumem números ainda mais espantosos. Áreas apropriadas e alteradas para plantio (com desflorestamento e todas as suas consequências), água para irrigação (à medida que a demanda por irrigação aumenta, aumenta também a superexploração das águas subterrâneas), salinização do solo, impacto do uso de biocidas e fertilizantes, uso de combustíveis fósseis e eletricidade para mover tudo isso, e ainda as alterações na capacidade de absorção de gás carbônico, são apenas alguns dos elementos da longa lista de agressões ao ambiente e à sustentabilidade. Essa situação é sistematizada na Figura 5.

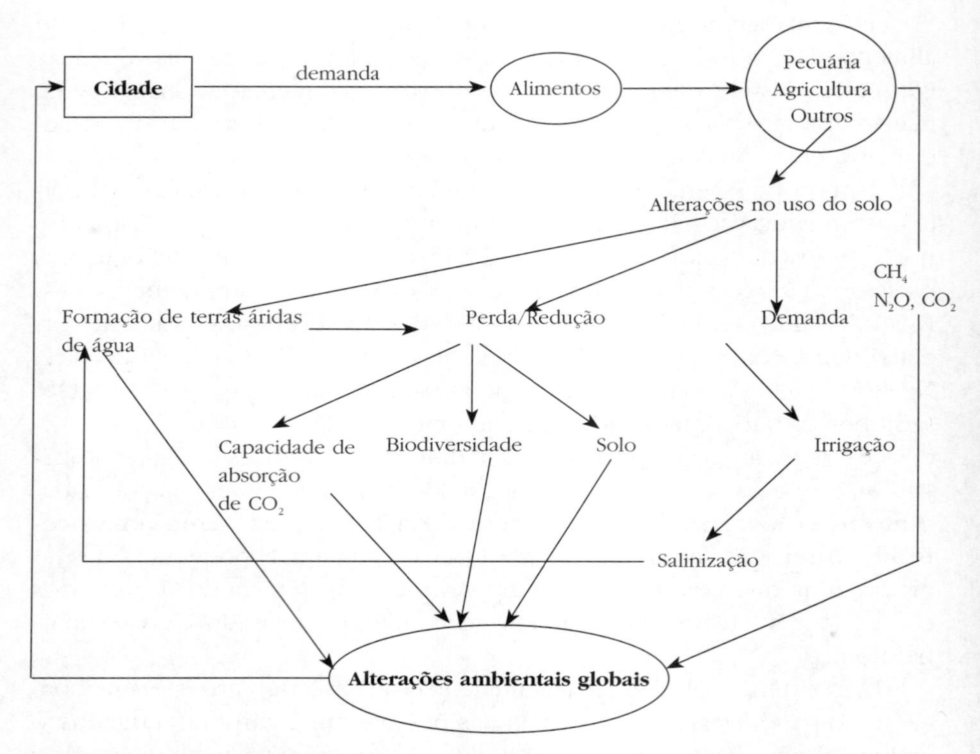

Figura 5 – *Alimentação da espécie humana × carga ambiental.*

A Organização das Nações Unidas para a Agricultura e Alimentação (FAO, 1995) estima que aproximadamente metade dos 90 milhões de hectares que podem ser convertidos para a produção de grãos até o ano 2010, nos países em desenvolvimento, estão em áreas de florestas (excluindo a China). Isso representa um significativo potencial de perda de absorção de gás carbônico e perda de biodiversidade. A FAO projeta uma expansão de 6 milhões de hectares em terras áridas, o que pode aumentar ainda mais a pressão sobre as pastagens remanescentes.

Reunindo todos esses elementos, pode-se entender por que a agricultura é considerada uma das fontes antropogênicas que mais contribuem para a emissão de gases estufa, principalmente o metano (70%) e o óxido nitroso (90%).

Considere-se ainda que a agricultura é responsável apenas por uma parte da alimentação humana.

Análises dessas situações e de outras afins, dentro da ampla temática ambiental, corroboram a premissa de que a sustentabilidade da espécie humana na Terra vai requerer profundas mudanças, inclusive nos seus hábitos alimentares.

Este é apenas um exemplo da carga sobre os recursos ambientais gerados pelo megametabolismo de manutenção das cidades.

IMPACTOS GERADOS POR COMPONENTES PONTUAIS DO METABOLISMO SOCIOECOSSISTÊMICO URBANO

Os socioecossistemas urbanos possuem componentes dentro do seu metabolismo, ocultado em seus milhares de subsistemas, que durante décadas têm passado despercebidos nos exercícios de avaliação praticados. Dentre esses componentes, inclui-se uma variedade de fontes pontuais de contribuições à degradação da qualidade de vida e às alterações ambientais globais, formadas pelo uso, armazenagem e disposição final de produtos químicos tóxicos.

Tais produtos estão nas mesas dos lares, em seus banheiros e salas, nas roupas, tintas, vernizes, material de limpeza e cosméticos, cigarros, veículos, eletrodomésticos e utensílios diversos. Compõem uma extensa variedade de itens, cujos danos à saúde e ao ambiente só agora começam a ser investigados.

É óbvio que o volume gerado desses poluentes nesses processos é reduzido, porém, se se considera que tais processos estão ocorrendo na maioria das cidades do mundo, e que as cidades estão crescendo e com elas o consumo, tem-se uma ideia dessas contribuições no balanço global. Esse quadro se torna mais preocupante quando se sabe que milhares de novos produtos chegam anualmente ao mercado, sem os devidos estudos de atuação sistêmica.

CONTRIBUIÇÕES DA RESPIRAÇÃO HUMANA AO AUMENTO DA CONCENTRAÇÃO DO CO_2 ATMOSFÉRICO

Um dado curioso e normalmente não incluído nos estudos dessa natureza é a contribuição da respiração da população humana ao aumento da concentração do gás carbônico na atmosfera.

Segundo Goodman (1993), em um dia um adulto inspira 10 mil litros de ar atmosférico, composto por 21% de O_2, 78% de N_2, 1,3% de argônio, neônio, hélio e criptônio, e 0,03% de CO_2 e expira igual quantidade de N_2 e gases raros, mais 16% de O_2, 1% de vapor d'água e 4% de CO_2. Com isso, remove cerca de 355 litros de O_2 e adiciona 295 litros de CO_2 diariamente.

Considerando-se a população total da área deste estudo (738.578 habitantes em 1998), tem-se que somente pela respiração são retirados diariamente cerca de 262.195.190 litros de O_2 e acrescentados diariamente cerca de 217.880.510 litros de CO_2, na atmosfera terrestre. Isso significa que são acrescentados 428 t CO_2/dia ou 154.080 t CO_2/ano.

Convém observar que esses valores são válidos para pessoas em repouso. Quando trabalham, o valor dobra e, se em exercícios vigorosos, pode aumentar até dez vezes. Portanto, esses valores estão subavaliados.

Se se considera a população humana e todos os outros animais que participam desse metabolismo no planeta, tem-se uma ideia da magnitude dessas contribuições à concentração dos gases estufa na atmosfera terrestre. Os seres, obviamente, precisam respirar, logo pareceria também natural argumentar que deveria ser mantida uma margem larga de segurança para a assimilação dos gases estufa provenientes desse metabolismo e de outros considerados vitais, buscando a redução dos demais, quando se negociassem os termos de tratados para a redução das emissões.

CONTRIBUIÇÕES DA PARAFERNÁLIA DOMÉSTICA

Ar interior – Em 1999, o Ministério da Saúde encomendou à Sociedade Brasileira de Meio Ambiente e Controle de Ar de Interiores (Brasindoor), o Primeiro Estudo Epidemiológico sobre Ambientes Climatizados. O estudo, que examinou 1.528 ambientes, em dez grandes cidades, revelou que o ar interior é mais poluído do que o ar exterior. A quantidade de fungos no ar, devido à má manutenção dos condicionadores de ar, em muitos casos excedeu as recomendações da Organização Mundial de Saúde. Brasília foi a cidade com a pior qualidade de ar interior do país, atingindo 1.200 UFCs (Unidades Formadoras de Colônias), quando o limite máximo aceito pela OMS é de 500 UFCs. Na Capital Federal, 22% dos prédios climatizados apresentaram condições ambientais piores do que o ar exterior, em termos de partículas biológicas em suspensão no ar (fungos, algas, bactérias e nematoides). No Rio de Janeiro, 16%, em São Paulo, 13%, e em cidades como Vitória, Fortaleza, Recife, Cuiabá e Porto Alegre, em torno de 7%. As consequências dessa condição ambiental são traduzidas por laringites, faringites, rinites, dores de cabeça e irritações nos olhos.

O ar interior pode conter, também, agentes mais perigosos. Em novembro de 1999, o Cine Leblon 2, localizado na Zona Sul do Rio de

Janeiro, foi interditado pela Secretaria de Saúde porque revestiu o teto e a parte interna da tela com amianto anfibólio – proibido por Lei no Brasil desde 1995 –, produto indutor de câncer no pulmão e asbestose (perda da capacidade respiratória). O cinema funcionou assim desde a década de 1980 e o caso só veio à tona devido a uma denúncia de um ex-funcionário da empresa que aplicava o produto (Werneck, 1999).

Já em 1988, Ott e Roberts iniciaram um estudo pioneiro, por meio do qual avaliaram a qualidade do ar dentro de residências e escritórios. Concluíram que a regulamentação ambiental melhorou o ar atmosférico exterior, mas em quase nada influi na qualidade do ar interior. Ao redor do mundo, as pessoas estão diariamente expostas a poluentes tóxicos, em suas casas ou no trabalho, de forma quase que imperceptível, por meio de "inocentes" objetos ou produtos de consumo.

A pesquisa iniciada pelo *Research Triangle Institute* (Carolina do Norte, Estados Unidos) abrangeu 15 Estados e uma província do Canadá. Examinou a exposição das pessoas a compostos orgânicos voláteis, monóxido de carbono, pesticidas e partículas perigosas oriundas de diversas fontes, no interior de suas residências, escritórios e automóveis, locais onde se supunha predominar um ar menos poluído do que o ar atmosférico exterior.

Foram encontrados níveis elevados de:

(i) paradiclorobenzeno (cancerígeno), utilizado em repelentes, desinfetantes sanitários e desodorantes;

(ii) clorofórmio (gás cancerígeno, em altas concentrações), gerado quando a água tratada com cloro é aquecida em chuveiros, máquinas de lavar roupa e no cozimento de alimentos;

(iii) monóxido de carbono (periculosidade já descrita). Os estudos de Ott e Roberts (op. cit.) demonstraram que atualmente a exposição da população dos Estados Unidos a esse poluente já é maior dentro de casa do que do lado de fora. O CO é liberado principalmente pela má operação de fogões, fornos e torradeiras;

(iv) partículas finas, isto é, de diâmetro igual ou menor a 10 m (nessas dimensões passam a ser tóxicas, pois são capazes de se instalar nos alvéolos pulmonares. A essas partículas são atribuídas mortes prematuras de bebês). Elas são oriundas de combustões que ocorrem dentro de casa, como, por exemplo, no uso de tabaco, de fogões, fornos, velas ou similares;

(v) concentrações de pesticidas de 5 a 10 vezes mais altas do que no ar atmosférico externo. Muitos outros biocidas foram encontrados dentro de casa, principalmente formicidas, trazidos pelos sapatos das pessoas. Tais pesticidas podem permanecer ativos por muitos anos nos carpetes, uma vez que estão protegidos contra a degradação causada pela luz solar e pelas bactérias;

(vi) tabaco e benzeno – o benzeno é capaz de causar leucemia e é encontrado no ar interior, proveniente de combustíveis, fluidos, fumaça de tabaco (esta tem mais de 4 mil componentes químicos) e outros utensílios domésticos. Foram encontrados teores três vezes superior aos níveis do ar exterior inalado. Estima-se que 45% da exposição das pessoas ao benzeno se deve ao cigarro; 36%, à evaporação de combustíveis e gomas; 16%, aos vernizes e tintas, e apenas 3%, à poluição industrial. O benzeno é acumulado, dentro de casa, em carpetes, principalmente.

Fumo – A contribuição que o consumo de tabaco traz para as alterações ambientais globais tem sido praticamente ignorada. Representando um dos mais poderosos *lobbies* existentes no mercado internacional, o vício do fumo faz 5 milhões de vítimas anualmente, mas é tacitamente aceito pela sociedade e mais ainda pelos governos, dada a ilusória[17] geração de recursos, pela alta carga tributária que encerra. Além de possuir fortes componentes culturais, conta ainda com a cumplicidade de diversos setores, como o automobilístico, por exemplo (os veículos já trazem como equipamento de série instrumentos de apoio ao fumante, como isqueiro e cinzeiros – mas não trazem recipientes para recolhimento do lixo).

A despeito de serem conhecidos os efeitos danosos à saúde e da intensa campanha mundial contra o tabagismo, com fortes restrições de uso em diversos ambientes, o fumo continua em sua rota de destruição de vidas humanas. Em 2000, 1,15 bilhão de fumantes acenderam 14 cigarros por dia cada um. Em alguns lugares, o tabagismo chega a assumir proporções catastróficas. É o caso da China (maior produtor de cigarros do mundo: 31% da oferta global), onde a cada dia morrem 2 mil pessoas por alguma doença relacionada com o tabagismo (Oliveira, 1998). Mais de 40% dos chineses com mais de 15 anos são fumantes. Cerca de 100 milhões deles morrerão até o ano 2050 por causa do tabagismo. Nos Estados Unidos, atualmente o vício é o responsável pela morte de 33% dos homens. Nas duas últimas décadas a

---

17 Um exemplo dessa ilusão é encontrado em Brasília. O Programa de Controle do Câncer do Governo do Distrito Federal, por meio da sua Secretaria de Saúde, gasta em torno de 8 milhões de reais, por ano, para cuidar das vítimas do fumo (câncer na boca, brônquios e pulmões, principalmente), enquanto arrecada 5 milhões de reais, por ano, em impostos sobre o fumo.

mulher passou a fazer parte desses números, que são crescentes na maioria dos países do mundo e envolvem pessoas cada vez mais jovens.

Pressionados por uma torrente de pedidos de indenizações milionárias (251 bilhões só em 1998), fruto da crescente conscientização pública sobre os males do fumo, as empresas de cigarro norte-americanas, o segundo maior produtor de cigarros, desviaram seu foco de atendimento para a venda dos seus produtos letais aos consumidores da Ásia, África e América Latina.

Se as tendências continuarem, em 30 anos o maior assassino do mundo deixará de ser uma doença para ser um produto de consumo. Até 2020, um em cada três mortes será decorrente do fumo – mais do que todas as vítimas da malária, tuberculose e doenças maternas e infantis juntas.

Segundo o Worldwatch Institute (*Sinais Vitais*, 2000, p. 108), os custos de tratamento de doenças relacionadas com o fumo no mundo estão estimados em 200 bilhões de dólares por ano, mais de dez vezes o lucro percebido pela indústria do fumo.

Os dados sobre o vício do fumo no Brasil são ostensivamente protegidos pelas indústrias. Estudo do Instituto Nacional do Câncer revela que morrem de câncer, por causa desse vício, no Brasil, em torno de 15 mil pessoas por ano.

Pouco se conhece sobre o consumo *per capita* ou mesmo o consumo médio de uma dada região, tornando difícil a determinação das emissões relativas. Entretanto, foi experimentado um exercício de determinação aproximada do consumo, por meio de entrevistas, e concluiu-se que cerca de 10% das pessoas da amostra eram fumantes (N = 200, escolhido pela aparência de idade, ou seja, superior a 18 anos, sem distinção de sexo). O consumo médio da amostra foi de 0,5 carteira de cigarros por dia (10 cigarros). Considerando a pirâmide de idade do Distrito Federal, onde a faixa após os 18 anos representa mais de 65% da população (população total da área de estudo: 738.578 habitantes: 65% = 480.075), tem-se que 48.007 (10%) são fumantes. Isso significa que por ano são consumidos 172.824.200 cigarros (48.007 × 10 × 360). Considerando o teor médio dos cigarros (12 mg de alcatrão por cigarro; 13 mg de CO por cigarro), esses fumantes emitem na atmosfera 2 t alcatrão/ano e 2,2 t CO_2/ano.[18]

---

18 A combustão lenta dos cigarros libera para a atmosfera principalmente monóxido de carbono e alcatrão (a nicotina fica retida no(a) fumante). O teor desses componentes varia com a categoria ou qualidade do cigarro. Cigarros considerados "fortes" liberam 14 mg de alcatrão, 1,1 mg de nicotina e 15 mg de CO; os mais "fracos", 10 mg de alcatrão, 0,5 mg de nicotina e 12 mg de CO.

Mesmo considerando a inadequação do tamanho da amostra para o tamanho da população, e que o vício do fumo está associado a inúmeras outras variáveis, como estado de tensão do fumante, intensidade da dependência da nicotina e outras pressões, o exercício pôde demonstrar que tais elementos pontuais do metabolismo socioecossistêmico urbano não podem ser ignorados.

Outros componentes do metabolismo socioecossistêmico urbano:

A imagem mais comum da poluição ambiental é reforçada por imagens de grandes vazamentos, acidentes, explosões. No entanto, estamos imersos em um oceano de emanações químicas, dentro das cidades, expostos aos infinitos produtos ali utilizados, de forma pontual. A listagem das possíveis contribuições dificilmente será completa, mas podem ser destacadas:

- **Pilhas e baterias** – dispostas em lixões, vazam líquidos que contêm metais pesados, os quais percolando lentamente atingem o lençol freático;
- **Celulares** – o mundo conta hoje com 400 milhões de celulares. Só no Brasil são 12 milhões. Câncer no cérebro e catarata são as acusações mais graves, centros de polêmicas entre interessados dos dois lados. De qualquer maneira, os celulares vieram adicionar novos elementos à poluição eletromagnética, ainda não devidamente avaliada, produzida por fornos de microondas, aparelhos de TV, monitores de microcomputadores, torres de estações de TV e rádio AM e FM, linhas de transmissão de eletricidade e até mesmo as radiações emitidas pelas lâmpadas incandescentes e pela fiação elétrica interna;
- **Lubrificantes** – muitos produtos são volatilizados ao serem aquecidos durante a operação ou levados à rede de esgotos e destes aos ambientes aquáticos;
- **Cosméticos** – representam atualmente um número significativo de produtos que entram nas casas das pessoas. Toneladas desses produtos químicos são utilizados diariamente e volatilizados para a atmosfera. Uma outra parte segue para o ambiente aquático levada pela rede de esgotos. Não há avaliação da ação sistêmica desses produtos;
- **Medicamentos** – medicamentos que matam pacientes, relações obscuras entre médicos e grandes laboratórios, exames e cirurgias desnecessárias e a existência de remédios falsos, colocam a medicina no rol das fontes de descontentamento humano.
  Existem 30 mil doenças catalogadas. A medicina destina para elas milhares de drogas, em grande parte, não para curar, mas para manter as doenças

sob controle de remédios e, com isso, a dependência das drogas, e alimentar esse mercado bilionário. Segundo a Associação Médica Americana, a cada ano 2,2 milhões de pessoas contraem doenças e outras 106 mil morrem devido a efeitos colaterais desses "remédios". No Brasil, 24 mil pessoas morrem por ano devido a intoxicações medicamentosas. Jorge Alberto da Costa e Silva, psiquiatra brasileiro, presidente da Associação Mundial de Psiquiatria, diretor da Divisão de Saúde Mental, Comportamento e Toxicomanias da OMS e 22 anos de vivência à frente de organismos internacionais, é contundente nas suas declarações a Ronaldo França, nas páginas amarelas da revista *Veja* (27 jun. 2001): "a grande variedade de medicamentos atende mais aos interesses e à saúde financeira da indústria que à saúde dos pacientes. Há uma psiquiatrização ocorrendo na sociedade. Já existem quase 500 tipos descritos de transtorno mental e do comportamento. 'Com tantas descrições, quase ninguém escaparia de um diagnóstico de problemas mentais. Se o sujeito é tímido, ele pode ser enquadrado na categoria de fobia social; se tem uma mania, leva um diagnóstico de transtorno obsessivo-compulsivo; se a criança está agitada na escola, está tendo um transtorno de atenção e hiperatividade. Coisas normais da vida estão sendo encaradas como patologias'" (p. 11 e 14). A intenção é óbvia: vender medicamentos.

Os medicamentos compõem um outro setor de *lobbies* poderosos. A indústria farmacêutica gasta até 80% do seu faturamento em *marketing* (Bomfim, 1998). Financia congressos, revistas, distribui amostras grátis e não é nada discreta na luta pelos lucros (na revista de divulgação Abifarma) (fev. 98, 146 p.): "Zalain, para arrebentar de vender"; "Pravacol, salva vidas e salva lucros"; "Voltaren, uma nova forma de creditar lucro ao seu caixa"; "Chegou Rennie para o seu lucro estar sempre à mão". Esse mercado, na maioria das vezes sem escrúpulos, movimenta 296 bilhões de dólares no mercado mundial (com meta para 400 bilhões) e 10,3 no Brasil, o 4º consumidor, atrás apenas dos EUA, da Alemanha e França. Só os tratamentos para doenças cardiovasculares e do sistema nervoso central renderam 78 bilhões de dólares para os maiores laboratórios do mundo, em 2000 (Carelli, 2001). Essa fonte de lucros chega a responder por 15% do PIB americano (1,3 trilhão de dólares por ano), se se consideram os serviços médico-hospitalares. O Brasil tem 664 laboratórios, 20% dos quais são multinacionais que abocanham 65% do mercado. São vendidos anualmente 1,74 bilhão de unidades no mercado nacional, muitas delas falsas. Os medicamentos, um mosaico infindável de drogas químicas, voltam ao ambiente natural de várias formas, mas principalmente por meio da urina, da transpiração, da incineração ou da simples disposição em aterros. Em termos globais, as cidades acumulam milhares de toneladas desses produtos, e o que eles são capazes de causar ainda é uma incógnita;

- **Utilização de água tratada** – pouco se conhece do que ocorre nos seres humanos e no ambiente, quando são expostos a baixas concentrações de compostos químicos utilizados no tratamento de água, por períodos de 20 a 30 anos. O conhecimento toxicológico e as consequências da bioacumulação gerada pelas ações a longo prazo são uma incógnita e exigem pesquisas para avaliar os seus danos à saúde humana e aos mananciais e sua biota. Segundo Batalha (1997), a tecnologia convencional de tratamento de água não remove as microdoses tóxicas. As enfermidades crônicas geradas pela ingestão das microconcentrações de contaminantes, ao longo de décadas, tanto provenientes dos mananciais como de subprodutos da desinfecção, somente podem ser removidas por meio de tratamentos avançados. A aplicação de sulfato de cobre para controlar a proliferação de algas libera, no meio, neurotoxinas (alcaloide que atinge o sistema neuromuscular, podendo ocasionar a morte de animais em minutos) ou hepatotoxinas (polipeptídeo que atinge as células do fígado, podendo causar a morte de animais em horas ou dias), que **não são removidas** pelo sistema, nem mesmo quando se aplica carvão ativado. Por outro lado, a desinfecção com cloro produz a reação com substâncias húmicas e fúlvicas resultantes da decomposição da biota, produzindo clorofórmio e outros tri-halometanos com potencial cancerígeno. Além disso, têm sido encontradas nas águas de abastecimento público mais de 700 substâncias orgânicas, das quais 20 são cancerígenas, 23 suspeitas de serem cancerígenas, 18 promotoras de câncer e 56 mutagênicas;
- **Acumulação/retenção de carbono** – ocorre na forma de prédios, móveis, livros e outros (em muitos estudos do ciclo de carbono o metabolismo das áreas urbanas tem sido ignorado). Segundo Bramryd (1980), os socioecossistemas urbanos contêm mais carbono por unidade de área do que muitos ecossistemas naturais. Grandes quantidades de carbono orgânico são acumuladas na forma de (i) biomassa – animais, árvores, gramados e outras plantas; (ii) materiais de construção – principalmente cimento, tijolos e areia –, móveis e papel de um modo geral; (iii) em aterros e lixões. Essa acumulação de carbono nas cidades pode ser considerada um mecanismo capaz de afetar o ciclo global e comparada com alguns processos naturais, como a formação de turfas. A quantidade de carbono estocado nas cidades do mundo, estimada em 27×10^9 t, já apresenta a mesma magnitude do carbono estocado em

ecossistemas de florestas. Um outro componente desse item é o desprendimento de íons de cálcio, alumínio, ferro e silício para o ar atmosférico, que acabam entrando em grande quantidade na circulação global, e cujas consequências ainda não foram avaliadas, segundo Fergusson (1992);

- **Dispersão global de contaminantes atmosféricos** – por meio do processo de transporte atmosférico e deposição, muitos produtos tóxicos das áreas urbanas chegam a pontos remotos do planeta. Tais produtos são tóxicos, bioacumuláveis e podem permanecer por um longo tempo representando ameaças ao meio biológico. Embora considerados primariamente uma ameaça à saúde humana, há uma crescente preocupação de que possam causar efeitos ecológicos deletérios. Segundo Moser et al. (1992, p. 135) e Fergusson (1992, p. 129), esses contaminantes são emanados de uma variedade de atividades humanas desenvolvidas principalmente nas cidades, como a queima de combustível fóssil (libera Al, As, Ba, C, Cd, Co, Hg, Ni, Sb, Se, V e Zn), o uso de pneus (libera As, Ba, Cd, Cr, Mn e Zn), o uso de carpetes (C, Cd, Cu, Pb e Zn), o uso e a corrosão de metais (Cd, Co, Cr, Fe, Ni, V e Zn), o envelhecimento de tintas (C, Pb, Ti e Zn), incineradores de lixo diversos (liberam dioxinas e furanos para a atmosfera, produtos cancerígenos), lavanderias e muitas outras fontes. Na agricultura (uso de biocidas e de queimadas), as emissões ocorrem diretamente para a atmosfera, ou indiretamente, por meio da volatilização ou despejo acidental ou deliberado no solo. Nas cidades são utilizados cerca de 63 mil compostos químicos e cerca de 1.000 novos produtos são sintetizados anualmente e incorporados ao "repertório químico urbano" (a cada 9 segundos dos dias úteis uma nova substância química é descoberta). As maiores evidências do transporte e da deposição global dessas substâncias tóxicas são as concentrações encontradas em regiões remotas do globo, como na cadeia alimentar marinha e terrestre do ambiente ártico. A acumulação dessa "poeira química" pode reduzir o crescimento das plantas e a decomposição da matéria orgânica por microorganismos do solo, reduzindo a disponibilidade de nutrientes. Pode também interromper os processos bioquímicos de fotossíntese e respiração das folhas. Indiretamente pode afetar os animais por meio da cadeia alimentar. Reduz ainda a cobertura vegetal de hábitats, tornando os animais mais suscetíveis à predação e a doenças, decrescendo a reprodução e aumentando a mortalidade e a emigração. Os impactos e a sinergia causados pela deposição crônica de produtos químicos tóxicos sobre vários níveis de organização dos ecossistemas ainda são perigosamente desconhecidos;

- **Produtos de limpeza** – formam um mosaico impressionante de marcas e um espectro bizarro de funções, como limpa-fornos e outros. O destino final é sempre o mesmo: a rede de esgotos. Não se sabe, ao menos por alto, quanto de substâncias químicas chega ao ambiente dessa forma. Pode-se imaginar que cerca de 95% da produção mundial acaba atingindo os corpos d'água (considerando a porcentagem extremamente otimista de 5% de esgotos tratados em todo o mundo). Para se ter uma ideia, em termos qualitativos, do que é adicionado ao ambiente aquático, observe-se o conteúdo de um sabão em pó, baseando-se em seu próprio rótulo (lava roupas Ariel, 300 g, n. 50138432, código de barras 7 590002 016343, telefone de atendimento ao consumidor 0800-114415): presentes: alquil benzeno sulfonato de sódio, alquil éter sulfato de sódio, alquil dimetil hidroxietil cloreto de amônio, tripolifosfato de sódio, carboximetilcelulose, pentacetato de dietilenotriamina, sulfatos de magnésio/sódio, perborato de sódio, nanonoiloxibenzeno sulfonado, etileno diamina tetracetila, carbonato/silicato de sódio, enzimas, ftalocianina sulfato de sódio, branqueadores óticos, silicones, zeólito, pigmento azul e fragrância. Os efeitos sistêmicos da maior parte dessas substâncias não são conhecidos, mas o produto exibe a aprovação do Inmetro, da Brastemp, Eletrolux e Cônsul;
- **Computadores** – quando sucateado, um micro gera 63 kg de lixo, dos quais 22 kg são lixo tóxico, normalmente formado de chumbo dos monitores, mercúrio e cromo das unidades centrais de processamento, arsênico e várias substâncias orgânicas halogenadas que se transformam em ameaças à saúde e ao ambiente.

Esses são apenas alguns exemplos da carga sobre os recursos ambientais gerados pelo megametabolismo de manutenção das cidades.

ANÁLISE DA PEGADA ECOLÓGICA DO SOCIO-ECOSSISTEMA URBANO ESTUDADO

Esse estudo, de natureza interdisciplinar, requer a utilização de diversos métodos de investigação para clarificar diferentes aspectos da questão.

A análise da pegada ecológica surgiu como um instrumento adicional de avaliação ambiental integrada, e dada a sua adequação à situação em estudo, é utilizada neste trabalho. Permitiu estabelecer, de forma quantitativa, um diagnóstico dos resultados das atividades humanas desenvolvidas neste socioecossistema e os custos em termos de apropriações de áreas naturais, para a manutenção do seu terametabolismo.

BASES CONCEITUAIS

A Terra tem uma superfície de 51 bilhões de hectares, dos quais 13,1 formam o ecúmeno (terras não cobertas por gelo ou água). Desse total, apenas 8,9 bilhões de hectares são terras ecologicamente produtivas. Dos 4,2 bilhões de hectares restantes, 1,5 bilhão são desertos e 1,2 bilhão semiárido. Os outros 1,5 bilhão de hectares são ocupados por pastagens não utilizadas e 0,2 bilhão ocupados por áreas construídas e estradas.

Aparentemente, os humanos poderiam dispor de 8,9 bilhões de hectares para desenvolver suas atividades, mas desse total subtraem-se 1,5 bilhão das áreas sob proteção ambiental, destinadas à preservação, engajadas em promover uma variedade de serviços de suporte à vida (reserva de biodiversidade, regulação do clima, estocagem de carbono e outros). Portanto, restam somente 7,4 bilhões de hectares de terras ecologicamente produtivas disponíveis para o uso humano (observar que aqui não se consideram os requerimentos para outras espécies).

Essas terras ecoprodutivas disponíveis por habitante do globo vêm diminuindo de forma abrupta desde o século passado, e mais intensamente nas últimas décadas (Tabela 23). Atualmente cada habitante da Terra dispõe apenas de **1,5 ha** (15.000 m² ou uma área de 100 m × 150 m), dos quais apenas 0,24 ha são aráveis.

Tabela 23 – *Involução da disponibilidade de terras ecoprodutivas* per capita.

	Ano		
	1900	**1950**	**1995**
Terras ecoprodutivas disponíveis *per capita* **(mundo) (ha)**	5,6	3,0	1,5
Terras apropriadas *per capita** **(ha)**	1	2	3-5

* Países ricos.

Fonte: Adaptado de Wackernagel e Rees, 1996, p. 14.

A humanidade está enfrentando um desafio sem precedentes: concorda-se que os ecossistemas da Terra não podem sustentar os níveis atuais das atividades econômicas e o consumo de materiais. Mas as atividades econômicas globais estão crescendo 4% ao ano (medidas em

Produto Global Bruto = *Gross World Product*; cresceu de 3,8 trilhões de dólares em 1950 para 19,3 trilhões de dólares em 1993. Isso quer dizer que a cada 18 anos o PGB dobra (Worldwatch Institute, 1994). A população mundial, que era de 2,5 bilhões em 1950, atinge 6,2 bilhões na virada do milênio, e o consumo *per capita* de energia supera esse crescimento (cada habitante humano da terra tem, em 2000, apenas 1,1 ha de terras ecoprodutivas). Tudo leva a uma rota de colisão.

Essa corrida pelo consumo não se deu sem produzir desigualdades profundas. Enquanto 20% da população mundial goza de bem-estar material sem precedentes, consumindo até 60 vezes mais do que os 20% mais pobres, amplia-se o fosso entre ricos e pobres e instala-se a insustentabilidade social, política, econômica e ecológica. Em 2001, os 10% de ricos da Terra consomem 70% dos seus recursos.

O corolário dessa crise encontra-se nas cidades, onde as pessoas facilmente esquecem os elos com a natureza. Os alimentos são comprados em supermercados – que estão sempre abastecidos –, consumidos e os seus resíduos são despejados nas lixeiras que funcionam como "sumidouros mágicos" dos seus detritos. Os dejetos "somem" nos vasos sanitários levados por água quase sempre disponível e abundante. Os metabólitos do megaconsumo humano são convenientemente escondidos dos olhos das suas populações, à exceção daqueles miseráveis que vivem dessas sobras, autênticos detritívoros humanos.

Uma vez que a maioria dos humanos agora vive em cidades, e consome produtos importados de diferentes e longínquos ecossistemas, tendem a perceber a natureza meramente como uma coleção de comodidades ou lugar para recreação, mais do que a fonte verdadeira da sua vida.

A despeito dos esforços envidados para tornar os cidadãos do mundo mais sensibilizados para as questões ambientais, os diversos indicadores de qualidade ambiental permanecem convergindo para um ponto: as transformações ainda são tímidas e insuficientes para provocar uma mudança de rota e livrar a espécie humana da desadaptação. Os instrumentos então produzidos para promover tais mudanças, como a Educação Ambiental, a Legislação Ambiental, a Avaliação de Impacto Ambiental e o Licenciamento Ambiental, as Unidades de Conservação, as certificações e outros mecanismos de Gestão Ambiental, mostraram resultados pálidos.

A busca de novos instrumentos e o aperfeiçoamento dos atuais continuam. Dentre esses esforços, destaca-se um modelo de análise que permite estabelecer, de forma clara e simples, as relações de dependência entre o ser humano, suas atividades e os recursos naturais necessários para a sua manutenção: trata-se da Análise de Pegada Ecológica (*Ecological Footprint Analysis*), desenvolvida por Wackernagel e Rees (1996), cuja discussão vem causando uma grande turbulência na área acadêmica. A verdade é que o modelo desses autores economistas e engenheiros é contundentemente simples, objetivo e bem-fundamentado (não livre de controvérsias, obviamente).

Mas o que é mesmo a *análise da pegada ecológica*? Trata-se de um instrumento que permite estimar os requerimentos de recursos naturais necessários para sustentar uma dada população, ou seja, quanto de área produtiva natural é necessário para sustentar o consumo de recursos e a assimilação de resíduos de determinada população humana.

As cidades como exemplo

Os autores utilizam a cidade para exemplificar o seu modelo. Tomam, como ponto de partida, a seguinte reflexão:

Imagine uma cidade envolta em um hemisfério de vidro ou plástico, uma espécie de bolha, que permite a entrada da radiação solar, mas impede a entrada ou saída de qualquer material (como o projeto Biosfera II, no Arizona, Estados Unidos).

A saúde e a integridade desse sistema humano, assim contido, dependeria inteiramente do que tivesse sido "capturado" no hemisfério inicialmente. É óbvio que tal cidade teria as suas funções interrompidas em pouco tempo e os seus habitantes estariam em perigo. A população e a economia contidas na bolha teriam desconectadas as suas ligações com os seus recursos vitais, levando-os à fome e à sufocação ao mesmo tempo. Em outras palavras, o ecossistema contido na bolha imaginária, uma espécie de terrário, teria capacidade de suporte insuficiente para atender à carga ecológica imposta pela população ali contida.

Agora, para completar a analogia, imagine que ao redor desse hemisfério exista uma paisagem composta por pastagens, campos agrícolas, florestas e demais constituintes de terras ecologicamente produtivas, representadas em proporção à sua abundância na Terra, além de combustíveis fósseis suficientes para manter os níveis correntes de consumo com a atual tecnologia. A partir desse ponto, imagine que essa bolha seja elástica e possa se expandir. A questão que se configura é a seguinte: que tamanho o hemisfério deve ter, de modo que os recursos nele existentes sejam suficientes para sustentar indefinida e exclusivamente a população ali contida? Em outras palavras, qual seria o total de área de ecossistemas terrestres necessário para manter continuamente todas as atividades sociais e econômicas da população?

Deve-se levar em conta que tais áreas são necessárias para produzir recursos, para assimilar resíduos e para desempenhar diversas funções de suporte da vida, muitas delas ainda desconhecidas. Considere-se também que, por questão de simplificação do modelo, não se incluem as áreas necessárias para a manutenção de outras espécies.

Dessa forma, é possível calcular quanto de área produtiva e água é necessário para manter uma dada população. Por definição, a área total de ecossistemas essencial para a existência contínua de uma cidade é sua *pegada ecológica* sobre a Terra.

As estimativas dos autores sugerem que as áreas das cidades atuais estão com ordens de magnitudes maiores do que as áreas fisicamente ocupadas por elas, porquanto sobrevivem de recursos e serviços apropriados dos fluxos naturais ou adquiridos por meio do comércio de todas as partes do mundo. Portanto, a pegada ecológica também representa a apropriação da capacidade de suporte da população total.

Logo, a pegada ecológica demonstra a dependência contínua da humanidade aos recursos da natureza, ao revelar quanto de área da Terra é necessário para manter uma certa população, com um certo estilo de vida, indefinidamente.

A atual pegada ecológica de um cidadão norte-americano típico é de 4-5 ha, e representa cerca de 3 vezes mais a área que lhe cabe na divisão global. Na verdade, se todos os habitantes da Terra vivessem como a média dos norte-americanos, seriam necessários mais três planetas para sustentar a vida humana.

Se a população mundial continuar a crescer e chegar aos 10 bilhões de habitantes em 2040, como previsto, cada ser humano terá apenas 0,9 ha de terra ecoprodutiva (assumindo que não haja mais degradação do solo). Viver sob tais condições pode significar a absoluta inviabilidade ou desmonte da forma atual de organização e estrutura da sociedade humana.

Um mundo sobre o qual cada um impõe a sua pegada ecológica não é sustentável se os seus limites físicos, químicos e biológicos são ultrapassados. A pegada ecológica da humanidade como um todo deve ser menor do que a porção da superfície do planeta ecologicamente produtiva.

A noção de que o atual estilo de vida dos países industrializados não pode ser estendido a todos os humanos da Terra, de modo seguro, incomoda muitas pessoas. Entretanto, ignorar essa impossibilidade e promover cegamente o "desenvolvimento" nos moldes vigentes significa instalar a ecocatástrofe e o caos geopolítico. Os autores (op. cit.) asseguram que somente uma pegada ecológica menor poderá prover alguma resiliência ecológica para se enfrentar as alterações ambientais globais.

A economia tradicional vê a Terra como uma área expansível em todas as direções, sem impedimentos sérios para o crescimento econômico. Em contraste, a economia ecológica reconhece o mundo como uma esfera finita (todos os recursos vêm da Terra e retornam a ela na forma degradada). O único recurso externo é a radiação solar, que proporciona energia aos ciclos materiais e às teias da vida. A atividade econômica, portanto, é condicionada à capacidade regenerativa da ecosfera.

Esses princípios estão sendo ignorados, e como consequência disso muitas pessoas dos países ricos já vivem à custa da redução da área disponível global de outras e do declínio ecológico global.

Para exemplificar, considere-se o caso da Grã-Bretanha, tomando-se como parâmetro apenas o consumo de madeira. Para sustentar a sua demanda são necessários 6,4 milhões de hectares de áreas florestadas espalhadas pelo mundo, fornecendo produtos constantemente. Adicione-se o desflorestamento de 67.000 ha por ano para provimento dessa madeira (75% vindos de países em desenvolvimento). Para sustentar esse consumo a Grã-Bretanha explora uma área três vezes superior à sua própria área florestal. Ou seja, em algum lugar do planeta alguém vai ter a sua área de florestas reduzida para atender aos britânicos.

Essa situação é generalizada (ver Tabela 24). Dados de Wackernagel e Rees (op. cit.) demonstram que o Japão tem uma pegada ecológica oito vezes maior que o seu próprio território; a Alemanha e a Holanda 15 vezes, e algumas megacidades, como Londres, 120 vezes.

Essa relação de parasitismo entre as economias "avançadas" e o "resto" do mundo revelada pela análise da pegada ecológica é uma consequência previsível da Lei da Entropia, ou seja, além de um certo ponto o crescimento contínuo de uma economia só pode ser atingido à custa do aumento da desordem (entropia) da ecosfera, manifestada pelo aumento da degradação ambiental generalizada (Schneider e Kay, 1992).

Tabela 24 – *Pegada ecológica e déficit ecológico de alguns países.*

Países com pegada ecológica = 2-3 ha	Déficit ecológico nacional
Japão	730%
Coreia	950%
Países com pegada ecológica = 3-4 ha	
Áustria	250%
Bélgica	1.400%
Grã-Bretanha	760%
Dinamarca	380%
França	280%
Alemanha	780%
Holanda	1.900%
Suíça	580%
Austrália	+(760%)*
Países com pegada ecológica = 4-5 ha	
Canadá	+(250%)*
Estados Unidos	80%

* Canadá e Austrália estão entre as poucas nações desenvolvidas cujo consumo pode ser mantido por suas próprias áreas (não há déficit ecológico).

Fonte: Adaptado de Wackernagel e Rees, 1996, p. 97.

Depreende-se que esses países (à exceção do Canadá e da Austrália) apropriam-se das áreas de outros países para satisfazer as suas demandas de consumo e, com isso, aumentam ainda mais as suas pegadas ecológicas.

Curiosamente, essas nações e outras industrializadas são comumente consideradas exemplo de sucesso econômico. Suas balanças comerciais, sempre medidas em termos monetários (o capital natural não é considerado), são positivas e as suas populações, as mais prósperas da Terra. No entanto, a análise das suas pegadas ecológicas demonstra que tais nações estão impondo massivos déficits ecológicos ao resto do mundo, colocando em evidência as iniquidades sociais e a insustentabilidade da produção. Esses exemplos ilustram que o "sucesso" econômico pode ser enganoso e certamente nem sempre compatível com a integridade ecológica.

O resultado dessas relações é que os 1,1 bilhão de habitantes ricos da Terra consomem três quartos dos recursos naturais, enquanto os 4,8 bilhões restantes (80% da população) sobrevivem com um quarto apenas.

A pegada ecológica desses 1,1 bilhão de pessoas dos países ricos, considerando apenas o seu consumo de madeira, alimentos e combustíveis fósseis, já excede a capacidade de suporte global em 30%. Daí decorre que a análise da pegada ecológica esclarece a dimensão ética do dilema da sustentabilidade e impõe uma falta de confiança na estratégia do crescimento como a solução para a pobreza.

A questão torna-se então a seguinte: a família humana tem o moral e a vontade política de negociar um contrato social global para tornar mais equitativo o acesso aos bens e serviços ecológicos a todas as pessoas do mundo?

Se a mensagem da análise da pegada ecológica for verdadeira, então o *desenvolvimento sustentável* será mais do que uma reforma, irá requerer a transformação da sociedade. Para aqueles que acham que essa visão é economicamente impraticável e politicamente irreal, Wackernagel e Rees (op. cit.) adiantam que a continuação dessa visão causará destruição ecológica e rupturas morais (já em curso).

Acrescentam que o que determina a realidade de uma política são as circunstâncias e, com o declínio ecológico global, as circunstâncias relevantes mudaram. O presente desafio, então, é aumentar o grau de sensibilização global sobre essa realidade a um ponto em que o consenso político possa produzir as iniciativas políticas necessárias.

Outra alternativa é permanecer no curso atual até que o declínio ecológico sofra uma aceleração a tal ponto que remova qualquer dúvida de que se enfrenta uma crise global (mas então seria tarde demais para se organizarem medidas efetivas e coordenadas globalmente). Felizmente o cenário pode estar mudando, as pessoas estão começando a compreender a crise ecológica: sem ecosfera, sem economia, sem sociedade (sem planeta, sem lucro).

Esses conceitos não estão livres de controvérsia. Para Hardin (1991) a capacidade de suporte é a base fundamental para cálculos demográficos, porém Kirchner et al. (1985) corroboram a opinião de outros economistas e planejadores convencionais que rejeitam o conceito quando aplicado ao ser humano uma vez que, segundo afirmam, os fatores de produção são infinitamente substituíveis por outros.

Daly (1986) observa que, sob esse ponto de vista, a capacidade de suporte da Terra é infinitamente expansível (e, portanto, irrelevante). Essas afirmações são refutadas por Rees (1990) ao afirmar que, a despeito do crescimento da sofisticação tecnológica, o ser humano ainda permanece em um estádio de dependência obrigatória dos serviços dos ecossistemas, com a condição agravante de o crescente aumento da população humana e do seu consumo ocorrer num total de área produtiva e estoque do capital natural fixos ou em declínio.

Redefine a capacidade de suporte não como a população máxima que uma dada área é capaz de sustentar, mas a carga máxima que pode ser imposta ao ambiente, uma função não somente da população, mas do consumo *per capita* que ironicamente cresce mais rapidamente do que a tecnologia. Em muitos casos, essa carga ultrapassa em muitas vezes os seus limites, a exemplo da Holanda e do Japão, como já foi visto.

Toda essa pressão sobre os recursos naturais, em sua maior parte absoluta, é gerada para sustentar os megametabolismos urbanos, principalmente das cidades dos países industrializados.

As opiniões contra a pegada ecológica são variadas e geram discussões acaloradas na comunidade acadêmica. Alguns cientistas acham a análise muito pretensiosa e não aceitam que as relações entre o ser humano e a natureza sejam reduzidas a uma questão de hectares. Acrescentam que ainda não se conhece exatamente como simples organismos funcionam (de amebas a baleias), muito menos as suas interações. Ocorre que os cientistas trabalham com modelos, que são no fundo uma grande simplificação da realidade, em que não se pode provar a verdade, mas apenas o que está errado.

Wackernagel e Rees (op. cit.) defendem a sua abordagem acrescentando que a pegada ecológica, assim como os outros modelos, não representa todas as possibilidades de interações, contudo estima a área mínima necessária para prover a energia e os materiais básicos para a manutenção de uma dada economia. Outrossim, como não é possível estabelecer 100% do metabolismo de uma dada economia, a estimativa do saque humano à natureza é sempre subestimada.

Eles acreditam que a lógica predominante do comércio e da economia atuais mina a sustentabilidade. A crença de que as soluções estão na tecnologia é desacreditada pela pegada ecológica.

Contestam a crença de que, se se pretende construir uma economia global cinco a dez vezes o tamanho da atual, então será necessário aumentar a eficiência de uso dos recursos naturais de cinco a dez vezes (relatório Brundtland).

Acham essa premissa falsa, uma vez que muitas inovações tecnológicas não reduzem o consumo, apenas aceleram o uso dos recursos naturais. Citam como exemplo o aumento da produtividade na agricultura, que ocorre às expensas de mais energia, materiais e água por unidade produzida (ou seja, à custa de uma pegada ecológica maior). Outrossim, o discurso de geração de energia mais barata, por outro lado, produz um outro impasse: pode estimular mais ainda o consumo pela expansão das atividades humanas, aumentando a pressão sobre o capital natural até que se configure um novo e mais severo fator limitante, a assimilação de resíduos.

A verdade é que a economia de qualquer população local que se torne habilitada a importar capacidade de suporte tende invariavelmente a se expandir. Contudo, isso não representa um ganho líquido de capacidade de suporte, porquanto essa importação é acompanhada de uma redução da capacidade de suporte da região exportadora, e no final todos saem perdendo.

A PEGADA ECOLÓGICA DA CIDADE ESTUDADA

Como foi visto, o conceito de pegada ecológica é baseado na ideia de que para cada item de material ou energia consumido, uma certa quantidade de terra e uma ou mais categorias de ecossistema são requeridas para prover o consumo e absorver os resíduos.

Os autores do modelo da pegada ecológica sugerem que sejam considerados os principais itens de consumo, aqueles que formam a maior parte da pressão sobre os recursos naturais. Seguindo-se tais orientações, foram obtidos os resultados:

Tabela 25 – *A pegada ecológica da área do estudo.*

ITEM	PEGADA ECOLÓGICA (ha/pessoa)
População	0,010
Combustíveis fósseis	
Gasolina	0,470
GLP	0,110
Resíduos sólidos	0,090
Energia elétrica	0,380
Água	0,020
Madeira	0,017
Papel	0,040
Alimentos	
Carne bovina	0,510
Outros	0,510
	Σ_t = 2,24

O valor da pegada ecológica da região de estudo (2,24 ha/pessoa) terminou sendo menor do que a pegada ecológica do Brasil (3,1 ha/pessoa), calculada por Wackernagel et al. (1998), porém isso precisa ser interpretado à luz do déficit ecológico.

A pegada de 2,24 ha/pessoa significa que a população requer 1.654.414,7 ha (2,24 × população) de áreas naturais para suprir as suas demandas por combustível, alimentos e outros e absorver os seus detritos. Ocorre que a área local é de apenas 13.637 ha, restando um déficit de 1.640.777,7 ha, que se constitui na área que essa população se apropria fora de suas fronteiras, para atender às suas demandas.

Nesse ponto é que aparece a diferença. Enquanto o Brasil apresenta superávit ecológico (3,6 ha/pessoa), a área estudada tem déficit ecológico (-2,22 ha/pessoa). Esse déficit é determinado extraindo da pegada ecológica o valor dado pela relação hectares disponíveis/população local, ou seja, 13.637 / 738.578 = 0,02 –2,24 = –2,22).

A magnitude desses requerimentos fica mais clara quando se compara a área apropriada (1.640.777,7 ha) com a área do Distrito Federal (582.210 ha). Seriam necessários 2,8 Distritos Federais só para atender a essa apropriação.

Considerando apenas a área de estudo conclui-se que o seu metabolismo requer uma área 120 vezes maior (1.640.777,7 : 13.637 = 120). Um dado econômico que corrobora essa forte dependência de outros ecossistemas é a própria balança de negócios no Distrito Federal. Em 1998 foram apurados 4 milhões de dólares em exportações, e gastos 251 milhões de dólares em importação.

Levando-se em conta que é uma área urbana localizada fora do grande eixo tradicional de consumo (Sul-Sudeste), esse número ao mesmo tempo que surpreende preocupa. O seu déficit ecológico se iguala ao de países ricos. São indicadores substanciais da dispersão de estilos de vida mais dispendiosos e degradadores, que terminam gerando demandas de capacidade ecológica superiores às que as suas áreas naturais podem suprir, contribuindo para aumentar o déficit global.

Um sintoma dessa tendência é que a pegada ecológica da área de estudo representa 50% da pegada ecológica de países ricos como o Japão e a Itália, e os seus indicadores sinalizam para um crescimento contínuo.

De acordo com Wackernagel et al. (op. cit.), são poucos os países que se mantêm graças aos seus próprios recursos naturais e, em termos mais específicos, são raras as cidades desses países que atendem à média mundial. As maiores 29 cidades da Europa se apropriam de áreas de 565 a 1.130 vezes as suas próprias áreas (ver Tabela 26).

Tabela 26 – *Pegada ecológica, disponibilidade de área ecoprodutiva e déficit ecológico de alguns países.*

	PE (ha/p)	TED (ha/p)	DE (ha/p)
Alemanha	5,3	1,9	-3,4
Argentina	3,9	4,6	0,7
Austrália	9,0	14,0	5,0
Áustria	4,1	3,1	- 1,0
Bélgica	5,0	1,2	-3,8
Brasil	**3,1**	**6,7**	**3,6**
Canadá	7,7	9,6	1,9
Chile	2,5	3,2	0,7
China	1,2	0,8	-0,4
Colômbia	2,0	4,1	2,1
Coreia	3,4	0,5	-2,9
Dinamarca	5,9	5,2	-0,7
Espanha	3,8	2,2	-1,6
Estados Unidos	10,3	6,7	-3,6
Grécia	4,1	1,5	-2,6
Holanda	5,3	1,7	-3,6
Hong Kong	5,1	0,0	-5,1
Índia	0,8	0,5	-0,3
Israel	3,4	0,3	-3,1
Itália	4,2	1,3	-2,9
Japão	4,3	0,9	-3,4
México	2,6	1,4	-1,2
Peru	1,6	7,7	6,1
Portugal	3,8	2,9	-0,9
Reino Unido	5,2	1,7	-3,5
Suíça	5,0	1,8	-3,2
Venezuela	3,8	2,7	-1,1
Área de estudo*	**2,2**	**0,02**	**-2,2**

* Taguatinga, Ceilândia e Samambaia, Distrito Federal.

PE = pegada ecológica TED = terras ecoprodutivas disponíveis DE = déficit ecológico

Fonte: Adaptado de Wackernagel et al. (1998, p. 2-3).

A análise da pegada ecológica expõe o drama da insustentabilidade e salienta a necessidade de ajustes e redirecionamentos urgentes, nas formas de relacionamento dos seres humanos com o ambiente, no seu estilo de vida e nas múltiplas dimensões de predação dos socioecossistemas urbanos, agora hábitat da maioria dos seres humanos.

Essa situação é expressa no Gráfico 1, em que o consumo excede a capacidade de suporte (u) – e se sustenta graças à corrosão do capital natural –, num contexto em que as pressões humanas sobre o ambiente reduzem continuamente a capacidade de suporte do planeta.

Oferece como prospectiva a ecocatástrofe e a brusca redução da população humana (o que ocorre com as espécies que ultrapassam a sua capacidade de suporte), se forem mantidas as dinâmicas atuais.

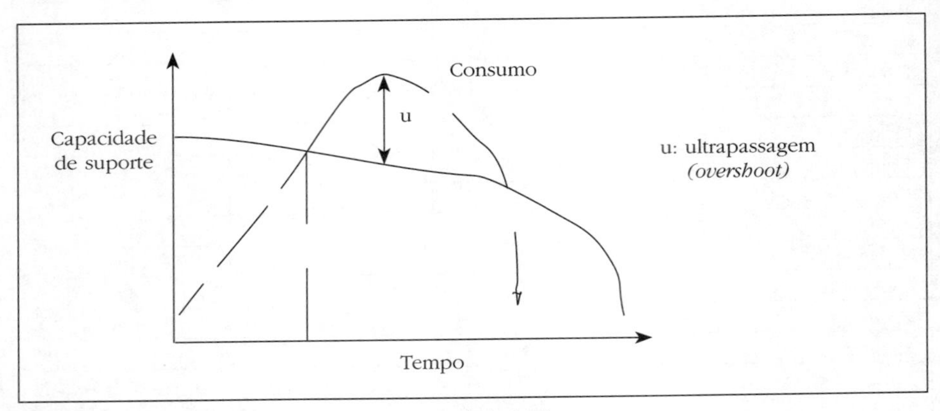

Gráfico 1 – *O dilema da insustentabilidade.*
Fonte: Adaptado de Wackernagel e Rees, 1996, p. 54.

Nos ecossistemas urbanos, esse dilema tem uma das suas representações na seguinte situação: mais pessoas, mais urbanização; mais pessoas, mais necessidade de empregos; para gerar emprego, mais empresas; logo, mais demanda sobre os recursos naturais (significa mais consumo de energia elétrica, combustível, água, alimentos, matéria-prima e mais alterações de uso do solo, desflorestamentos, gases estufa, esgotos, resíduos sólidos, calor e vários tipos de poluição). Assim, fecha-se o ciclo da insustentabilidade. **No modelo atual**, não se vislumbram saídas para esse dilema: para resolver um problema, cria-se outro ainda mais grave.

(Foto do autor, Brasília, Distrito Federal)

Para gerar emprego, mais pressão ambiental.

Resumo das características do socioecossistema urbano estudado

Esses ecossistemas, na atualidade, concentram a maior parte da população humana, com o agravante que um terço dessa população se concentra numa faixa de 100 km do litoral, constituindo ali áreas de alta vulnerabilidade aos perigos naturais e a enfermidades. Das 19 megacidades existentes (população acima de 10 milhões de habitantes), 13 estão no litoral.

As características listadas a seguir foram encontradas no socioecossistema urbano estudado e são comuns à maioria desse tipo de ecossistema, variando apenas em intensidade, em função das características do seu ecometabolismo. As cidades exercem quase o mesmo tipo de pressão em todo o globo e por isso são "pontos negros" do metabolismo planetário, impondo disfunções em sistemas ainda não adequadamente entendidos ou quantificados globalmente (como o orçamento global do carbono, por exemplo) (Moore III e Braswell Jr., 1994).

1. É global (ecosfera). Interage com todo o planeta.
2. O sol é substituído por combustível fóssil para desenvolver a maior parte das atividades.
3. O animal predominante é o ser humano (iniciador das alterações ambientais globais). Possui requerimentos culturais, além dos requerimentos biológicos. Os indivíduos e os grupos da espécie predominante são fortemente territoriais.
4. Apresenta alta produtividade social, exporta para outros ecossistemas (informação, tecnologia, serviços etc.).
5. Abriga grande diversidade de atividades por área e alta frequência de interações.
6. Entrada de matéria/energia além do necessário; é heterotrófico. Continua a crescer mesmo quando a sua capacidade de suporte já foi atingida (à custa da redução de outros ecossistemas).
7. Uso excessivo de recursos naturais por unidade de área (megametabolismo), com um prodigioso "apetite" por energia.
8. A organização espacial e o seu megametabolismo mudam com o tempo, com a cultura e com a economia.
9. É parasita dos ecossistemas circunjacentes e globais. Opera efetivamente fora de suas fronteiras.
10. Exporta a maior parte dos seus impactos negativos para os demais ecossistemas.
11. Não tem produtores suficientes em suas próprias áreas para dar suporte a sua população; seus componentes autotróficos não atendem às suas demandas.
12. O fluxo de energia é uma função do fluxo inverso de dinheiro. O dinheiro é um componente metabólico, cíclico, e opera em sentido oposto ao gasto energético.
13. Maximiza as funções econômicas (sociais e ecológicas não o são simultaneamente).
14. Um grupo restrito de indivíduos tem acesso às suas "benesses".
15. Quando em expansão, generalistas encontram mais nichos disponíveis; quando a expansão diminui, as melhores oportunidades são quase que restritas aos especialistas.
16. É mais quente do que as áreas circunjacentes (ilha de calor).
17. A sua economia é basicamente linear.
18. Tende a ocupar o mesmo nicho global, gerando situações de compe-

tição intraespecífica cada vez mais intensas; apresenta padrões de consumo de natureza ***fractal***.[19]

19. Não é um sistema homogêneo, no qual as partes funcionam de forma idêntica e previsível.
20. É um "centro de oportunidades". Os seres humanos buscam incessantemente/crescentemente esse ecossistema. Atrai migração (principalmente pessoas). Há fluxo contínuo de migração (emigração e imigração), que responde por problemas graves (altera profundamente a estrutura e a dinâmica populacional, aumenta a pressão sobre os serviços e equipamentos urbanos, exacerba a competição, gera desemprego, estresse biopsíquico e aumenta a violência).
21. Do seu megametabolismo sobram detritos que interrompem os ciclos biogeoquímicos, ou seja, interrompem a "lubrificação" dos ecossistemas.
22. A espécie dominante, por meio da tecnologia, aumenta o fotoperíodo desses ambientes e reduz as suas horas de sono, dedicando mais tempo às atividades.
23. Há uma intensa concentração de atividades que emitem radiações eletromagnéticas, tornando esses ambientes áreas imersas e entranhadas por radiações dessa natureza.
24. É gerador de ruídos. Os seus habitantes são submetidos a ruídos de fundo que predominam na maior parte do seu fotoperíodo.
25. Oferece infinitos nichos para roedores e insetos (e algumas aves, como o pardal).
26. Integra os ambientes que apresentam as maiores pegadas ecológicas no planeta.
27. A produção de alimentos e o transporte consomem a maior parte da energia que entra no ecossistema.
28. É redutor da produtividade biológica (fitomassa inclusive) e da biodiversidade.
29. É composto por inúmeros subsistemas em complexidade crescente.
30. Como a sucessão está sempre no início, é um ecossistema imaturo, de baixa resiliência, frágil e vulnerável, sujeito a rupturas e desestabilizações.

---

19 O termo e o conceito fractal foram cunhados por Mandelbrot (1975; em latim, adjetivo *fractus*, do verbo *frangere*, quebrar, fraturar; associação com os principais cognatos ingleses – *fracture* e *fraction*) e expressam estruturas autossemelhantes que se repetem em diferentes escalas (extensões infinitas dentro de espaços finitos), impossíveis de o serem por meio de medidas euclidianas. Ultimamente, têm-se desenvolvido estudos buscando discutir as formas nas quais os hábitats possam ser fractais como meio de compreensão das complexas variações do ambiente (Williamson e Lawton, 1994).

31. Abriga tecnologias no seu metabolismo que lhe permitem explorar recursos de outros ecossistemas, próximos e/ou distantes.
32. Sua organização espacial muda com o tempo em função de suas dinâmicas culturais, sociais, ecológicas e políticas.
33. Os ecossistemas circunjacentes são obrigados a suprir suas demandas e receber seus detritos.
34. Impõe alterações no albedo, causadas principalmente pela pavimentação das vias e por vários materiais de construção, notadamente os telhados.
35. Apresenta baixa produtividade biológica, sendo grande importador de matéria/energia. Sua produção orgânica não sustenta sua demanda; opera uma demanda ecológica que sua área não é capaz de oferecer, contribuindo para o déficit global.
36. Ocorre grande convergência e acúmulo de matéria e energia. Em suas atividades de transformação há um crescente acúmulo de carbono.
37. Na maioria, o transporte consome a maior parte da energia metabolizada.
38. Proporciona pouco senso de íntima conexão com a natureza (poucos reconhecem os serviços prestados pelos ecossistemas).
39. Facilita a aquisição de requerimentos culturais.
40. Emite partículas tóxicas, liberadas do seu metabolismo, para outros ecossistemas distantes.
41. Manifesta-se mediante desaparecimento de outros ecossistemas, notadamente florestas e terras agrícolas.
42. Quanto maiores são, menos resilientes se tornam.
43. Como consumidores compulsivos, todos os seus habitantes humanos são cúmplices da destruição ambiental que impõem.

ESTIMATIVA E COMPARAÇÃO DAS INTENSIDADES DE CONTRIBUIÇÕES ÀS ALTERAÇÕES AMBIENTAIS GERAIS EM DIFERENTES TIPOS DE ECOSSISTEMAS

Segundo Odum (1993), os ecossistemas podem ser assim classificados:

A. Ecossistemas naturais, que dependem da energia solar, sem outros subsídios (oceanos, florestas = módulo básico de sustentação da vida na Terra). Fluxo energético anual: 1.000-10.000 kcal/m^2.

B. Ecossistemas que dependem da energia solar, com subsídios naturais, (manguezais, florestas úmidas (= A, mas produzem excedente de matéria orgânica que pode ser armazenado ou exportado). Fluxo energético anual: 10.000-40.000 kcal/m².

C. Ecossistemas que dependem de energia solar, com subsídios antropogênicos (agricultura, aquacultura). Fluxo energético = B.

D. Socioecossistemas urbano-industriais, movidos a combustível (cidades, bairros, zonas industriais). São ecossistemas geradores de poluição e calor, e de benesses, nos quais o combustível fóssil substitui o Sol como a principal fonte de energia. São dependentes e parasitas de A, B e C, para a sua manutenção. Fluxo energético anual: 100.000-3.000.000 kcal/m².

Procedeu-se à elaboração de uma matriz comparativa, considerando essa classificação e os resultados obtidos para o socioecossistema urbano estudado, ou seja, o D do Quadro 3, do qual depreende-se que os socioecossistemas urbanos impõem a contribuição majoritária às alterações ambientais globais.

Associe-se outro elemento de análise que corrobora tal assertiva, formalizada por Odum (1985), ao estabelecer em termos energéticos, de ciclagem de nutrientes e de estrutura de comunidade, um grupo de tendências esperadas, em ecossistemas estressados.

Das 18 tendências apresentadas (Rede de informações e estabilidade ecossistêmica, página 52), o socioecossistema estudado apresentou **10**, constituindo-se, portanto, em um socioecossistema estressado.

As tendências apresentadas foram:

a. O aumento da respiração da comunidade (aumentou a população, aumentou a demanda por oxigênio nos diversos processos do metabolismo urbano).

b. A relação produção/respiração se tornou desbalanceada, ou seja, < ou > 1 (a produtividade foi reduzida pela destruição de áreas naturais, como mata ciliar, cerrados e campos).

c. A importância de energia auxiliar exógena aumentou (eletricidade, combustíveis fósseis).

d. A circulação de nutrientes aumentou (alimentos).

e. Aumentou o transporte horizontal e diminui a ciclagem vertical de nutrientes (intensificação do metabolismo por unidade de área, crescimento da produção de resíduos sólidos, acumulação de carbono).

Quadro 3 – *Comparação das intensidades de contribuição às alterações ambientais globais geradas por diferentes tipos de ecossistemas.*

VARIAÇÕES AMBIENTAIS GLOBAIS	TIPOS DE ECOSSISTEMAS			
	A	**B**	**C**	**D**
Alterações climáticas (S)	2	1	2	3
Desflorestamento (C)	2	1	2	3
Perda da biodiversidade (C)				
Genética (material para a evolução)	3	3	3	3
Espécie	2	2	2	3
Ecossistemas	2	1	2	3
Efeito estufa (emissões) (S)				
Gás carbônico	1	1	2	3
Óxido nitroso	0	0	1	3
Metano	0	0	1	3
CFCS	0	1	2	2
Erosão da diversidade cultural (C)	2	1	1	3
Mudanças no uso/cobertura do solo (C)	2	1	3	3
Erosão do solo (C)	2	1	3	2
Alteração na produtividade da terra (C)	3	2	2	3
Poluição das águas (C)				
Dos oceanos	0	0	2	3
Dos rios	0	0	2	3
Dos lagos	0	0	2	3
Do manancial subterrâneo	0	0	2	3
Poluição do solo (C)				
Deposição de resíduos	0	0	1	3
Uso de biocidas	0	0	3	1
Poluição estética, visual (C)	0	0	0	3
Poluição sonora (C)	0	0	1	3
Poluição do ar (C)				
Indústrias	1	1	1	3
Veículos	0	0	1	3
Poeira	1	0	2	3
Queimadas	3	1	3	2
Redução da camada de ozônio (S)	0	0	1	3
Perda de fitomassa	3	1	3	3
Crescimento populacional	1	1	1	3
X – desconhecida, mas em curso (S/C?)	?	?	?	?
	30	**19**	**51**	**79**

Contribuição às ΔAG	
3 pontos	Grande
2 pontos	Média
1 ponto	Pequena
0 ponto	Não significativa

f. Decresceu a variedade de espécies (redução das áreas naturais e destruição de hábitats).
g. O ecossistema se torna mais aberto, ou seja, as entradas de materiais se tornam mais importantes do que a própria ciclagem interna (grande entrada de insumos como carne, madeira, cimento, energia elétrica e outros).
h. Decréscimo da eficiência no uso de recursos (desperdício verificado no consumo de água, eletricidade e alimentos).
i. Aumento das interações negativas, como o parasitismo (a pegada ecológica das cidades estudadas requer a apropriação de áreas naturais 120 vezes superior à sua própria área, estabelecendo relações de parasitismo).

O inquietante é que essa via de existência dos socioecossistemas urbanos tem tendências à natureza fractal, ou seja, é formada por estruturas que se repetem igualmente, em subsistemas ou em socioecossistemas menores espalhados pelo planeta, como os padrões de consumo e crescimento.

Só no Brasil, por exemplo, de acordo com o IBGE (1996, 2000), em apenas cinco anos foram criados mais 481 novos municípios, passando dos 4.493, em 1991, para 4.974 em 1996. Em 2000, já eram 5.560 municípios e todos em expansão (reproduzindo, naturalmente, aqueles padrões). Desses, 1.584 gastam mais dinheiro com a manutenção da Câmara de Vereadores do que arrecadam com impostos.

Se essas tendências continuarem, o ganho que se tem em planejamento urbano, gestão ambiental urbana, reciclagem, reutilização, preciclagem, gerenciamento ambiental integrado (ISO 9.000, 14.000 e 18.000) e outras certificações como EMAS (Environmental Management Avaliation System) e Selo Verde, manejo de bacias hidrogeográficas, manejo biorregional (busca proteger e recuperar a sustentabilidade de um espaço geográfico que abriga integralmente um ou mais ecossistemas; Miller, 1997) e outros esforços como o CCP (Cities for Climate Protection), um programa de cooperação internacional que ajuda os governos locais a reduzir as emissões de GE nas suas comunidades, por meio do aumento da eficiência energética, racionalização dos transportes, manejo dos resíduos sólidos e estratégias de uso do solo, que já conta com a adesão de 178 cidades em todo o mundo) e instrumentos de gestão ambiental como unidades de conservação, zoneamento, legislação, licenciamento e educação ambiental será devorado pelo consumismo e pelas pressões cada vez maiores do crescimento populacional. Aí a sociedade humana poderá precisar de instrumentos dos quais talvez ainda não disponha.

Um outro lado dessa questão é que na natureza a fantasia laplaciana da previsibilidade determinista ou a promessa newtoniana do mecanicismo estável do universo não funcionam. A previsibilidade em uma câmara de Wilson, em que duas partículas colidem ao final de uma corrida acelerada, em um cíclotron, é uma; a previsibilidade no clima da Terra ou em um socioecossistema urbano é outra totalmente diferente. Aqui, a parte não previsível é muito grande.

A natureza não é linear e, segundo Hayden (1994), os seus processos parecem ser caóticos.

O físico chinês Hao Bai-Lin refere-se ao caos como uma ordem sem periodicidade (o curioso é que a visão dos nativos americanos, sobre a natureza, baseia-se na percepção de que as forças naturais são poderosas, por causa da sua habilidade de mudar (Kidwell, 1997).

Nesse ponto, aparece inexoravelmente a Segunda Lei da Termodinâmica, uma espécie de má notícia científica: tudo tende para a desordem. A entropia tem de aumentar sempre, no universo e em qualquer sistema hipotético isolado dentro dele.

Parece uma regra sem exceção, apesar de ter vida própria por meio de metáforas inadequadas em outras áreas, assumindo a culpa pela desintegração da sociedade, pelos colapsos econômicos e outras mazelas. Contudo, segundo Gleick (1990, p. 296), essa lei falha como medida do variável grau de forma e ausência de forma na criação dos aminoácidos, de microorganismos, de plantas e animais que se autorreproduzem, de sistemas de informação complexos, como o cérebro.

Na verdade, a natureza forma padrões. Alguns são ordenados, no espaço, mas não o são no tempo; outros são o contrário. Alguns padrões são fractais, evidenciando estruturas autossemelhantes, em escala; outros dão origem a regimes estacionários ou oscilantes.

Nas décadas de 50 e 60, Robert MacArthur elaborou uma concepção de natureza que deu uma firme base à ideia de *equilíbrio natural*. Seus modelos supunham que as populações se manteriam próximas dele e implicavam o uso eficiente dos recursos alimentares e o mínimo de desperdício. Duas décadas depois o seu aluno William M. Schaffer reconheceu que a ecologia baseada num senso de equilíbrio parece condenada a falhar.

Os modelos tradicionais são traídos pelas suas tendências lineares, pois a natureza é mais complexa. Acredita que o caos pode solapar os pressupostos mais duradouros da ecologia, com o uso dos chamados atratores estranhos com dimensões fractais (a exemplo do estudo epidemiológico de doenças infantis como o sarampo e a catapora).

Conclusões

À medida que a cidade vai crescendo e se tornando mais complexa, vai desenvolvendo dentro da sua complexidade elementos de indicação da sua viabilidade e adequação à vida. Neste estudo as tendências identificadas são todas indutoras de alterações ambientais globais, e é por meio da expansão dos socioecossistemas urbanos que essas estruturas e processos vão sendo reproduzidos globalmente.

A forma como as cidades funcionam demonstra a crise de percepção do ser humano.

O socioecossistema urbano estudado preencheu 10 dos 18 requisitos para ecossistemas estressados (Rede de informações e estabilidade ecossistêmica, p. 52, e Resumo das características do ecossistema urbano estudado, p. 195), e justifica a preocupação de que esse tipo de metabolismo seja fractal.

Para sustentar o metabolismo urbano de Taguatinga, Ceilândia e Samambaia, em apenas quatro anos aumentou-se em 72% a área degradada da sua região, a mancha urbana corroeu 351 hectares de áreas naturais, destruiu 370 hectares de cerrado e 530 hectares de mata ciliar, perderam-se 106 mil toneladas de fitomassa, arrasando milhares de hábitats, expulsando ou eliminando milhares de pequenos seres da fauna local.

A sua população cresceu 2,6% ao ano, acrescentando 20 mil novas bocas anualmente; o seu entorno cresceu a surpreendentes 5,7%, acrescentando 100 mil bocas em apenas três anos. Para alimentar tal contingente, abateram-se 90 mil bois por ano, que ocuparam 360 mil hectares de terras ecoprodutivas e utilizaram 82 milhões de m^3 de água. Só para preparar os seus alimentos a população consumiu 1,6 milhão de botijões de gás liquefeito, que jogaram na atmosfera 146 mil toneladas de gás carbônico. O seu frenético consumismo gerou 1,4 bilhão de toneladas de lixo que além de poluir o solo e as águas, jogaram para a atmosfera 62 mil toneladas adicionais de gás carbônico e outro tanto de metano.

Para sustentar a sua parafernália doméstica, comercial e industrial, foram consumidos 738 mil MW/h, que produziram 502 mil toneladas equivalentes de CO_2. Foram consumidos ainda 55 milhões de m^3 de água, que produziram um igual volume de águas de esgoto.

Para alimentar a sua frota de 294 mil veículos (que não para de crescer), seu metabolismo libera anualmente para a atmosfera 705 mil toneladas de gases tóxicos e causadores de efeito estufa, produzidos pela queima de 242 milhões de litros de combustível fóssil utilizados.

Seu metabolismo total despeja 1.415.000 t CO_2/ano na atmosfera terrestre, o que dá 1,91 t CO_2/pessoa/ano, superior à média mundial de 1,17 t CO_2/pessoa/ano (Tabelas 3 e 4, pp. 62 e 63).

Cerca de 13 mil hectares de florestas nativas da região amazônica são destruídos anualmente só para sustentar o seu consumo anual de 29 mil m^3 de madeira e mais 22 mil hectares de áreas naturais são ocupados, somente para atender ao seu consumo anual de 28 mil toneladas de papel.

Adicionem-se ainda as emissões de gases estufa emanadas de inúmeras fontes pontuais produzidas por aparelhos de ar-condicionado, *sprays*, volatilização de produtos químicos como vernizes e tintas, produtos de limpeza, cosméticos e medicamentos, produtos petroquímicos e outros. Considere-se ainda a dispersão global de contaminantes atmosféricos e a acumulação de carbono como formas de interferências globais.

Sua pegada ecológica de 2,24 ha/pessoa/ano anuncia que, para atender à demanda do seu metabolismo (consumo e assimilação de resíduos), esse socioecossistema requer 1,6 milhão de hectares de áreas naturais ecoprodutivas, enquanto dispõe apenas de 13 mil hectares, ou seja, seu metabolismo exige uma área 120 vezes maior do que seus próprios domínios, contribuindo assim para o déficit ecológico global.

Entendendo que todos os cálculos e estimativas apresentados são uma aproximação da realidade, e que são subavaliados em função da complexidade do ecometabolismo urbano, onde é quase impossível considerar todos os seus subsistemas, e reunindo as observações da p. 53 (tendências esperadas em ecossistemas estressados), p. 195 (características do socioecossistema urbano estudado) e p. 198 (matriz comparativa das contribuições às alterações ambientais produzidas por diferentes tipos de ecossistemas), conclui-se que o socioecossistema urbano estudado, apesar de estar configurado em um país com problemas de desenvolvimento, apresenta em seu metabolismo contribuições para as alterações ambientais globais, tendendo a padrões de países mais industrializados. Tais contribuições ocorrem quer agindo diretamente, quando emite gases estufa para a atmosfera, quer indiretamente, quando produz alterações no uso/cobertura do solo e se apropria de áreas produtivas além de suas fronteiras para atender ao seu megametabolismo.

Este estudo de complexidade multidimensional expressa também a insuficiência dos modelos lineares tradicionais de pesquisa, que apenas arranham a superfície das suas realidades sistêmicas. Espera-se que o presente estudo estimule a produção de outros nesta área.

Posfácio

Reflexões sobre prospectivas

Nós, humanos, não somos bons de previsão. Quase todas as previsões de futurólogos e cientistas sobre como estaríamos no ano 2000 falharam. Tanto as terrivelmente pessimistas quanto as maravilhosamente otimistas. Aqueles carros voadores ainda não existem em nossas cidades (na hora do *rush*, nas grandes cidades, os carros trafegam a 6 km/h, velocidade das carruagens no século XIX).

As previsões foram mais pontuais, e muitas delas, hoje, se tornaram bisonhas: "O mercado mundial só terá lugar para cinco computadores" (Thomas Watson, fundador da IBM, 1943). Em 1949 a revista *Popular Mechanics* previa: "os computadores no futuro poderão ter apenas 1.000 válvulas e talvez pesarão apenas 1,5 tonelada"; "Haverá mais humanos vivendo no espaço do que na Terra" (Gerard K. O'Neill, professor de Física da Universidade de Princeton, autor do livro *Colônias humanas no espaço*, 1980); "A guerra nuclear entre os Estados Unidos e a União Soviética provocará entre 100 e 200 milhões de mortes" (Edmund Berkeley, engenheiro de computação da Universidade de Harvard, 1981); "Parte da humanidade viverá em cidades subterrâneas" (Andrei Sakharov, físico nuclear russo, 1974); "Tudo o que podia ser inventado já foi inventado" (Charles H. Duell, gerente do Escritório de Patentes dos Estados Unidos, 1899); "Não existe nenhuma razão que justifique uma pessoa ter um computador em casa" (Ken Olson, fundador da DEC, maior rival da IBM, 1977) e, finalmente, a pérola: "A floresta amazônica desaparecerá por volta do ano 2000" (Robert Veil e Bem Bova, 1982).

Curiosamente ninguém previu a crise ambiental, a deterioração da qualidade de vida por causa da nossa irracionalidade consumista.

Peter Schwartz, em seu livro *A arte da previsão,* acentua que o maior erro dos futuristas foi imaginar o mundo como um todo indivisível. Na verdade, temos hoje parcelas da humanidade na África que vivem na Idade Média e verdadeiras colônias futuristas na Califórnia e em São Paulo.

Ocorre que, ao se tratar de temas ambientais, as previsões ganham graus adicionais de incertezas: a natureza não é linear, não é previsível nem pode ser configurada ainda com a iniciante ferramenta científica de que dispomos. É como se a um nativo ianomâmi fosse dada a tarefa de elaborar um *software*. Se a isso adicionassem as variáveis sociais humanas, então naquele *software* dos ianomâmis as ideias de Einstein seriam o seu marco elementar, introdutório.

Na verdade, ainda temos um quadro incompleto do experimento global no qual todos estamos envolvidos. O nosso conhecimento científico está em formação embrionária, sob as bases dos nossos parcos 40 mil anos de organização como espécie animal-cultural na Terra.

Qual é mesmo o maior ser vivo que conhecemos? Dinossauros? Baleias? Elefantes? Não. Nenhum desses. O maior ser vivo conhecido até agora é um fungo. Pesquisadores do Departamento de Agricultura dos Estados Unidos descobriram um fungo gigantesco (*Armillaria ostoyae*) a um metro da superfície da Floresta Nacional de Malheu, Oregon, ocupando uma área de 890 hectares (equivalente a 47 estádios do Maracanã). Esse fungo, uma enorme rede de filamentos enraizados, explora o ambiente e cresce indefinidamente (Barbosa, 2000).

Queremos dizer com isso que ainda não conhecemos muito bem o ambiente em que vivemos. As pessoas convivem com um fungo do tamanho de 47 estádios do Maracanã, bem abaixo dos seus pés, e não o percebem. Somente em 1999 percebemos a existência desse megafungo. Que belo exemplo da nossa falta de acuidade perceptiva. Imaginem quantos processos estão acontecendo neste exato momento, sem que possamos perceber.

Na verdade, a forma como a maior parte da humanidade está sendo "educada" deixa as pessoas não perceptivas, desligadas, desconectadas, sem profundidade, simplórias, sem sabedoria, com muitos conhecimentos, sem maturidade, apenas muita malícia, sem capacidade de compreensão, tolerância e cooperação, egoístas e solitárias, perdidas na sua falta de totalidade, imersas em um mundo de consumo no qual as compras significam satisfação garantida, a alimentação significa diversão, a apatia pelos semelhantes, uma norma e a falta de ética, um princípio (Rushwort Kidder, jornalista e educador, considera que estamos vivendo um profundo colapso moral e não sobreviveremos neste milênio com a ética do século passado).

Assim, é de esperar que as pessoas não percebam as suas profundas relações com o ambiente. Resta-lhes um invólucro biológico, último testemunho da sua origem natural. Não se percebe o caráter dualístico do ser humano: somos ao mesmo tempo um todo e parte de outro todo maior.

Precisamos muito mais do que simplesmente um novo tipo de educação. Precisamos de um novo estilo de vida, baseado em novos valores, que resgate a nossa dualidade. Precisamos substituir o velho paradigma do pensamento racional pelo novo paradigma intuitivo, a análise pela síntese, o reducionismo pelo holismo, o linear pelo não linear. Precisamos substituir os valores do velho paradigma de expansão por conservação, competição por cooperação, quantidade por qualidade e dominação por associação (o ataque ao World Trade Center é emblemático).

Precisamos da educação transformadora preconizada por Paulo Freire, sair dos programas estabelecidos pelos países ricos, ainda estacionados na maioria das instituições educacionais, formando cidadãos conformados com a sua realidade social, econômica e ambiental, transformados em consumidores úteis e autorreplicadores de um estilo falido. George Bernard Shaw, dramaturgo irlandês (1856-1950), Prêmio Nobel de Literatura em 1925, do alto da sua acidez, dizia que os homens [*sic*] nascem ignorantes, mas são necessários anos de escolaridade para torná-los estúpidos.

Estamos testemunhando um momento decisivo da evolução humana, repleto de incertezas, contradições, interesses e busca de instrumentos teóricos, metodológicos e novas bases epistemológicas, que nos conduzam à compreensão dos complexos, polifacetados e multidimensionais processos que asseguram a vida na Terra. Mas quem nos garante que esse momento é especial? Ou sempre foi assim? Afinal, cada geração quer tornar a sua passagem a mais importante, decisiva.

Mas, neste momento, algumas coisas parecem óbvias:

1. Criamos uma sociedade que ninguém queria.
2. Precisamos tornar a humanidade menos injusta. Os desafios para a criação de modelos sustentáveis de vida humana, mais equânimes na justiça e nas benesses, não poderão ser vencidos por pessoas pensando e agindo em separado, isoladas no seu mundo acadêmico, imersas e embargadas pela rotina. O exercício interdisciplinar, evoluindo para a transdisciplinaridade, longe de uma utopia, torna-se uma grande meta, uma exigência natural para a viabilidade da espécie humana, se ela quiser continuar a sua escalada evolucionária e livrar-se desse estilo de vida autoflagelador, autofágico.

3. Não formam uma boa combinação para a sustentabilidade: o desrespeito permanente à dignidade humana, aceita-se a situação atual como algo inapelável, promove-se a banalização do inaceitável: acostumou-se, age-se como se não houvesse nada a fazer e cada um cuida da sua vida sem pensar mais no assunto; o consumismo, a competição e o enriquecimento como objetivo de vida; a educação que prevalece leva para o hedonismo, individualismo, egoísmo e a concorrência sem ética e sem limites. As mercadorias, o dinheiro e a exploração das emoções fortes valem mais do que a pessoa e os seus valores. Aos poucos o ser humano reduz-se a um mero instrumento de produção, consumo e prazer. Idolatria de mercado. Economia voltada para o mercado e não para o cidadão: desemprego, subemprego e trabalho infantil.
4. A pesquisa sistêmica e a educação reconstrutivista, como nunca, mostram-se como instrumentos reais de transformações e em especial a Educação Ambiental (Anexo I) e os Indicadores de Qualidade Ambiental Urbana precisam ser implantados (ver Anexo III).
5. A terra não é frágil. A vida humana, sim. A Terra suportou meteoritos, glaciações e o forte efeito redutor do surgimento do oxigênio.
6. A extinção é parte natural da evolução. A taxa histórica de extinção é de 1-10 espécies por ano. Atualmente as taxas aceleraram para 1.000 por ano, indicando que "vivemos uma era de extinção em massa – uma alteração evolutiva na diversidade e composição da vida na Terra" (Tuxhill, 1999, p. 101).
7. A atitude da maioria dos humanos, em relação à crise ambiental, é semelhante à do alcoólatra, na fase "problema, que problema?"
8. O descaso pela dimensão interior dos seres humanos fez com que todos os grandes movimentos dos últimos cem anos ou mais – democracia, socialismo e outros – tenham deixado de produzir os benefícios que deveriam ter proporcionado ao mundo.
9. Enquanto um número suficiente de pessoas não colocar a natureza acima de si mesmo – percebendo que os dois são inseparáveis –, não poderemos esperar que as nossas instituições, nacionais e internacionais, executem as ações mais urgentes e óbvias para remediar a situação.
10. A presente geração tanto pode ser a última a existir de modo parecido com uma civilização quanto a primeira a ter a visão, a capacidade e a grandeza de dizer "não participarei da destruição da vida. Estou determinado a viver e trabalhar para a construção pacífica, pois sou moralmente responsável pelo mundo de hoje e pelas gerações de amanhã".

11. Se a Terra se tornar inóspita para os seres humanos, será essencialmente por causa da perda da nossa noção de cortesia para com ela e para com os seus habitantes, por causa da perda da nossa noção de gratidão.
12. Os seres humanos e o mundo natural estão em rota de colisão. A crise ecológica é um fato científico. Ao mesmo tempo, estamos igualmente imersos em uma grande confusão interior, numa crise espiritual.
13. Levou muito tempo para ficarmos como estamos. Se desejarmos evitar o aumento do sofrimento, todos terão de se envolver nesse desafio evolucionário, preparando o caminho para uma mudança nas metáforas que governam nossa percepção (Por onde começar a mudança, senão comigo? E quando, senão agora?) (James George, *Olhando pela Terra*, p. 41, 1998).
14. A maioria das pessoas não quer ouvir esse tipo de exortação apocalíptica, especialmente quando ligada a um pedido de despertar espiritual. Esse tipo de discurso é ignorado como sendo bobagem alarmista.
15. As cidades trouxeram conforto e desarmonia. Nelas, as pessoas querem aprender a nadar e a manter um pé no chão ao mesmo tempo.
16. Cada geração humana acha que o seu problema é o pior que já existiu e que a humanidade nunca enfrentou aquilo antes. Muitos acreditam que, a menos que resolvamos tais problemas agora, tudo estará perdido.
17. Ao represar rios, queimar florestas, aterrar pântanos e criar cidades, estamos destramando os fios de uma complexa rede de segurança ecológica.
18. Necessita-se urgentemente de uma reforma na base filosófica das políticas de tributação. Os serviços prestados pelos ecossistemas devem ser considerados pelo mercado e compor o preço final dos produtos e serviços (por exemplo: não pagar apenas os custos de produção e transporte de um litro de gasolina, mas incluir os custos da poluição, do tratamento das doenças e de outros impactos sobre o ambiente).
19. O ser humano só faz mudanças rápidas quando um conjunto de limiares críticos são cruzados.
20. Estamos todos na UTI, sendo medicados com chá de capim-santo e *band-aid*.
21. O mundo está do jeito que está, porque somos do jeito que somos (Gurjieff).
22. Se as coisas e acontecimentos sempre evoluíssem de acordo com as nossas expectativas, não teríamos o conceito de ilusão ou de equívoco.

Em um ensaio na revista *Scientific American*, Trefil (1997) apresenta a solução para resolver o problema do efeito estufa: estimular o crescimento do fitoplâncton marinho por meio da adição de ferro, nos oceanos, provocando um crescimento populacional repentino e descontrolado, em áreas que se transformariam em sumidouros de gás carbônico. Soluções bizarras, mirabolantes e, sobretudo, portadoras de um reducionismo inacreditável como esta têm sido veiculadas nas revistas científicas. Perdeu-se perigosamente a visão do todo. Tudo é possível e permitido, para manter os padrões de produção e consumo em curso.

Ocorre que um mundo repleto de sociedades que consomem mais do que são capazes de produzir, e mais do que o planeta pode sustentar, é uma impossibilidade ecológica. O desenvolvimento sustentável baseado nos atuais padrões de uso dos recursos naturais não é nem mesmo concebível teoricamente. Isso exigiria uma suspensão voluntária da incredulidade. Não há equilíbrio nas inter-relações de matéria e energia entre as economias industriais e a biosfera.

A sustentabilidade da espécie humana não resiste a uma análise superficial, em vários dos seus pilares de manutenção. Na segurança alimentar, por exemplo, o suprimento de grãos – especialmente milho, trigo e arroz –, base de mais da metade do consumo de calorias e proteínas dos seres humanos, está no vermelho. A colheita mundial de grãos atual só dá para sustentar a humanidade por 66 dias (portanto, abaixo do limite mínimo de 70 dias necessários para compensar o estoque, com uma colheita). Outras fontes, como a pesca, têm o seu potencial reduzido. Cerca de 60% dos pesqueiros oceânicos já estão exauridos (Worldwatch Institute, *Sinais Vitais*, 2000, p. 36 e 42).

A urbanização, nos moldes atuais, é uma ameaça crescente às terras cultivadas e cultiváveis. Na China, é responsável por um quinto das perdas. Os Estados Unidos perderam 5,2 milhões de hectares de terras agricultáveis, enquanto a área de empreendimentos imobiliários avançou 12 milhões de hectares.

Curiosa e infelizmente, os milhões de anônimos que "planejam", grilam e constroem ilegalmente nas cidades são, na atualidade, os mais importantes "organizadores, planejadores e construtores" das cidades nos países pobres e em desenvolvimento. Enquanto uma cidade planejada surge, milhares de outras, sem quaisquer critérios ambientais, cercam-na.

A revista *Veja* de 24 de janeiro de 2001 (nº 3) estampa em sua capa "o cerco da periferia" – bairros de classe média espremidos por um cinturão de pobreza e criminalidade que cresce seis vezes mais que a região central das metrópoles brasileiras. Nos últimos dez anos a população das oito maiores regiões metropolitanas brasileiras (Belo Horizonte, Curitiba, Recife, Porto Alegre, Rio de Janeiro, Salvador, São Paulo e Vitória) saltou de 37 milhões para 42 milhões de habitantes. Contudo, enquanto a taxa de crescimento das áreas dotadas de estrutura urbana foi de 5%, a periferia desordenada cresceu em 30%.

Levando a análise para mais 49 cidades brasileiras, essa periferia já representa a metade do total de moradores. Em cinco anos será a maioria. Nesse ponto, os planejamentos podem ser esquecidos.

Tem-se aí, reunidos, os elementos que geram o contexto para as afirmações polêmicas, avassaladoras e corajosas de Desmond Morris (inglês, especialista em comportamento animal, autor do livro *O macaco nu*). Morris diz que o aumento da natalidade pode acabar com as outras espécies e transformar o planeta em uma gigantesca metrópole. Afirma que o controle da população humana será feito por epidemias que ocorrerão nas cidades, lugares propícios para o contágio de doenças (cita a Aids, como exemplo) (Vera, 2000).

As cidades precisam urgentemente evoluir para novos sistemas sustentáveis que imitem a natureza. Em vez de devorar recursos naturais e devolver poluição ao ambiente, deve controlar seu apetite e reaproveitar seus detritos.[1]

Os planejadores e gestores urbanos precisam ser mais ousados, mais inovadores, romper com a academia tradicional que nos legou a insustentabilidade (simbolizada na fotografia a seguir).

---

1 O banco de dados da Conferência de Istambul (Habitat II, 1996) registra mais de 800 casos de "Melhores Práticas", cidades que estão se tornando menos impactantes, mais agradáveis de se viver, em todo o mundo (no Brasil, Curitiba é o exemplo).

(Foto do autor, Salvador, Bahia, 2001.)

Fábrica de estressados.

Será que a sociedade humana conseguirá evitar um estádio generalizado de barbárie? Na verdade, o que precisamos é mais do que simplesmente gestão ambiental.

Almeida Jr. (1997), no seu instigante ensaio sobre a necessidade de uma nova ordem mundial, salienta que a situação da Terra como está, quanto às condições humanas e ambientais, é insustentável. Apesar dos inegáveis avanços tecnológicos pós-industriais, a humanidade inicia o século XXI lutando não apenas por solo mas também por água e ar, num ambiente hostil que remonta à era pré-industrialista. Prevê a barbárie da violência urbana e rural imersa em um contexto de conflitos e atos de terrorismo, gerados pela intolerância, principalmente etnorreligiosa (acrescente-se que o Brasil reúne uma mistura explosiva: a violência no campo contra o movimento sindical rural e a crescente migração para as cidades, resultados da estratégia suicida de manutenção a qualquer custo das oligarquias latifundiárias e da má distribuição de renda).

Preconiza uma profunda transformação valorativa, o que exige uma reestruturação político-econômica global, baseada na democracia (ou talvez meritocracia, como diria Viola, 1995), na equidade, dignidade e promoção humana e na sustentabilidade ecológica e socioeconômica da Terra.

Para tanto se requer a melhoria da qualidade de vida para todos, o controle e estabilização da população, o uso sustentado dos recursos naturais, a proteção ambiental (com o controle da poluição e a recuperação de danos ambientais), a suspensão da corrida armamentista e o equilíbrio entre crescimento econômico quantitativo e qualitativo, fundamentados no Estado de Direito a serviço do ser humano.

Mas essas mudanças não ocorrerão sem conflitos, porquanto representam uma forte ameaça à ordem mundial estabelecida, em que os modelos vigentes de "desenvolvimento" tendem a perpetuar as relações opressor-oprimido, sob a égide da visão fragmentada, imediatista e utilitarista.

Almeida Jr. (op. cit.) acentua que temos uma geração para mudar a atual rota de colisão. Convém salientar que o período de uma geração, em termos culturais, foi drasticamente modificado. As mudanças ocorrem a velocidades estonteantes. O seletor de canais de TV foi aposentado pelo controle remoto, o disco de vinil pelo CD, o telex pelo *e-mail*, em um lapso muito curto. A telefonia celular e a Internet revolucionam as comunicações e a informática joga no mercado produtos que tornam obsoletos recém-lançamentos em períodos cada vez menores. Evolução tecnológica houve, mas evolução nas relações humanas... Ressalta que dentre os instrumentos de promoção da nova ordem mundial estão a educação, o direito, a ciência e a inovação tecnológica, a mobilização social pacífica, a mídia, a diplomacia internacional, a arte e a ação política em todos esses níveis.

Daily et al. (1995) enfatizam a equidade socioeconômica como um elemento crítico para a sustentabilidade. Alexander (1994) vê como obstáculos para a solução desses problemas o materialismo e a crescente ignorância das pessoas, a abordagem tecnocêntrica, a retração econômica e o débito internacional. Essa visão é em parte corroborada por diversos autores. Na *Declaração da Reunião dos Líderes Espirituais da Terra*, produzida e divulgada na Conferência das Nações Unidas para o Meio Ambiente e Desenvolvimento (Rio 92), promovida pela ONU, cita-se que a crise ecológica é um sintoma da crise espiritual do ser humano, que vem da ignorância.

Na apresentação da obra *Olhando pela Terra*, de James George, o Dalai-Lama afirma que a crise ambiental global é de fato a expressão de uma confusão interior. A busca mesquinha de interesses egoístas causou os problemas globais que ameaçam a todos. Adianta que a cura do mundo tem de começar num nível individual: "se não podemos modificar o nosso comportamento, como esperar que os outros o façam?" (p. 12). Na verdade, se se multiplicam as escolhas e ações individuais sobre o ambiente por 6 bilhões, pode-se começar a entender que, cada vez que se faz o que os outros estão fazendo, contribui-se para o estado traumático e estressado do planeta, de forma cumulativamente perigosa.

Há, na verdade, uma necessidade premente de iluminação coletiva, aquela preconizada por Gurdjieff (1973), que dizia estar o ser humano em um estado letárgico, adormecido, vivendo assim a maior parte de sua vida trancado no círculo da sua falta de totalidade.

Ocorre que esse tipo de comportamento se tornou um problema não só para a própria espécie, mas para muitas espécies do planeta.

Para Gurdjieff, saber apenas com a mente, ou com os sentidos, é saber de modo incompleto. Só sabendo pela razão (mente), sensação (corpo) e intuição (sentimento) o ser humano pode apreender e compreender a realidade.

O processo educacional vigente está longe de preparar pessoas para isso (como foi visto no início deste item). A escola está longe da realidade e está longe da natureza. Uma das formas por meio da qual o ser humano poderia transformar-se e transformar o mundo para melhor virou comércio, transformou-se em agência de mais discriminação e concentração de poder.

Os seres humanos precisam se tornar mais solidários, honestos, cooperativos. A educação atual não trabalha com essas possibilidades e as cidades, por sua vez, completam o quadro de insensibilidade, de falta de percepção, de dureza de espírito, de automatismo.

Para George (1998, p. 146) nada encoraja o automatismo a crescer mais do que a vida nas cidades grandes, devido, entre outras coisas, à sensação de independência (basta segurar a respiração por alguns minutos para se perceber essa "independência"). Portanto, não surpreende que muitos dos nossos líderes, quase sempre urbanos, estejam tão fora de contato com a natureza, a ponto de não darem importância ao agravamento da crise ecológica.

O exemplo mais cabal desse sono letárgico está ocorrendo com os líderes de alguns países ricos, em relação às alterações ambientais globais: reunidos em Buenos Aires, em novembro de 1998, para a Conferência Mundial sobre Alterações Climáticas, promovida pela ONU, com o objetivo de impor regras (prazos, limites de emissões e outros) para reduzir a emissão dos gases estufa, representantes de vários países resolveram nada decidir. Um fracasso semelhante já ocorrera em Kyoto, Japão, em dezembro de 1997 (Protocolo de Kyoto), quando representantes de 158 países terminaram concentrando suas discussões no "mercado das cotas de poluição", articulado pelos países ricos, e tal comportamento viria a se repetir em 2000, em Haia, e em 2001, em Gênova, Itália.

Decidir protelar uma decisão sobre o efeito estufa (e consequentemente sobre as alterações climáticas globais e todas as suas imponderáveis implicações) é como se se decidisse adiar para o dia seguinte o que fazer com um furo em um barco, em alto-mar, por onde entra água continuamente.

O aquecimento global é um sinal claro de instabilidade. O desafio enfrentado pelo ser humano não é saber se um equilíbrio será estabelecido, mas se esse novo equilíbrio formará condições adequadas à sua existência. É notório que a Ciência nunca esteve tão bem equipada para avaliar as condições ambientais como no presente, mas também nunca esteve tão longe das decisões políticas necessárias para resolver os seus problemas ambientais.

Enquanto isso, as pessoas buscam, por outros caminhos, tão diversos quanto as culturas humanas, alento para suas angústias, incertezas, pressões e estresse. Assim surgem as diversas correntes da chamada *espiritualidade* verde, a ecologia profunda, as filosofias da natureza e toda uma literatura ecoesotérica. Nomes como anjos, arcanjos, devas (no hinduísmo, iluminam os vegetais), serafins (sephirot na cabala e elohim no judaísmo), elementais ligados à terra (gnomos, lêmures, gigantes, duendes, pigmeus), ao ar (bruxas, silfos), ao fogo (salamandras), lorindes, da água (ondinas, ninfas, sereias, nereidas, nésders, Iemanjá, iara), silfos, fadas, elfos, druidas, geomédicos e outros se tornaram constantes nas sociedades.

Xamanismo, budismo, taoísmo, alquimistas, iogues, xamãs, vedas, avatares, brâmanes, dharmas, sidhes e muitos outros nomes compõem o espectro de diversos caminhos em busca de algo diferente do que está aí.

Recrudesce a religiosidade e surgem movimentos como a Simplicidade Voluntária, que já reúne dezenas de milhares de adeptos nos Estados Unidos e prega um estilo de vida mais simples (motivo de pânico dos atratores do consumo), em que se possa fruir das benesses da sobra de tempo para o lazer, o esporte, a espiritualização, a conversa com os familiares e os amigos, o contato com a natureza, ou simplesmente para "o prazer de viver" sugerido por René Dubos no seu livro *Namorando a Terra* (1981).

Seed (1997) diz que as culturas indígenas têm como cerne de sua vida espiritual rituais e cerimônias que reconhecem e alimentam sua interligação com a grande família da vida. Entre nós, existe a ideia, originada talvez da tradição judeu-cristã, de que somos o centro de tudo, o auge da criação, e o restante não passa de recursos. Observamos os rituais indígenas como uma superstição primitiva e nos colocamos como seres cultos, acima da natureza, e do alto dessa arrogância ameaçamos destruir a nós mesmos.

Essa arrogância nos impede de ver as inter-relações, as interdependências. Para Demers (1997) as ideias de Darwin nunca foram tão contestadas. De acordo com a teoria de Darwin, todos os organismos competem constantemente uns com os outros e somente aqueles mais aptos, resistentes e hábeis sobrevivem. No entanto, mais e mais biólogos descobrem que os organismos com mais possibilidades de sobrevivência são aqueles que se comportam simbioticamente, e não competitivamente. A maior parte das associações conhecidas entre os seres vivos são essencialmente cooperativas. Não há seres solitários. Cada criatura é, de algum modo, ligada e dependente do resto. Nós, humanos, por exemplo, somos o fruto de ações de outras duas pessoas.

Gurdjieff (op. cit.) pregava que o mundo ficou dessa forma porque o ser humano é egoísta em sua vida pessoal, e antropocêntrico na sua visão de mundo. Só com o trabalho interior poderia se libertar das preocupações autocentradas que o mantêm adormecido.

A transformação do sistema econômico e político global, que é tão obviamente necessária se se pretende alcançar um modo sustentável de vida neste planeta, só começará com o trabalho interior da transformação individual.

No fundo, as imposições que se nos apresentam para que possamos atingir a sustentabilidade parecem ser etapas distintas da nossa escalada evolucionária. Uma aventura em busca da harmonia, na qual estamos todos envolvidos, dando sequência ao trabalho dos nossos ancestrais. Eis o grande fascínio da continuação da vida!

Anexos

ANEXO 1

O PAPEL DA EDUCAÇÃO AMBIENTAL NOS SOCIOECOSSISTEMAS URBANOS

A Educação Ambiental (EA) por ser renovadora, induzir novas formas de conduta nos indivíduos e na sociedade, por lidar com as realidades locais, por adotar uma abordagem que considera todos os aspectos que compõem a questão ambiental – aspectos sociais, políticos, econômicos, culturais, éticos, ecológicos, científicos e tecnológicos –, por ser catalisadora de uma educação para o exercício pleno e responsável de cidadania, pode e deve ser o agente otimizador de novos processos educativos que conduzam as pessoas por caminhos onde se vislumbre a possibilidade de mudanças e melhoria do seu ambiente total e da qualidade da sua experiência humana.

A EA a ser praticada na cidade deve partir da sua condição de ser urbano, de pertencer e integrar o frenético e intenso metabolismo ecossistêmico urbano.

Os recursos instrucionais para a Educação Ambiental em socioecossistemas urbanos devem ser elementos veiculadores/facilitadores de ações que visem à promoção da percepção de suas realidades sociais, políticas, econômicas, ecológicas e culturais. Deve promover o exercício da cidadania, esclarecendo os mecanismos de organização e participação comunitária, para a concretização de ações que visem proteger e melhorar sua qualidade ambiental e, em consequência, sua qualidade de vida no presente e para as gerações futuras.

Deve permitir a compreensão das suas diversas e complexas inter-relações de dependência do ambiente rural; deve permitir identificar e valorizar os vestígios da natureza remanescentes em sua cidade, buscar preservá-los e aumentar suas áreas de domínio; deve identificar os fenômenos naturais que ocorrem à sua volta, a despeito de estar em uma cidade; deve conhecer e compreender o metabolismo urbano (como funcionam os serviços – água, energia elétrica, coleta de lixo etc.; o que consome, quanto consome, quanto produz, o que sobra, de onde vem e para onde vai); deve permitir uma visão reflexiva e crítica da qualidade e eficiência dos serviços essenciais de uma cidade (saúde, educação, conservação, transportes, comunicações, lazer etc.); deve permitir uma análise da qualidade ambiental das cidades (níveis de ruído, qualidade da água, qualidade do ar, qualidade dos alimentos, qualidade estética etc.); deve ajudar a compreender a pressão ambiental que as cidades geram para ser sustentadas (padrões de consumo); deve permitir o conhecimento de processos que reduzam o consumo, otimizem o uso dos recursos naturais (redução, reciclagem, preciclagem e reutilização); deve permitir o conhecimento das bacias hidrogeográficas e que abastecem as cidades e o seu estádio de preservação; deve estabelecer os limites de sustentabilidade desses ecossistemas especiais, quanto à disponibilidade de recursos (energia elétrica, água, alimentos etc.); deve promover o conhecimento de formas alternativas de obtenção e uso de energia (eólica, solar e outras); deve promover o conhecimento de novas tecnologias limpas; deve induzir as pessoas e a coletividade a identificar e buscar soluções de problemas concretos que estejam afetando sua qualidade de vida; deve permitir o conhecimento de mecanismos de participação comunitária, pelos quais possam fazer valer seus direitos legais e interferir na gestão ambiental, de modo a resolver seus problemas ambientais, melhorar sua qualidade de vida e assegurá-la para seus descendentes; deve permitir uma apreciação crítica, autocrítica e reflexiva sobre os modelos de "desenvolvimento" impostos, que geram o atual quadro de degradação, quer social, política, ética, econômica, cultural ou ecológica e examinar as alternativas de soluções, com especial atenção ao desenvolvimento humano sustentável; deve-se fomentar a produção de recursos instrucionais de autoria local, incentivando seus autores, conhecedores que são dos elementos culturais, sociais, econômicos, políticos e ecológicos de sua região, destacando as prioridades de suas comunidades e as alternativas de soluções para seus problemas concretos.

Os recursos didáticos devem, paralelamente, oferecer os elementos sensibilizadores capazes de despertar nas pessoas o sentimento de pertinência e permitir-lhes conhecer e compreender os fascinantes mecanismos da natureza. É preciso sensibilizá-las para envolvê-las, para que valorizem seu patrimônio ambiental e tornem-se aptas a perceber os riscos a que estão submetidas, e suas alternativas de ação em busca de soluções sustentáveis.

Finalmente, o material didático deve incorporar resultados de estudos e pesquisa e todo o processo deve promover a solidariedade e a cultura de paz.

ANEXO 2

PASSOS METODOLÓGICOS UTILIZADOS

GRUPOS FUNCIONAIS: LIDANDO COM A HIERARQUIA DE COMPLEXIDADE

Segundo Körner (1994), o maior impedimento para a predição é a complexidade de interações. Contudo, a não ser que se aguarde o futuro para saber como as coisas serão, algumas respostas precisam ser dadas.

Os caminhos para tanto não são muitos. A experimentação é limitada em espaço e tempo e pode, no máximo, revelar algumas características e tendências. Os modelos de simulação, por sua vez, dependem totalmente de parametrizações acuradas, o que nem sempre é possível quando o tema é complexo.

As alterações ambientais globais trouxeram consigo um farto repertório de desafios pela complexidade das suas estruturas e inter-relações, requerendo decomposições inevitáveis para a sua compreensão. Requer-se um certo grau de simplificação, um conjunto de funções principais que possam definir o comportamento de subsistemas e integrá-los ao sistema maior.

O sucesso da nomeação de grupos funcionais depende da seleção de um certo nível de organização e da escolha adequada de subsistemas que sejam centralmente representativos da estrutura e dos processos. Assim, eles podem ser formados em qualquer nível de organização e seu número é teoricamente infinito.

Para tanto é necessário um conjunto de critérios de seleção, e nestes se consideram apenas funções-chave dentro da organização. O primeiro critério é o grau de integração, ou seja, a característica de pertencer a diversos segmentos dentro do mesmo processo; segundo, a distribuição espacial, ou seja, a sua representação na maior parte da área onde ocorre o processo. Considera-se ainda a hierarquia de complexidades como critério de seleção de grupos. Além desses instrumentos, utilizou-se também o conceito de escala e hierarquia, uma abordagem para análises de sistemas complexos (O'Neil, 1989), cujo ponto principal consiste em reconhecer que os sistemas contêm uma organização endógena, uma hierarquia de níveis, que resulta de suas diferenças de taxas de processos. Sistemas complexos, como os ecossistemas, segundo esse autor, operam com um largo espectro de taxas.

Segundo Körner (op. cit.), neste processo a precisão está na direção inversa da relevância, quando se trata de estudos integrados, como representado na figura a seguir:

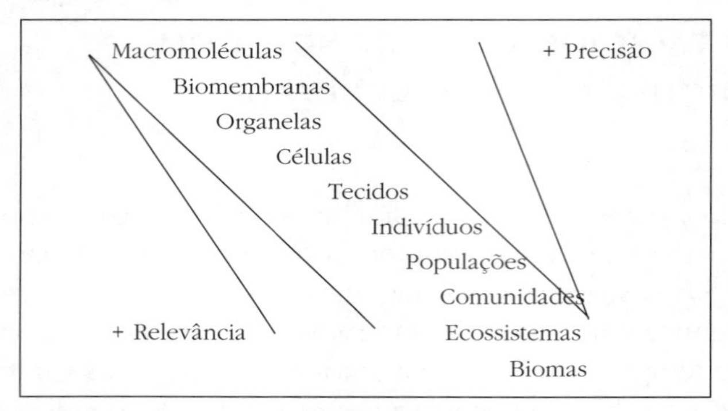

Figura 1 – *Hierarquia de complexidades* (adaptado de Körner, 1994).

Dentro desses critérios, foram escolhidos elementos do metabolismo ecossistêmico da área de estudo que melhor refletissem os processos ali estabelecidos e que constituem o objeto do estudo: as contribuições desse ecometabolismo às alterações ambientais globais.

Assim, foram nomeados o crescimento da população, as alterações de uso/cobertura do solo, o consumo (principalmente o de combustíveis fósseis, seguidos de alimentos, produtos madeireiros e outros ligados ao aumento da pressão sobre os recursos naturais) como grupos funcionais.

SUPORTE INSTITUCIONAL

Neste trabalho utilizam-se alguns resultados de uma pesquisa de longo prazo, iniciada em 1980 no Laboratório de Ecologia da Universidade de Brasília, sobre diversos componentes ambientais urbanos do Distrito Federal, e continuada, a partir de 1989, no Centro de Pesquisas das Faculdades Integradas da Católica de Brasília – FICB, atualmente Laboratório de Pesquisas Multidisciplinares em Qualidade Ambiental – Pró-Reitoria de Pós-Graduação e Pesquisa da Universidade Católica de Brasília, pelo projeto "Perfil Ambiental da Região de Taguatinga".

A evolução dos estudos esteve diretamente relacionada ao intercâmbio de cooperação técnica entre o Ibama, a Universidade Católica de Brasília e a Universidade Livre do Meio Ambiente de Curitiba, esta uma referência nacional em Gestão Ambiental Urbana.

Os dados secundários para a formulação do ecometabolismo foram obtidos por meio de consulta de diversos documentos de (i) instituições internacionais como a Unep, a Unesco, a OMS e aos diversos documentos e relatórios do World Research Institute, World Bank, FAO e outras; (ii) instituições do Governo Federal como IBGE, Ministério do Meio Ambiente, Ibama (principalmente Centro de Sensoriamento Remoto), Ministério da Saúde, Ministério da Indústria e do Comércio, Embrapa e outros; (iii) de instituições do Governo do Distrito Federal como Emater, Sematec, Detran, Terracap, Novacap, Caesb, CEB, FHDF, FEDF, SLU, PMDF, Codeplan e outros; (iv) empresas privadas de diversos ramos, como madeireiras, postos de gasolina, sindicatos, frigoríficos, distribuidoras de alimentos e combustíveis e outros.

AS IMAGENS DE SATÉLITES E A ELABORAÇÃO DE MAPAS

Um estudo dessa natureza torna-se impossível sem a utilização dos recursos do sensoriamento remoto. Imagens de períodos diferentes de uma mesma área constituem instrumentos precisos e estratégicos para diversos exercícios de comparações.

Nesse sentido, a área de estudo, contida no Distrito Federal, é privilegiada pela existência de farta documentação georreferenciada, disponível na Codeplan (Sematec), no Ibama (Centro de Sensoriamento Remoto) e no Inpe (Instituto Nacional de Pesquisas Espaciais). Tais instrumentos foram utilizados para compor os mapas de comparação de uso do solo, imprescindíveis à análise da estrutura e dinâmica socioecossistêmica.

As operações foram realizadas por técnicos do Centro de Sensoriamento Remoto do Ibama. Para realizar o mapeamento da área de estudo, passou-se por duas etapas: processamento digital da imagem e vetorização, edição, atributação e manipulação dos dados.

Para o processamento digital das imagens utilizou-se o *software* ERDAS IMAGINE 8.0, para plataforma UNIX. As imagens foram colhidas pelo satélite Landsat TM-5, órbita/Ponto 221/71, bandas 3, 4 e 5, (RGB) com data de passagem em 30/05/97.

A correção geométrica ou georreferenciamento foi realizado em duas etapas: (i) registro: utilizou-se a base cartográfica digital, na escala de 1 : 100.000, para relacionar feições de imagens, que possuíam coordenadas de arquivo-imagem, com feições da base cartográfica digital que continham coordenadas geográficas. O erro permitido em X e Y foi menor que 30 metros; (ii) retificação: transformação da projeção e das coordenadas da imagem para a projeção e coordenadas geográficas, utilizando-se os dados obtidos do registro. O *datum* horizontal utilizado foi o SAD69 e o esferoide SOUTHAMERICAN1969.

Quanto à classificação das imagens, foi realizada uma primeira classificação não supervisionada para apoio aos trabalhos de campo, visando à identificação dos padrões verificados na imagem. Após a verificação de campo, aplicou-se na imagem a classificação supervisionada, utilizando-se o método Maxiverossimilhança. Os resultados obtidos foram considerados satisfatórios.

Da pós-classificação obtiveram-se seis classes, que foram agrupadas de acordo com o objetivo do trabalho. Nesse caso, foram necessárias apenas duas: antropismo (caracterizado pela expansão urbana, pelas áreas degradadas e/ou ocupadas para outras atividades humanas, como a agropastoril) e áreas de vegetação natural. Foram assim nomeadas: área urbana, área degradada (solo descoberto), mata de galeria, campo/agropastoril (composto por áreas de campo limpo + campo sujo + pastagens + agricultura) e cerrado (*strictu senso*).

Em relação à vetorização/edição foi feita a vetorização automática, com a transformação das classes identificadas na imagem (formato matricial para formato vetorial com feições de polígono). Essa etapa foi realizada com o *software* Arc/Info, em ambiente UNIX. Os arquivos vetoriais resultantes das imagens passaram por um processo de edição, em que foram definidos atributos de identificação dos tipos de uso, tendo em vista a comparação com os dados digitais obtidos junto da Sematec, relativos ao mapeamento de uso do solo da mesma área, referente ao ano de 1994.

Para a análise comparativa dos dados de Uso do Solo de 1994 com os dados mapeados com a imagem de 1997, utilizou-se o *software* Arcview, para plataforma INTEL, que permite o desenvolvimento de trabalho de forma totalmente integrada com o *software Arc/Info* e ERDAS IMAGINE. Esta etapa do trabalho foi constituída das seguintes atividades:

- quantificação das áreas em hectares, em quilômetros quadrados e em porcentagens, por classe de usos, por meio da elaboração de tabelas comparativas;
- elaboração dos Mapas de Uso do Solo dos anos de 1994 e 1997.

Os itens a seguir referem-se a determinações de elementos do metabolismo socioecossistêmico da área estudada, necessários para o cálculo da *pegada ecológica*.

O CÁLCULO DA PERDA DE FITOMASSA

O cálculo da perda de fitomassa foi executado tomando-se por base os valores médios de conteúdo de fitomassa por formação de vegetação, sugeridos por Troppmair (1997). Segundo esse autor, as diversas formações de vegetação apresentam fitomassa por unidade de área diferenciáveis. O campo limpo ou cobertura com gramíneas apresenta de 3 a 5 toneladas de fitomassa por hectare, sendo o seu valor médio de 9 ton/ha. Os cerrados apresentam 50 a 80 ton/ha, com uma média de 65 t/ha, e as áreas com mata de galeria apresentam 110 a 200 t/ha, com uma média de 155 t/ha.

Os valores apresentados foram obtidos pela multiplicação das áreas de variação em cada tipo de cobertura vegetal (campo/agropastoril, cerrado e mata de galeria) pelo valor médio de fitomassa por unidade de área sugerido pelo autor, chegando-se ao valor total de perda igual a 106.306,5 toneladas de fitomassa.

A DETERMINAÇÃO DA EMISSÃO DE CO_2 PELA PERDA DE SOLO

O cálculo de emissão de gás carbônico perdido, devido à degradação do solo, foi feito de acordo com valores estabelecidos por Raich e Potter (1996) no CDIAC. Estes autores estabeleceram um modelo estatístico para prever os padrões de emissão global de CO_2 provenientes do solo. Tais emissões incluíram a respiração dos organismos do solo e das raízes das plantas. No desenvolvimento do modelo foram considerados dados principais de temperaturas, precipitações pluviométricas, conteúdo do carbono orgânico e nitrogênio, tipo de solo e tipo de vegetação natural, referenciados num gradiente geográfico. Descobriu-se que, numa escala global, as taxas de fluxo de gás carbônico do solo correlacionam-se significativamente com a temperatura e a precipitação. Elaborou-se um espectro de emissão para o globo terrestre com variações de 0 a 1,42 kg/m^2 ao ano. Para determinar a emissão da área de estudo, utilizou-se a própria escala de 0 a 1,42 associada ao espectro e ao mapa global, procedendo-se à projeção do Distrito Federal sobre o espectro, efetuando a sua leitura respectiva, ou seja, aproximadamente 0,66 kg CO_2/m^2 ao ano. O total de gás carbônico que deixou de ser emitido pelo solo foi calculado multiplicando esse valor pelo total da área degradada, mostrada na tabela de variação na ocupação/uso do solo (+ 709.590 m^2), ou seja, 0,66 × 709.590, totalizando 468.329,4 kg CO_2/m^2 ao ano.

TÉCNICA DE UTILIZAÇÃO DOS LIQUENS COMO BIOINDICADORES

Os liquens foram nomeados para medir o estádio da qualidade do ar, por sua relativa simplicidade e confiabilidade como bioindicadores. Esses organismos (associação entre alga e fungo) crescem, em média, cerca de 1 cm por ano (Xavier, 1979) e são sensíveis à poluição atmosférica de uma forma geral, sendo porém mais suscetíveis ao SO_2. A premissa básica é que a simples presença desses organismos num local já indica que o ambiente é adequado para eles.

As medidas foram tomadas por meio do mapeamento de árvores que continham liquens, presentes na área de estudo. Uma vez marcadas, procedeu-se à mensuração da área foliar total pelo processo *draw upon*, que consiste em determinar a área do líquen com desenhos obtidos por sobreposição (Sloof e Wolterbeek, 1993).

O mapeamento foi efetuado duas vezes por ano em meses distintos (abril e novembro), desde 1990. Os valores obtidos para os anos de 1990 e 1992 foram extraídos das pesquisas do Subprojeto de Biomonitoramento da Qualidade do Ar da Região de Taguatinga, parte integrante do Projeto do Perfil Ambiental da Região de Taguatinga, desenvolvido pelo Centro de Pesquisas das então Faculdades Integradas da Católica de Brasília, atual Universidade Católica de Brasília.

Não houve seleção de espécies mais adequadas, conforme sugere Prado Filho (1993): simplesmente foi eleita a espécie cuja presença e distribuição espacial eram maiores (*Parmelia sp*). Espécies diferentes respondem de forma diferente aos diversos estímulos de mudanças nos parâmetros de qualidade do ar (concentração de SO_2, CO e material particulado em suspensão, principalmente). De uma forma geral, segundo André (op. cit.) os liquens desaparecem de uma área quando a concentração de SO_2 é > 170 mg/cm³. Entretanto, o gênero estudado (*Parmelia*) é suscetível a concentrações de apenas 70 mg/cm³.

Outros bioindicadores também são recomendados. Brown Jr. (1997) sugere que os insetos são indicadores sensíveis do uso sustentável dos recursos naturais, especialmente cupins (*Isoptera*), libélulas (*Odonata*), besouros (*Coleoptera = chrysomelidae*), formigas (*Hymenoptera = formicidae*), borboletas (*Lepidoptera = nyuphalidae*) e moscas (*Diptera = muscidae*). Além dos insetos, inclui ainda sapos (*Amphybia = anura*), aves (todas) e macacos (todos). Resta saber se a presença do *Homo sapiens sapiens* não seria um indicativo de tendência à instabilidade ambiental.

AS MEDIDAS DE INTENSIDADES SONORAS

As intensidades sonoras foram determinadas com a utilização de um decibelímetro digital (IPT) calibrado em dB(A), e seguindo-se as orientações da Resolução Conama 001/90 sobre poluição sonora e norma NBR 10151 da Associação Brasileira de Normas Técnicas (ABNT). Foram utilizados dados da ex-Coordenadoria para Assuntos do Meio Ambiente (Coama), precursora da atual Sematec (Secretaria do Meio Ambiente e Tecnologia do Distrito Federal).

MEDIDA DA MÉDIA DE OCUPAÇÃO EM VEÍCULOS

A média de ocupação de veículos particulares foi obtida por meio de contagem simples e direta (fluxo de veículos) na Via Central de Taguatinga. As contagens foram efetuadas sempre no mesmo local e na mesma hora (8 horas da manhã). Procedeu-se essa contagem durante cinco dias seguidos (de segunda a sexta-feira), com a ajuda de auxiliares de pesquisa, alunos voluntários do Curso de Educação Ambiental da Graduação (Licenciatura em Ciências, Universidade Católica de Brasília, Campus I,

Taguatinga, Distrito Federal). O método de contagem adotado foi o de amostragem, utilizado por técnicos do DER (Departamento de Estradas e Rodagens), ou seja, contam-se os veículos em uma parada de semáforo, selecionando o grupo de veículos que parou na primeira fila. Procede-se até atingir o número de cem veículos particulares observados.

O fluxo de veículos foi estabelecido por contagem direta, desprezando-se o fluxo entre meia-noite e cinco horas da manhã, durante uma semana, em dois meses distintos. Tomou-se a média dessas medidas.

Os dados de material particulado em suspensão foram obtidos pelo método da deposição do aerossol em lâminas com filme de vaselina, expostas a 1,5 m do solo, a tempos estabelecidos, em locais predeterminados, e contadas ao microscópio (campo 2,41 mm^2) (Thomas, 1972).

DETERMINAÇÃO DO CONSUMO DE COMBUSTÍVEIS FÓSSEIS

O consumo de combustíveis da área de estudo foi calculado tomando-se como base a venda direta por meio dos postos espalhados nas três cidades. Inicialmente esse cálculo seria efetuado utilizando-se de dados oferecidos pelo DNC (Departamento Nacional de Combustíveis) (CGPLAN Serviço de Estatística). Entretanto, tais dados eram referentes ao total consumido em todo o Distrito Federal. Não havia como separar o consumo de Taguatinga, Ceilândia e Samambaia desse total. A alternativa foi consultar o Sindicato do Comércio Varejista de Combustíveis e Lubrificantes do Distrito Federal (Sinpetro/DF), em Brasília, que informou o número de postos na área e os seus respectivos endereços, para que se procedesse a uma consulta direta sobre o consumo.

Dessa forma, foram visitados os 45 postos da área, 24 em Taguatinga, 16 em Ceilândia e 5 em Samambaia. Aos gerentes desses postos era feita a identificação dos pesquisadores e o objetivo da pesquisa (para tanto foi desenvolvida a Planilha de Pesquisa Ibama/UCB/UnB, constituída pelos seguintes itens: nome e endereço do posto, litragem mensal e observações). As informações foram prestadas prontamente, uma vez que havia sido feito um contato telefônico prévio, avisando da visita e até mesmo dos seus objetivos. As gerências dos postos são organizadas e o consumo é medido diariamente.

As medidas de consumo foram oferecidas levando-se em conta o consumo de gasolina, álcool hidratado e óleo diesel. A gasolina representa 60% desse consumo, o álcool hidratado 25% e o óleo diesel 15%. Para fins de cálculo, adotou-se a gasolina como emissor padrão, por oferecer detalhes técnicos mais aprofundados do seu metabolismo (queima e exaustão).

Segundo os gerentes, houve um decréscimo acentuado no consumo do álcool, que em outras épocas chegou a constituir 40% do consumo. O consumo total dos 45 postos chegou a 20.187.690 litros de combustível por mês.

Um outro aspecto que precisa ser esclarecido é que os veículos abastecidos nesses postos não são necessariamente da região estudada, assim como, uma vez abastecidos, nem sempre as emissões resultantes da sua queima serão depositadas na atmosfera local. Esses detalhes não têm a menor importância para este estudo, porquanto o objetivo é determinar o montante de consumo e as emissões geradas por esses pontos de abastecimento, ou seja, quanto os 45 postos situados na área de estudo contribuem para as emissões globais. Logo, não faz a menor diferença se os veículos são de fora ou não, ou se as emissões acontecem fora ou dentro da área de estudo, o que interessa é que elas acontecem e são jogadas na atmosfera global. Dessa forma, os postos são tomados como *pontos* de demanda energética dentro da área estudada e que integram o seu metabolismo de demanda de recursos naturais.

CÁLCULO DAS EMISSÕES PRODUZIDAS PELA QUEIMA DE COMBUSTÍVEIS FÓSSEIS

O cálculo das emissões de monóxido de carbono, óxidos de nitrogênio e hidrocarbonetos foi efetuado com base na Resolução Conama nº 18, de 6 de maio de 1986. Essa Resolução prevê que as emissões de gases de escapamento por veículos automotores leves a partir de 1992 deverão chegar no máximo a 24 g de monóxido de carbono por quilômetro rodado; 2,1 g de hidrocarbonetos por quilômetro rodado e 2,1 g de óxidos de nitrogênio por quilômetro rodado. Foram escolhidos os parâmetros de 1992 porque sua validade se estende até 1997, abrangendo a média de idade da maioria dos veículos da área estudada, em que pese a região de Samambaia apresentar uma média muito baixa (1986), mas diluída pela frota maior de Ceilândia e Samambaia.

Os valores das emissões foram obtidos pela multiplicação simples dos valores da Resolução Conama pelo total de litros de combustível consumido, já multiplicados por 10 (média de consumo dos veículos brasileiros:

10 km/l). Dessa forma os 242.252.280 l/ano significam 2.422.522.800 km rodados (potencialmente), que, multiplicados por 24 g, resultam nas 58.140,5 toneladas de CO emitidas por ano.

Para o cálculo de óxidos de nitrogênio procedeu-se da mesma maneira, multiplicando-se seu fator de emissão 2,0 pelos mesmos 2.422.522.800 quilômetros rodados, obtendo-se 4.845 toneladas de NOx/ano. O mesmo se fez para os hidrocarbonetos, multiplicando o seu fator 2,1 por 2.422.522.800 km, chegando-se a 5.087,3 t/ano.

Já as 637.123,5 toneladas de gás carbônico por ano foram determinadas por meio da utilização de um fator de conversão sugerido por Vine et al. (1991) de 22 lb de CO_2 para cada galão de gasolina, ou seja, de 2,63 kg de CO_2 para cada litro de gasolina queimado.

Os valores das emissões de amônia foram obtidos por meio da utilização de um fator de correspondência apresentado por Silva (1975), segundo o qual, para cada 1.000 litros de gasolina queimados, são liberados 240 g de amônia e 2 kg de óxidos de enxofre, ou seja, os 242.252.280 litros de gasolina consumidos geraram 58,1 t/ano de amônia e 484,5 t/ano de óxidos de enxofre, respectivamente.

A área requerida para absorver o gás carbônico foi obtida por meio dos seguintes passos: (i) considerando a relação apresentada por Wackernagel e Rees (op. cit., p. 73), segundo a qual é necessário um hectare de floresta para absorver 1,8 tonelada de gás carbônico gerado pela queima de combustível fóssil (1,8 t CO_2 para 1 ha floresta), tem-se que as 637.123,5 t CO_2 emitidas anualmente vão requerer 353.957,5 ha/ano para a sua absorção; (ii) dividindo-se essa área pela população da área de estudo (738.578), chega-se a 0,47 ha/pessoa/ano.

A quantidade de calor liberada pelo consumo da litragem de gasolina referida foi obtida pelo fator de conversão 11.220 kcal/kg (MME, DNC, 1996), após corrigir o volume para kg, considerando a densidade da gasolina (0,68 g/cm^3). Assim, 242.252.280 × 0,68 × 11.220 = 1,8.10^{12} kcal.

Para a determinação das emissões de gás carbônico pela combustão do GLP (Gás Liquefeito de Petróleo), considerou-se que o butano (C_4H_{10}) é o seu principal componente, e que a combustão é completa, ou seja:

$$C_4H_{10} + 13/2\ O_2 \rightarrow 4\ CO_2 + 5\ H_2O$$

Considerando que o mol ou massa molecular do butano é 26 g e a do gás carbônico é 44 g, tem-se que: cada 26 g de butano libera 4 × 44 g de gás carbônico. Um botijão contém em média 13 kg de GLP, logo cada conteúdo de um botijão queimado libera 88 kg de gás carbônico. Segundo a Minasgaz, o consumo médio de GLP no Distrito Federal é de um botijão a cada 40 dias, o que dá uma média de 9 botijões por ano para cada grupo de usuário. O grupo de usuário foi determinado dividindo-se a população total da área de estudo (738.578) por quatro (o número médio aproximado de pessoas por família, segundo dado do IBGE, 1997), chegando-se a 184.644,5 grupos. Multiplicando-se esse número por 9 botijões por ano, tem-se o número de botijões de GLP consumidos em um ano, ou seja, 1.661.800,5. Esse número multiplicado por 88 kg CO_2 por botijão é igual à emissão total deste gás, ou seja, 146.238,4 t CO_2/ano.

Valendo-se da relação 1 ha : 1,8 t CO_2 (Wackernagel e Rees, 1996, p. 73), tem-se que são necessários 81.243,5 ha de áreas naturais para absorver tal emissão. Dividindo-se esse valor pelo total da população da área de estudo, tem-se 0,11 ha/pessoa/ano, o requerimento individual de áreas naturais para atender apenas a essa demanda.

PRODUÇÃO DE LIXO *PER CAPITA* E EMISSÕES DE CO_2 E CH_4

DeCicco et al. (1991, p. 127) sugerem uma "dieta de gás carbônico" para diversas atividades humanas, por meio da qual se pode reduzir a emissão desse gás estufa. Essa dieta compreende utilidades residenciais (uso de eletricidade e combustíveis fósseis), transportes (carros particulares, ônibus, trens, aviões e metrôs), geração de rejeitos domésticos e utilização de halocarbonos. Para quantificar esses elementos, são apresentados diversos fatores de conversão para equivalentes de gás carbônico.

Especificamente, para resíduos sólidos provenientes do metabolismo doméstico e/ou comercial é utilizado o fator: para cada 3 libras de lixo produzido, tem-se o equivalente a 1 libra de CO_2 (ou 3 kg de lixo para 1 kg de CO_2). Assim, utilizando-se essa relação, foi considerada a produção de lixo de 1997 da área de estudo (184.171 toneladas), dividindo-a por três, obtendo-se o resultado apresentado nas discussões (184.171.000 kg : 3 = 61.390 t CO_2/ano).

Para se obter o valor em kg de lixo produzido por pessoa por ano, procedeu-se à divisão do total de lixo gerado em kg em 1997 pela população das três cidades – Taguatinga, Ceilândia e Samambaia –, também em 1997 (184.171.000 kg : 719.448 habitantes = 256 kg × pessoa/ano).

Para os valores de CH_4 foi utilizada a relação apresentada pela EPA (1995, p. 1), segundo a qual, para cada kg de gás carbônico gerado, tem-se igual produção de metano.

A determinação da área necessária para absorver o gás carbônico e o metano gerados foi feita utilizando-se a relação 1 ha : 1,8 t CO_2 sugerida por Wackernagel e Rees (1996, p. 73). Assim, 6.390 t CO_2/ano : 1,8 = 34.105,5 ha. Multiplicou-se esse valor por dois, considerando os dois tipos de emissões, chegando-se a 68.211 ha. Esse valor, dividido pelo total da população da área (738.578), resultou em 0,09 ha/p/ano.

CONSUMO DE MADEIRA E PAPEL E EMISSÃO DE CO_2

Para o cálculo do consumo de madeira procedeu-se a um levantamento de todas as madeireiras existentes na área de estudo (32), seguido de visitas e entrevistas. Foram nomeadas as de maior porte, porquanto 80% das vendas são feitas por quatro grandes empresas que praticamente monopolizam o mercado.

Esse levantamento foi feito sob a forma de simples consulta, diretamente com os gerentes da empresa, ou com os chefes de despacho de mercadorias. O fato curioso é que se previa uma resistência natural para o fornecimento de informações em função do sabido comércio ilegal de algumas madeiras protegidas por lei, como o mogno, e até mesmo pelas irregularidades conhecidas de corte clandestino e guias falsas de autorização de cortes. Contudo, isso não ocorreu. As informações foram prestadas sem dissimulações, sendo um indicador de baixa pressão de fiscalização exercida nesse setor.

As madeiras comercializadas são, em sua maioria, em ordem decrescente de vendas, ipê, maçaranduba, angelim-vermelho, mogno, cedro, muiracatiara e castanheira (e uma dezena de outras em menor quantidade). O ipê e a maçaranduba respondem pela maior parte das vendas, pois são utilizados, principalmente, para a cobertura de casas (telhado), atividade em grande expansão nas áreas circunvizinhas. São originárias, em sua maioria absoluta (cerca de 80%) do Estado do Pará, seguindo-se os Estados do Maranhão e de Mato Grosso e uma pequena parcela (mas em ascensão) de Rondônia. São transportadas por via terrestre, principalmente por carretas trucadas com cargas variando de 22 a 30 m^3 (foi tomado o valor médio de 25 m^3 para fins de cálculo). A quantidade de m^3/carreta depende do tipo de madeira transportada, uma vez que suas densidades variam muito. As madeiras brancas são as mais leves (como a castanheira, que permite até 45 m³ por carreta), enquanto o angelim-vermelho é o mais pesado (1.400 kg/m³). Para fins de cálculo utilizou-se a média das densidades das madeiras mais usadas, ou seja, 1.175 kg/m³ (ipê: 1.100 kg/m³; maçaranduba: 1.250 kg/m³).

O consumo total de madeira foi obtido pela simples soma dos valores declarados, chegando-se a 2.400 m³/mês ou 28.800 m³/ano. Considerando esses valores, e tomando-se como base a média de carga das carretas (25 m³), obteve-se a estimativa do número de carretas que chegam à área de estudo por mês (96) e por ano (1.152).

Para a estimativa da área de floresta tropical destruída para atender ao consumo dessas cidades, utilizou-se a relação de 2,3 m³/ha/ano para a produtividade daquele bioma, sugerido por Wackernagel e Rees (1996, p. 81), chegando-se a 12.521 ha/ano (28.800 × 1 : 2,3). A quantidade de carbono que deixou de ser assimilado (na forma de gás carbônico) por esse consumo de madeira foi determinada pela relação 1 ha/1,8 t C emitido/ano (op. cit., p. 73), ou seja, 12.521 ha × 1,8 t C : 1 ha = 22.537 t C/ano. Esse valor pode ser acrescido como emissão, uma vez que representa uma quantidade de carbono certamente absorvível pelos sistemas naturais e que agora irá se somar aos demais excedentes de gás carbônico na atmosfera.

Para o cálculo da área natural por habitante por ano requerida para a produção de papel, foram seguidos alguns procedimentos. Inicialmente, determinou-se o valor do consumo anual da população em estudo, multiplicando o seu total pelo consumo médio *per capita* do Brasil (738.578 habitantes × 51 kg/pessoa/ano = 37.667,4 t/ano). Uma tonelada de papel equivale a 1,8 m³ de madeira (Wackernagel e Rees, 1986, p. 81); logo, foram consumidos 67.801,4 m³ madeira/ano. Sabendo-se que em um hectare podem ser produzidos 2,3 m³ de madeira (2,3 m³ madeira/ha), aquela produção envolve 29.478,9 ha/ano. Dividindo esse valor pelo total da população, obtém-se 0,04 ha/pessoa/ano.

DETERMINAÇÃO DO CONSUMO DE CARNE BOVINA

Os dados referentes à média de consumo *per capita* do Distrito Federal (28 kg/pessoa/ano) e ao número de pontos de vendas foram fornecidos pelo Sindicato do Comércio Varejista de Carnes Frescas do Distrito Federal.

Conhecendo a população total da área de estudo (Taguatinga: 229.828; Ceilândia: 360.389; Samambaia: 148.361. S = 738.578) e multiplicando-se pelo fator de consumo (28 kg/pessoa/ano), tem-se o consumo total da população, ou seja, 20.680.184 kg/ano, ou 20.680 t/ano.

Segundo o Frigorífico Fricoby Indústria e Comércio de Carnes Ltda. (Goianésia, GO), um dos maiores fornecedores de carne bovina para a área de estudo, a massa de carne líquida por boi (a quantidade em kg que chega efetivamente aos pontos de venda, já descontados materiais como chifres, couro etc.) depende do tipo de boi que foi abatido. Bovinos de raças europeias têm rendimento em torno de 58%, búfalos em torno de 48%, nelore, 52% e o mestiço em torno de 52% (média nacional). As vacas têm rendimento mais baixo, em torno de 46% (devido ao saco uterino, bezerro, úbere e outros). Para os cálculos deste trabalho foi considerada a média nacional, ou seja, que um boi tem em média 500 kg ("peso vivo"), dos quais apenas 54% (230 kg) chegam aos pontos de vendas. Logo, um boi consumido representa 230 kg de carne.

Utilizando esses dados, foi possível determinar quantos bois a população da área de estudo consome por ano, dividindo o consumo total anual (20.680.184 kg) por 230 kg (kg/boi), chegando-se a 89.913 bois.

Com esse dado, e sabendo que em ambiente de cerrado são necessários 4 hectares para criar um boi (1 boi : 4 ha) (Fonte: Sindicato citado; Frigorífico citado; Bastos, 1997), determinou-se a área necessária para o pastejo dos bois consumidos, ou seja, 89.913 × 4 = 359.655 hectares.

O consumo de água por quilo de carne bovina produzida baseou-se em relação apresentada por Kulke (1998, p. 39). Segundo esse autor, para produzir 1 kg de carne bovina são necessários 4 mil litros de água. Considerando-se que no item referente ao consumo de água determinou-se que a população da área de estudo consome 55.150.000 m³ água/ano, e que esse consumo representa a apropriação de 0,02 ha/pessoa/ano, 82.720.000 m³ água/ano (ou seja, 20.680.000 kg de carne bovina/ano × 4.000 l) representam 0,03 ha/pessoa/ano adicional.

A EMISSÃO DE CO_2 POR MEIO DO CONSUMO DE ELETRICIDADE

Para atender a uma solicitação do Conselho Americano para uma Economia com Eficiência Energética (American Council for an Energy-Efficient Economy), Washington, D.C., um grupo de cientistas desenvolveu uma "dieta" de CO_2 para a sociedade reduzir o aquecimento global, por meio de uma série de atitudes individuais no cotidiano doméstico.

DeCicco et al. (1991, p. 27) apresentaram um conjunto de fatores de conversão, com a finalidade de quantificar as contribuições relativas dadas ao aquecimento global da atmosfera, por meio de tais atividades. Entre esses fatores, destaca-se o que estabelece uma relação entre o consumo de energia elétrica (kWh) e a emissão de CO_2 (libras), ou seja, 1,5 lb/kWh.

Conhecendo-se o total de consumo anual da área de estudo (378.030 MWh) (M = mega = 10^6), pode-se calcular a quantidade equivalente de CO_2 emitido. Os 378.030 MWh são iguais a 378.030.000 kWh (k = kilo = 10^3). Esse valor vezes o fator de equivalência (378.030.00 × 1,5) fornece 1.107.045.00 lb CO_2 ou 502.147.165 kg CO_2, ou ainda 502.147 t CO_2/ano (considerando-se que 1 lb = 0,45 kg), valor encontrado que equivale à quantidade de gás carbônico emitido para a atmosfera devido ao consumo de energia elétrica da população da área de estudo.

Para absorver essa quantidade de gás carbônico, utilizando-se a relação 1 ha : 1,8 t CO_2 (Wackernagel e Rees, 1996, p. 73) obtém-se 278.970,5 ha/ano. Dividindo esse valor pelo total da população da área (738.578), obteve-se 0,38 ha/pessoa/ano.

DETERMINAÇÃO DO CONSUMO DE ÁGUA

O sistema do Rio Descoberto abastece 60% da população do Distrito Federal. Tem uma bacia de captação de 444 km² e uma vazão de 5.000 l/s, ou 155.520.000 m³/ano. Considerando-se que o consumo da região de estudo é de 55.150.00 m³/ano, obtém-se que são necessários 35,46% da vazão anual da barragem para atender a essa demanda. Isso significa que, dos 444 km² da bacia de captação, 157,442 km² (35,46% de 444 km²) são apropriados somente para a demanda de Taguatinga, Ceilândia e Samambaia. Dividindo esse valor em hectares (15.744 ha) pela população dessas cidades (738.578), obtém-se que cada habitante precisa de 0,02 ha/ano de áreas naturais para atender às suas necessidades de abastecimento de água.

CÁLCULO DA EMISSÃO DE CO_2 PELA RESPIRAÇÃO

Segundo Goodman (1993), cada ser humano remove diariamente do ar atmosférico cerca de 94 galões de oxigênio (ou 355 litros) e expira 78 galões de gás carbônico (ou 295 litros) (1 gal = 3,78 l). Esses valores dobram se a pessoa estiver trabalhando, e pode aumentar em até dez vezes se estiver desenvolvendo exercícios físicos vigorosos.

Para se chegar ao valor de absorção de oxigênio, apenas multiplicou-se o valor de absorção/pessoa/dia (355 litros) pela população da área de estudo (738.578 habitantes, em 1998), obtendo-se os 262.195.190 litros de oxigênio absorvidos pela população por dia. Multiplicando-se por 360, tem-se o valor anual.

A emissão de gás carbônico em toneladas por ano foi obtida multiplicando-se o valor de emissão por pessoa/dia (295 litros) pela população da área de estudo (738.578), chegando-se a 217.880.510 litros de gás carbônico. Para transformar esse resultado em toneladas, considerou-se o mol do gás carbônico (44 g) e a sua relação de volume molar gasoso, ou seja, 44 g de CO_2 ocupa 22,4 litros nas condições normais de temperatura e pressão (25°C e 1 atm ou 760 mm Hg). Por essa relação resulta que 1 litro de gás carbônico mede 1.964 g. Logo, 217.880.510 litros desse gás mede 427.917.321 gramas, ou 428 toneladas/dia, ou ainda 154.080 toneladas/ano (428 × 360).

MEDIDAS INOBTRUSIVAS

Conforme citado inicialmente, neste trabalho também foi utilizada a metodologia não reativa ou não intrusiva sugerida por Webb et al. (1972). Essa metodologia tem o mérito de reduzir o *viés* ou *bias*, e utiliza três elementos estratégicos nos quais a participação do pesquisador é sempre indireta:

(1) estudos de traços físicos remanescentes de um comportamento passado, em que o pesquisador toma o dado como ele se apresenta, sem influenciar na frequência ou caráter indicador;
(2) consulta a arquivos e/ou dados oficiais, imunes do efeito reativo (o depósito seletivo e a sobrevivência seletiva podem ser, porém, fontes de *bias*);
(3) observações simples, por meio de um papel passivo, não intrusivo (inobtrusivo), na situação de pesquisa.

Como exemplo de um dado inobtrusivo obtido na área do estudo, cita-se a indicação de perda da qualidade do ar pelo decréscimo da área foliar dos liquens mapeados e utilizados como bioindicadores da variação da qualidade ambiental. Cita-se ainda a variação do número de placas de sinalização do trânsito perfuradas por projéteis de arma de fogo como indicadores do aumento da violência

O CÁLCULO DA PEGADA ECOLÓGICA

A estimativa da pegada ecológica de uma dada população é um processo formado por multifases:

(i) estima-se o consumo médio anual individual de determinados itens de consumo, utilizando dados agregados locais, regionais ou nacionais, dividindo-os pelo tamanho da população estudada;
(ii) estima-se a área apropriada *per capita* para a produção de um bem, ou para a absorção dos resíduos liberados;
(iii) essa área é dividida pela população, obtendo-se a pegada ecológica pessoal, ou seja, que área uma pessoa requer anualmente para produzir um determinado item de consumo;
(iv) finalmente, somam-se todos os itens, obtendo-se a pegada ecológica.

Os itens escolhidos, além de seguir as recomendações dos autores da abordagem da pegada ecológica, atenderam também à formação dos grupos funcionais, ou seja, aqueles que melhor expressam o metabolismo daquele socioecossistema (reconhecidamente o aumento da população humana, as alterações de uso/cobertura do solo, o consumo – combustíveis fósseis, alimentos e itens de pressão sobre os recursos naturais como madeira, eletricidade, ambiente construído e outros), envolvidos com as alterações ambientais globais. As metodologias respectivas estão explicitadas em cada item.

ANEXO 3

OS INDICADORES AMBIENTAIS URBANOS

Concluiu-se que seria necessário desenvolver um método para avaliar a variação da qualidade ambiental urbana, suas formas e tendências, de modo simples, direto e compreensível, por todos, que permitisse o estabelecimento de parâmetros de comparações e oferecesse subsídios para o planejamento de estratégias e políticas de gestão ambiental urbana.

A Comissão de Assentamentos Humanos da Unesco, Habitat e Banco Mundial promoveram encontros para o desenvolvimento de um Programa de Indicadores de Moradia, dentro do qual se desenvolveu o Programa de Indicadores Urbanos (Unesco, Habitat, 1994). Nesse programa, as principais atividades têm sido o desenvolvimento de um sistema completo de indicadores e um conjunto de instrumentos de pesquisa para o seu desenvolvimento em vários países e para iniciar o seu levantamento por meio de uma série de programas nacionais e regionais aos quais todos os países foram convidados.

Mas qual seria a utilidade dos indicadores?

Em primeiro lugar, os habitantes das cidades. Expostos aos efeitos da queda de qualidade ambiental, os habitantes poderão ver nos indicadores a medida de saúde da sua sociedade e os êxitos ou fracassos das políticas governamentais adotadas. Podem ser um guia para decisões: onde morar, em quem votar, a que organização ou atividade prestar seu apoio etc. O sistema de indicadores também permitirá a transparência da gestão governamental.

Os governos também serão beneficiados, pois contarão com instrumentos eficazes para o estabelecimento de suas estratégias e de avaliação de avanço ou atraso dos seus objetivos. Serão úteis para determinar os problemas urbanos que requerem soluções em cada cidade, ou o nível de investimento na cidade, em função das metas de desenvolvimento urbano. O levantamento regular dos indicadores permitirá estabelecer comparações entre cidades e países, não apenas diagnosticando situações, mas identificando a rapidez com a qual estão sendo tratadas as áreas-problema. Serve igualmente para o desenvolvimento e exposição de estratégias nacionais, por setor ou ações em nível de cidades, e planos de desenvolvimento.

Em termos de administração de cidades o sistema será usado como "guia" para estabelecer políticas e avaliar as políticas já estabelecidas, definindo necessidades e ações prioritárias para os objetivos e planos estratégicos. Uma função crítica de todo indicador é o potencial para influir sobre políticas, programas e projetos futuros. Outro aspecto relevante é a possibilidade de promover a transparência e responsabilidade na gestão pública, e a oportunidade de participação da comunidade em seu desenvolvimento.

O setor privado encontrará no sistema de indicadores uma fonte segura de informações atualizadas sobre as condições econômicas e sociais das cidades, sobre a gestão governamental, o desequilíbrio entre oferta e demanda, e as necessidades de consumo dos habitantes.

As ONGs e outras organizações comunitárias poderão ter acesso às informações sobre o funcionamento das políticas em benefício da população, subsidiando suas solicitações de recursos e serviços.

As agências de ajuda internacional usarão os indicadores nos seus informes em uma variedade de assuntos, para determinar o êxito ou fracasso de programas, a capacidade dos executores e o impacto de novas iniciativas. Servirão ainda para definir as áreas e setores da população com maiores carências, ou para determinar em que área se está fazendo o melhor uso dos fundos de ajuda aplicados e medir os impactos das políticas e programas em todo o sistema.

Acredita-se ainda que os indicadores também sejam elementos formadores de cenários de prioridades para pesquisas nas mais diversas áreas das atividades humanas.

É importante salientar que os indicadores não são apenas um conjunto de dados, mas sim modelos que simplificam um tema complexo a uns quantos números (índices) que possam ser facilmente tomados e entendidos por quem elabora políticas e pelo público em geral.

Um exemplo interessante é o Programa de Indicadores Ambientais para Blumenau, desenvolvido pela Faema (Fundação Municipal do Meio Ambiente), lançado desde 1997 como forma de avaliar a situação ambiental real do município e como subsídio para a tomada de decisão. O Índice de Sustentabilidade de Blumenau (ISB) é composto por um conjunto de indicadores ambientais com o objetivo de avaliar, anualmente, a evolução do município em direção do Desenvolvimento Sustentável. A disposição de resíduos sólidos e a qualidade do ar formam os indicadores de pressão, enquanto a cobertura vegetal e a qualidade do ar formam os indicadores de estado. Agregados em eixos, configuram o *Sustentômetro*, expressão gráfica que permite visualizar facilmente a condição ambiental local (os valores variam de 0 (insustentável) a 1 (sustentável)).

Trata-se de uma iniciativa pioneira, conduzida pela equipe técnica da Faema, coordenada por Luiz Fernando Krieger Merico e Júlio César Refosco. O modelo prevê novas agregações, de modo a reduzir as incertezas e tornar o processo cada vez mais confiável.

Referências Bibliográficas

AB'SABER, A. N. O domínio dos cerrados: uma introdução ao conhecimento. *Revista do Serviço Público,* 1983, 40 (111): 45-55.

ADÁMOLI, J. et al. Caracterização da região dos cerrados. In: GOEDERT, W. J. (coord.) *Solos dos cerrados: tecnologias e estratégias de manejo.* São Paulo e Brasília: Nobel, Embrapa, *1986.*

ALEXANDER, D. E. World policy in the new environmental age. In: RENZONI, A. et al. (eds.) *Contaminants in the environment.* Londres: Lewis Publisher, 1994. p. 263-275.

ALMEIDA JR., J. M .G. de. A Terra está morrendo!... Mas pode ainda ser salva! (?). *Boletim da FBCN,* 1981. 16: 77-86.

——. Desenvolvimento ecologicamente autossustentável: conceitos, princípios e implicações. *Humanidades,* 1994. 10 (4): 284-299.

——. Uma proposta de ecologia humana para o cerrado. In: PINTO, M. N. (org.) *Cerrado.* 2. ed. Brasília: Editora Universidade de Brasília, 1994, p. 569-583.

——. Por uma nova ordem mundial. In: *Cadernos Aslegis.* 1(1)2-30 p. Brasília, 1997.

ANDRÉ, H. M. Pollution biomonitoring. In: RENZONI, A. et al. (Ed.) *Contaminants in the environment.* Londres: Lewis Publishers, 1994. p. 37-62.

ANDRES, R. J. A 1º x 1º distribuition of carbon dioxide emissions from fossil fuel consumption and cement manufacture, 1950-1990. *Global Biogeochemistry Cycles,* 1996, 10, p. 419-429.

AQUINO, R. Plantio de árvores causa polêmica no DF. *Folha do Meio Ambiente.* Brasília, fev. 1997. p. 3.

ARAÚJO JR., N. Em Águas Lindas o pouco é quase tudo. *Correio Braziliense*. Cidades, 27 set. 1998. 1-2 p.

ASHWORTH, W. *The economy of nature – rethinking the connections between ecology and economics*. New York: Houghton Mifflin, 1995. 340 p.

Barbosa, B. O maior ser vivo. In: *Veja*. 16 ago. 2000, p. 80-81.

BARTHES, R. Campo educacional: identidade científica e interdisciplinaridade. In: *Revista Brasileira de Estudos Pedagógicos*. Brasília, 34 (178) set.-dez., 1993. p. 655-680.

BASTOS, E. K. Ecologia urbana. In: *Jornal da patrulha ecológica*. Brasília, ano II, 1997. p. 2

BATALHA, B. L. *Água potável: o imperativo da atualização*. São Paulo: Cetesb, 1997. Doc. Interno. 12 p.

BAYER, J. L. *Missão terra – o resgate do planeta*. ONU/Unes-co/Unep/UNDP/Unicef. 2. ed. São Paulo: Melhoramentos, 1994. 96 p.

BELLIA, Vitor. *Introdução à economia do meio ambiente*. Brasília: MMA/Ibama, 1996. 262 p.

BILSBORROW, R. E.; DELARGY, P. F. Land use, migration and natural resource deterioration in the third world: the cases of Guatemala and Sudan. In: *Population development review*. Suplemento DAVIS, K. e BERNSTAM, N. (ed.), 1991. p. 125-147.

BILSBORROW, R. E.; OKOTH-OGENDO, H. W. Population-driven changes in land use in developing countries. In: *Ambio*, 1992, 21, (1): 37-45.

BOMFIM, J. R. de A. Indústria movida a propaganda. *Correio Braziliense*. Brasília, DF. Caderno Brasil. 11 maio 1997. p. 13.

BOYDEN, S.; MILLER, S.; NEWCOMBE, K.; O'NEIL, B. *The ecology of a city and its people*. Canberra, Austrália: Australian National University Press, 1981. 437 p.

BRAMRYD, T. Fluxes and accumulation of organic carbon in urban ecosystems on a global scale. In: BORNKAMM, R. et al. (ed.) *Urban ecology*. Londres: Blackwell Scientific Publications, 1980. p. 3-12.

BRANDSMA, E. H.; EPPEL, J. Produção e consumo sustentáveis: um enfoque internacional. In: RIBEMBOIM, J. (org.). *Mudando os padrões de produção e consumo*. Brasília: MMA/Ibama, 1997. p. 11-123.

BRIGHT, C. Prevendo "surpresas" ambientais. In: BROWN, L. R. et al. *O estado do mundo 2000*. Salvador, Bahia: Worldwarch Institute, UMA Ed. 2000. 22-39 p.

BROSSARD et al. Estoques de carbono em solos sob diferentes fitofisionomias de cerrados. In: LEITE, L. L.; SAITO, C. H. (org.) *Contribuição ao conhecimento ecológico do cerrado*. Brasília, 3º Congresso

Brasileiro de Ecologia, Departamento de Ecologia da Universidade de Brasília, 1997. p. 272-277.

BROWN, L. R. et al. *The state of the world*. New York: Norton, 1996.

BROWN, L. R.; FLAVIN, C. Uma nova economia para um novo século. In: BROWN, L. R. et al. *Estado do mundo 1999*. Salvador, Bahia: Worldwatch Institute, UMA Ed. 1999. 3-22 p.

BROWN JR., K. S. Insetos como rápidos e sensíveis indicadores de uso sustentável dos recursos naturais. In: MARTOS, H. L.; MAIA, N. B. (coord.). *Indicadores ambientais*. Shell Brasil, 1997. p. 143-155.

BURGIERMAN, D. R.; MAIA, S. O bife condenado. In: *Super*. dez. 1998. 12 (12): 50-57.

CATTON, W. *Carrying capacity and the limits to freedom*. Social Ecology Session 1, XI World Congress of Sociology, New Delhi, Índia, 1986.

CAMPOLIM, S. Enjoo de grávidas protege o bebê. In: *Super Interessante*. (14)12, dez. 2000. p. 29.

CANGUILHEM, G. *La formación del concepto de reflejo en los siglos XVII y XVIII*. Espanha: Avance, 1975.

CARELLI, G. O poder grisalho. In: *Veja*. (34) 19: 16 maio 2001. p. 91.

CDIAC, ORNL. Energy and global climate change. *Review*. 28 (2-3), 1997. 136 p.

CELECIA, J. The MAB/Unesco Program. In: *Qualification of human resources, teaching and research for the planning and management of the urban environment*. Curitiba: Open University for the Environment, 1995. 1-11 p.

CHEREMISINOFF, P. N. Waste minimization and recycling. In: *Encyclopedia of environmental control technology*. 5. Tóquio: Guylf, 1992. 641 p.

CLARK, W. C. As dimensões humanas da mudança ambiental global. In: *Toward an understanding of global change: initial properties for U.S. contributions to the International Geosphere – Biosphere Programme*. Global Change Committee. Washington, D.C.: National Academy Press Clarke, 1988.

COCHRANE, T. T. et al. The relative tendency of the cerrados to be affected by the veranicos: aprovisional assessment. In: *Simpósio sobre o Cerrado*, 6, Brasília, Embrapa/CPAC, 1988. 229-239.

COLWELL, R. K. Human aspects of biodiversity: an evolutionary perspective. In: Solbrig et al. (eds.) *Biodiversity and global change*. Wallingford, U.K., Cab International/International Union of Biological Sciences, 1994. p. 211-224.

COMMONER, B. *The closing circle: man, nature and technology*. New York: Knopt, 1972.

COMPANHIA de Desenvolvimento do Planalto Central – Codeplan. *Anuário Estatístico do Distrito Federal – 1995-1996*. Brasília: GDF--Codeplan, 1997. 884 p.

CONAMA. *Resoluções Conama 1984-1991*. Brasília, Distrito Federal: Seman/Ibama, 1992. 245 p.

CONSTANZA, R.; CORNWELL, L. The 4P approach to dealing with scientificuncertainty. In: *Environment,* 1992. 34: 12-20 p.

CORREIO Braziliense. *Os profissionais da pilhagem*. Caderno Brasil. 19 jul. 1998. Brasília. p. 19.

CRAIK, K. H.; ZUBE, E. H. *Perceiving environmental quality*. New York: Plennum Press, 1976.

DAILY, G. C. et al. Socioeconomic equity: a critical element in sustainability. *Ambio*. 24 fev. 1995, (1): 58-59 p.

DAILY, G.; EHRLICH, P. Population, sustainability and carrying capacity. In: *BioScience,* 1992. 42: 761-771.

DALY, H. (1986) Comments on population growth and economic development. *Population and development review*. 12: 583-585.

DECICCO, J. M. et al. The CO_2 diet for a greenhouse planet: assessing individual actions for slowing global warming. In: VINE et al. (eds.) *Energy efficiency and the environment*. American Council for an Energy-Efficient Economy, Washington, D.C., 1991. p. 121-144.

DEELSTRA, T. et al. *The resourceful city: management approaches to efficient cities fit to live in*. Amsterdam, The Netherland MAB Committee, 1991. 69 p.

DEMERS, P. K. O que é a vida? – em direção a um novo paradigma. In: MICHOLSON, S.; ROSEN, B. *A vida oculta de gaia*. São Paulo: Gaia, 1997. p. 120-135.

DIAMOND, J. M. Introductions, extinctions, exterminations and invasions. In: DIAMOND, J. M. et al. (eds.) *Community ecology*. New York: Harper and Row, 1985. p. 65-79.

DIAS, B. F. de S. Cerrados: uma caracterização. In: *Alternativas de desenvolvimento dos cerrados*. Brasília: Ibama, 1996. p. 7-25.

DIAS, G. F. *Material particulado em suspensão no Distrito Federal*. Brasília, Universidade de Brasília, Departamento de Ecologia (mimeo), 1980.

——. *Populações marginais em ecossistemas urbanos*. 2. ed. Brasília: Ibama, 1994. 156 p.

——. *Elementos de ecologia urbana e sua estrutura ecossistêmica*. Série Meio Ambiente em Debate (n. 18). Brasília: Ibama, 1997. 47 p.

DIAS, G. F. *Educação ambiental – princípios e práticas*. 5. ed. São Paulo: Gaia, 1990. p. 205.

——. (1998). Análise preliminar do estresse socioecossistêmico urbano da região de Taguatinga, Distrito Federal. *Universa*. jun. 6 (2): 269-283.

DUBOS, R. *Namorando a terra*. São Paulo: Melhoramentos/Edusp, 1981. 150 p.

DUNN, S. Descarbonizando a economia energética. In: Brown, L. R. et al. *Estado do mundo 2001*. Salvador: UMA Ed., 2001. p. 89-110.

DUNNET, D.; O'BRIEN, R. J. (ed.) *The science of global change – the impact of human activities on the environment*. ACS Symposium Series 438, Washington: American Chemical Society, 1992. 498 p.

DURNING, T. *This place on earth: home and the practice of permanence*. Seattle, Washington: Sasquatch Books, 1996.

EHRLICH, P. *The population bomb*. New York: Ballantine, 1968.

EHRLICH, P. R. *O mecanismo da natureza*. Rio de Janeiro: Campos, 1993. 328 p.

EHRLICH, P. R.; EHRLICH, A. H. *The population explosion*. New York: Simon & Shuster, 1990.

EIA – Energy Information Administration. *Emissions of greenhouse gases in the U.S. 1996*. Washington, 1997.

ENGELMAN, R.; LEROY, P. (1993). *Sustaining water: population and the future of renewable water supplies*. Population Action International, Washington, D.C. p. 18-22.

EPA. Landfill air pollution emissions. In: *AP-42 Compilation of emissions factors*. New York, 1 jan. 1995.

EPA. Nitrous oxide emissions. Inventory of U.S. greenhouse gas emissions. In: *Global warming*. Washington, 1997.

EPA. Methane and climate overview. In: *Global methane emissions*. Washington, 1998. 1-5 p.

FALKENMARK, M.; WIDSTRAND, C. Population and water resource: a delicate balance. In: *Population Bulletin*. Population Reference Bureau, Washington, D.C., 1992. 19 p.

FAO. *World agriculture towards 2010*. Chichester, U.K.: John Wiley & Sons, 1995. p. 351-352.

FERGUSSON, J. A. Dust in the environment. In: DUNNETE, D. A.; O'BRIEN, R. J. (eds.) *The science of global change*. Washington, D.C.: American chemical society, 1992. p. 126-131.

FIGUEIREDO, P. J. M. *A sociedade do lixo*. 2. ed. Piracicaba: Unimep, 1994. 240 p.

FLAVIN, C. Worldwatch paper. *Slowing global warming: a worldwild strategy*. Washington, D.C.: Worldwatch Institute, 1998.

FRANÇA, R. Psiquiatria S.A. In: *Veja*. 27 jun. 2001, 34 (25): 11-15 p.

GALLOWAY, J. N. et al. Year 2020: consequences of population grow and development on deposition of oxidizing nitrogen. In: *Ambio*, 1994, 23 (2): 120-123.

GAY, K. *Global garbage – exporting trash and toxic waste*. New York: Franklin Watts Books, 1992. p. 16-21.

GDF. Administração Regional de Taguatinga (1996). *Taguatinga 1995. Sinopse*. Taguating: Distrito Federal. 73 p.

GEORGE, J. *Olhando pela terra*. São Paulo: Gaia, 1998. 252 p.

GILBERT, O. L. *The ecology of urban habitats*. Londres: Chapman & Hall, 1991. 369 p.

GLEICK, J. *Caos – a criação de uma nova ciência*. Rio de Janeiro: Olimpus, 1990.

GONÇALVES, E. *Metodologias para controle de perdas em sistemas de distribuição de água. Estudos de caso da Caesb Distrito Federal*. Dissertação (Mestrado). Brasília: Universidade de Brasília, Faculdade de Tecnologia, Departamento de Engenharia Brasília, 1998. xvi, 173 p.

GOODMAN, S. *Amazing biofacts*. New York: Peter Bedrik Books, 1993. 160 p.

GOUDIE, A. *The human impact on the natural environment*. 3. ed. Oxford: Blackwell, 1990. 388 p.

GUIMARÃES, G. Vegetarianismo radical. In: *Veja*. Dez. 2000. p. 114

GURDJIEFF, G. I. *Views from the real world*. New York: Dutton, 1973.

HARDIN, G. Paramount position in ecological economics. In: CONSTANZA, R. (ed.) *Ecological Economics: the science and management of sustainability*. New York: Columbia University Press, 1991. p. 47-57.

HAYDEN, B. P. An overview of biological models. In: GROFFMAN, P. M. e LIKENS, G. E. *Integrated regional models*. New York: Chapman & Hall, 1994. p. 13-34.

HENDERSON-SELLERS, A. (1984) Possible climatic impacts of land cover transformation In: *Climatic Change* 6: 231-257.

HENGEVELD, H.; VOCHT, C. *Role of water in urban ecology*. Amsterdã: Elsevier Scientific Publishing Company, 1982. 362 p.

HOLDREN, J. P.; EHRLICH, P. R. Human population and the global environment. *Scientific American. Am.Sci.*, 1974, 62: 282-292

INTERGOVERNAMENTAL Panel on Climate Change. *The science of climate change*. Cambridge, U.K.: Cambridge University Press, 1996.

JOHNSON, M. The backyard besieged. *Time*. Environment, 4 jul. 1994, p. 37.

JUNQUEIRA, F. de F. *Determinação da composição dos resíduos sólidos do Distrito Federal*. Brasília: GDF- ICT, Programa RHAE, 1995.

KAHN, F. *O livro da natureza*. São Paulo: Melhoramentos, 1962. t 1, p. 283.

KATES, R. W. et al. The great transformation. In: TURNER II, B. L. et al. *The earth as transformed by human action*. Cambridge, Londres: Cambridge University Press, 1990. p. 1-17.

KEELING, C. D. *Atmospheric CO_2 concentrations. Mauna Loa Observatory, Hawai 1958 – 1996*. CDIAC, Tennessee: Oak Ridge, 1986.

KIDWELL, C. S. 1492 e após: pontos de vista dos nativos americanos e dos europeus. In: NICHOLSON, S.; ROSEN, B. *A vida oculta de gaia*. São Paulo: Gaia, 1998. p. 52-58.

KIRCHNER, J. et al. Carrying capacity, population growth, and sustainable development. In: MAHAR, D. (ed.) *Rapid population growth and human carrying capacity: two perspectives*. Staff working papers # 690, Population and development series. Washington, D.C.: The World Bank, 1985.

KNAPP, D. H. et al. *Global Change*. Environmental Education Module. Paris: Unesco/Unep (IEEP), 1995. 149 p.

KNAPP, P. A.; SOULLÉ, P. Vegetation change and the role of atmospheric CO_2, enrichment on a relict site in Central Oregon: 1960-1994. In: *Annals of the Association of American Geographers* 86 (3) set. 1996.

KONGTONG, P. et al. *Global change: effects on tropical forests, agricultural, urban and industrial ecosystems*. Bankok: ITTO Technical series 6, 1990. 123 9.

KÖRNER, C. Scaling from species to vegetation: the usefulness of functional groups. In: *Biodiversity and ecosystem function,* 1994. 117-140 p.

KULKE, U. O planeta esgotado. *New World*. fev. 1998, (1): 38-40 p.

LIMA, M. J. A. *Ecologia humana*. Petrópolis: Vozes, 1984. 163 p.

LINDEN, E. Exploding cities. *Foreign Affair*. jan./fev. 1996. p. 52-66.

LUCENA, G. Novas fábricas ampliam opções de compra. *O Estado de S. Paulo*. 8 jun. 1997. NET Estado, p. 1-2.

M. Fehr, M. S. M. V. de Castro e Calçado, M. dos R. Lixo biodegradável no aterro, nunca mais. In: *Banas Ambiental*. II (10). Salvador, fev. 2001. p. 12.

MACFADYEN, A. Energy flow in ecosystems and its exploitation by grazing. In: CRISP, D. J. (org.) *Grazing in terrestrial and marine environments*. Oxford: Blackwell Scientific Publications, 1964. p. 27-55.

MACHADO, P. de A. *Ecologia humana*. São Paulo: Cortez/CNPq, 1985. 173 p.

MANDELBROT, B. B. *Les object fractal: forme, hasard et dimension*. Paris: Flammarion, 1975.

MCNEELY, J. A. et al. Human influences on biodiversity. In: Unep. *Global biodiversity assessment*. Cambridge: Cambridge University Press, 1995. p. 711-821.

MARSICANO, K. Tráfego na EPTG deverá superar cem mil veículos por dia até o ano 2000. *Correio Braziliense*. Brasília, 31 out. 1993. Cidades, p. 3.

——. Todo mês, 6 mil novos veículos nas ruas. *Correio Braziliense*. Brasília, 13 set. 1998. Caderno Cidades. p. 3.

MELLANBY, K. *The biology of pollution*. Londres: Edward Arnold Publishers, 1980. 89 p.

MENDES, A. GAC discute fluxo migratório no DF. *Gazeta Mercantil do DF*. Suplemento especial sobre ocupação territorial. Brasília, Distrito Federal, 26 maio, 1998. p. 1.

MEYER, W. B.; TURNER II, B. L. Human population growth and global land--use/cover change. *Annual review of ecology systematic,* 1992. 23: 36-61.

MILLER, K. R. *Em busca de um novo equilíbrio*. Brasília: MMA, Ibama, 1997. 94 p.

MILLER, R. B. Interactions and collaboration in global change across the social and natural science. In: *Ambio* 1994. 23(1): 19-24.

MILLER JR., G. T. *Living in the environment – concepts, problems and alternatives*. Belmont: Wadsworth Publishing Company, Inc., 1975. 380 p.

MITCHELL, J. F. B. Equilibrium climate change and its implication for the future. In: HOUGHTON, J. T. et al. (eds.) *Climate change: the IPCC scientific assessment*. Cambridge: Cambridge University Press, 1990. p. 135-164.

MOONEY, H. A. Emergence of the study of global ecology: is terrestrial ecology an impediment to progress? *Ecological Applications,* 1991, 1(1) p. 2-5.

——. Biodiversity and ecosystem functioning: basic principles. In: Unep. *Global biodiversity assessment*. Cambridge: Cambridge University Press, 1995. p. 275-325.

MOORE III, B.; BRASWELL JR, B. H. Planetary metabolism: understanding the carbon cycle. *Ambio*. Royal Swedish Academy of Science. fev. 1994, 23 (1): 4-12 p.

MORTIMORE, M. *Adapting to drought: farmers, famines and desertification in West Africa*. Cambridge: Cambridge University Press, 1989.

MOSER, T. J. Anthropogenic contaminants. In: DUNNETE, D. A.; O'BRIEN, R. J. (ed.) *The science of global change*. Washington, D. C.: American Chemical Society, 1992, p. 134-146.

MYERS, N. *Ultimate security: the environment basis of political sustainability*. Washington D. C.: Island Press, 1996.

National Institute of Urban Affairs (NIUA). *Urban environmental maps*. New Delhi, Índia, 1994. p.1.44.

NEGRET, A. Diversidade e abundância da avifauna da Reserva Ecológica do IBGE. Brasília: Universidade de Brasília, 1983. Tese de Mestrado.

NEWELL, N. D.; MARCUS, L. Carbon dioxide and people. In: *Palaios*, 1987, 2:101-103.

ODUM, E. P. *Ecologia*. Rio de Janeiro: Interamericana, 1985. 434 p.

——. Trends expected in stressed ecosystems. *BioScience*, 1985. 35(7) p. 419-422.

ODUM, H. T. et al. *Environment and society in Florida*. Center for Environmental Policy, Gainesville: University of Florida, 1993. 446 p.

OLIVEIRA, J. de. Cigarro ameaça 100 milhões na China. *Correio Braziliense*. Brasília, DF. Caderno Mundo. 20 nov. 1998. p. 7.

OLIVIER, G. *Ecologia humana*. Lisboa: Interciência, 1979. 104 p.

O'NEILL, R.V. Perspectives in hierarchy and scale. In: ROUGHGARDEN, J. et al. (ed.) *Perspective in ecological theory*. Princeton: Princeton University Press, 1989. p. 140-156.

OTT, W. R.; ROBERTS, J. W. (1998). Everyday exposure to toxic pollutants. *Scientific American*. Feb. p. 86-91

PÁDUA, M. T. J. Conservação *in situ*: unidades de conservação. In: *Alternativa de desenvolvimento dos cerrados*, Brasília: Ibama, 1996. p. 68-73.

PAULY, D.; CHRISTENSEN, V. (1995) Primary production required to sustain global fisheries. *Nature*. 374: 255-257.

PELTO, P. J.; PELTO, G. H. *Anthropological research*. 2. ed. Cambridge: Cambridge University Press, 1978. 333.

PENNER, J. The role of human activity and land use change in atmospheric chemistry and air quality. In: Meyer, W. B; TURNER, B. L. II (ed.) *Global land-use/land-cover change. OIES*. Boulder.

PETIT, J. R. Climate and atmospheric history of the past 420,000 years from the Vostok ice core, Antarctica. In: *Nature*. 3 jun. 1999.

PHILLIPS, O.; GENTRY, A. H. Increasing turnover through time in tropical forest. *Science*, 1994, 263: 954-958.

PHILLIPSON, J. *Ecologia energética*. 2. ed. São Paulo: Companhia Editora Nacional, 1977. 93 p.

PIMM, S. L.; GILPIN, M. E. Theoretical issues in conservatio biology. In: ROUGHGARDEN, J. et al. (eds.) *Perspectives in ecological theory*. Princeton: Princeton University Press, 1989. p. 287-305.

PONTES, O. Drama cresce apesar dos assentamentos. *Correio Braziliense*. Brasília, 13 nov. 1994. Caderno Cidade, p. 27.

RAICH, J. W.; POTTER, C. S. *Global patterns of carbon dioxide emissions from soil on a 0.5-degree-grid-cell basis*. CDIAC database, ORNL Oak Ridge, TN 1996. 5 p.

RAVEN, P. H. What the fate of the rain forests means to us. In: EHRLICH, P.; HOLDREN, J. P. (eds.). *The cassandra conference – resources and the human predicment*. Texas: A & M University Press, 1984. p. 11-123

RAYNAUD et al. The ice core record of greenhouse-gases. *Science,* 1993, 259: 926-934.

REES, W. The ecology of sustainable development. *The ecologist,* 1990, 20(1): 18-23.

REES, W. E. *Revisiting carrying capacity: area-based indicators of sustainability*. Vancouver: The University of British Columbia, 1998. 17 p.

RIBEMBOIM, J. Mudando os padrões de produção e consumo. In: RIBEMBOIM, J. (org.). *Mudando os padrões de produção e consumo*. Brasília: Ministério do Meio Ambiente, dos Recursos Hídricos e da Amazônia Legal/Ibama, 1997. p. 13-30 p.

SCHLESINGER, W. H. *Biogeochemistry: an analysis of global change*. San Diego: Academic Press, 1991.

SCHNAIBERG, A. *The environment: from surplus to scarcity*. New York, Oxford University Press, 1980.

SCHNEIDER, E.; KAY, J. *Life as a manifestation of the second law of thermodynamics*. Waterloo: Ontario University of Waterloo, Faculty of Environmental Studies, 1992. Working Paper Series.

SCHNEIDER, S. H. Climate and food: signs of hope, despair and oportunity. In: EHRLICH, P. R. e HOLDREN, J. P. (eds.) *The cassandra conference – resources and the human predicment*. Texas: A. & M. University Press, 1984, p. 17-51.

SEED, J. A floresta tropical como professora. In: NICHOLSON, S.; ROSEN, B. *A vida oculta de gaia*. São Paulo: Gaia, 1997. p. 288-291.

SHIKLOMANOV, I. World fresh water resources. In: GLEICK, P. H. (ed.) *Water in crisis: a guide to the world's fresh water resources*. New York: Oxford University Press, 1993. p. 20

SILVA, P. M. da. *A poluição*. Rio de Janeiro: Difel, 1975. p. 102.

SILVA, U. G. Uma política habitacional equivocada. *Correio Braziliense*. Brasília, 12 fev. 1995. Guia de imóveis, p. 1.

SIMON, J. *The ultimate resource*. Princeton: Princeton University Press, 1981.

SIMONSEN Associados. Quem é quem de Norte a Sul. In: *Amanhã*. XIII (134) set. 1998. p. 46-68.

SKOLE, D.; TUCKER, C. Tropical deforestation and habitat fragmentation in the Amazon. *Science,* 1993, 260: 1905-1910.

SLOOF, J. E.; WOLTERBEEK, B. (1993). Interspecies comparison of lichens as biomonitors of trace-element in air pollution. *Environmental Monitoring Assessment*. 25: 149-157.

SMITH, D. A.; Londres, B. (1990). Convergência na urbanização mundial? Uma avaliação quantitativa. In: *Urban Affairs Quarterly*. 25: 574-590.

SOARES, A. Às margens do sonho americano. In: *Correio Braziliense*. 7 nov. 1999, Mundo, p. 6.

SOARES, L. Último a saber. In: *Veja*. 29 nov. 2000. p. 92-93.

SOULÉ, M. E.; WILCOX, B. A. *Conservation biology: an evolutionary--ecological approach*. Sunderland, Sinauer Associates, 1980.

STERN, Paul C. (org.). *Mudanças e agressões ao meio ambiente*. São Paulo: Makron Books, 1993. 314 p.

STERN, P. C. A second environmental science: human-environmental interactions. 2 *Science,* 1993, 260: 1897-1899.

SUTTON, D. B.; HARMON, N. P. *Ecology: selected concepts*. New York, John Wiley & Sons, 1973. 287 p.

TODD, J. Uma categoria econômica baseada na ecologia. In: THOMPSON, W. I. (org.). *Gaia: uma teoria do conhecimento*. São Paulo: Gaia, 1990. p. 123-139.

TREFIL, J. Phenomena, comment and note. *Scientific American,* 1977, (5) p. 30-31.

TROPPMAIR, H. Avaliação de impacto ambiental pela alteração da cobertura vegetal. In: Martos e Maia (coord.). *Indicadores ambientais*. Shell Brasil, 1997. p. 186-189.

TURNER II, B. L. et al. *The earth as transformed by human action*. Cambridge: Cambridge University Press, 1990.

TURNER II, B. L. et al. Dois tipos de mudança ambiental global: As questões de escala espacial e de definição em suas dimensões humanas. *Global Environmental Change,* 1991, 1(1): 14-22.

——. Global land-use/land-cover change: towards an integrated study. *Ambio,* 1994, 23 (1): 91-95 p.

UHL, C.; KAUFFMAN, J. B. Deforestation, fire susceptibility and potential tree response to fire response in the Eastern Amazon. *Ecology,* 1990, (71): 437-449 p.

ULTRAMARI, C. A viabilidade do desenvolvimento urbano sustentável para as cidades. In: *Desenvolvimento Urbano & Meio Ambiente*. Curitiba, Unilivre, maio/jun. 1998. 33: 1-4.

UNDP – ONU. *Human development report*. 1995, 1996 e 1997, New York.

UNESCO. *Las grandes orientaciones de la Conferencia de Tbilisi*. Paris, 1980. 107 p.

——. Energia para o século XXI. In: *O Correio da Unesco*. Rio de Janeiro, 9 (9) set. 1981.

——. Habitat. *Indicadores urbanos y de vivienda*. Comisión de Asentamientos Humanos, ONU, HS/C/15/3/Add. Dez. 1994, Nairobi, 7 9., 9 9.

——. *Resumen MAB de Ecología Urbana y Humana*. 2. ed. Montevideo: Rostlac, 1987. 205 p.

——. *Humanizing the city*. Habitat II City Summit. Istambul, jun. 1996.

——. The chemistry of atmospheric policy. In: *Contact* vol. XXII n. 2 Paris, 1997. p. 1-3.

UNILIVRE – Universidade Livre do Meio Ambiente. Mais lixo. In: *Desenvolvimento urbano e meio ambiente*. 32 ano, 6 nov./dez. 1997. p. 4.

URBS – Urbanização de Curitiba. Curitiba testa carro elétrico. In: *Gestão Ambiental Urbana*. 6 jul./ago. 1998. Universidade Livre do Meio Ambiente, Curitiba, Paraná. p. 4.

VALBRACHT, D. Curando a humanidade e a terra. In: NICHOLSON, S.; ROSEN, B. *A vida oculta de gaia*. São Paulo: Gaia, 1998. p. 273-279.

VIOLA, E. *As dimensões do processo de globalização e a política ambiental*. Caxambu, XIX Encontro Anual da ANPOCS 1995. 22 p.

——. Vision for Brazil in the year 2050. In: NAGPAL, T.; FOLTZ, C. (eds.). *Choose our future – visions of a sustainable world*. WRI, The 2050 Project, 1995. p. 96-100.

——. A multidimensionalidade da globalização, as novas forças sociais transnacionais e seu impacto na política ambiental do Brasil, 1989-1995. In: VIOLA, E.; FERREIRA, L. da C. (orgs.). *Incertezas de sustentabilidade na globalização*. Campinas: Unicamp, 1996. p. 15-65.

VERA, J. Desmond Morris. In: *Super Interessante*. Jun. 2001, 15(6): 86-87.

VITOUSEK, P. M. et al. Human appropriation of the products of photosynthesis. *BioScience*, 1986, 36: 368-373.

VITOUSEK, P. M. Beyond global warming: ecology and global change. In: *Ecology*, 1994, 75 (7): 1861-1876.

WACKERNAGEL et al. *Ecological footprint of nations*. Centro de Estudios para la Sustentabilidade, Universidad Anáhuac de Xalapa, México, 1998.

WACKERNAGEL, M.; REES, W. *Our ecological footprint*. The new catalyst bioregional series. Gabriola Island, B. C.: New Society Publishers, 1996. 160 p.

WASSEMANN, R. Inimigos do automóvel ganham a Internet. *O Estado de S. Paulo*. Cidades, Ambiente. São Paulo, 13 abr. 1998. p. C4.

WATSON, R. T. et al. Greenhouse gas and aerosols. In: HOUGHTON, J. T. et al. (eds.) *Climate change: the IPCC scientific assessment*. Cambridge: Cambridge University Press, 1990. p.5-40.

WEBB, E. J. et al. *Inobtrusive measures*. 8. ed. Chicago: Rand McNally & Company, 1972. 225 p.

WEEB, T. I.; BARTLEIN, P. J. Global change during the last three million years: climate controls and biotic responses. *Annual Review of Ecology and Systematics,* 1992. 23: 141-174.

WERNECK, F. Amianto leva à interdição de cinema. *O Estado de S. Paulo*. 4 nov. 1999. p. A16.

WHITMORE, T. et al. Mudança populacional a longo prazo. In: *The earth as transformed by human action*. TURNER, B. L. et al. (eds.) New York: Cambridge University Press, 1991. p. 25-39.

WILLIAMSON, M. H.; LAWTON, J. H. Fractal geometry of ecological habitats. In: *Habitat structure*. Londres: Chapman & Hall, 1994. p. 69-86.

WOLMAN, A. The metabolism of cities. *Scientific American*. 213 (3) sep. 1965. p. 179-190.

WORLD Energy Council. *Energy for tomorrow's world: the reality, the real options and the agenda for achievement*. New York: Kogan Page, London and St. Martin's Press, 1993. p. 51.

Worldwatch Institute. *Vital signs*. New York: W. W. Norton, 1994.

——. *Estado do Mundo 1999*. Salvador: UMA Ed. 1999. 260 p.

——. *Estado do Mundo 2000*. Salvador: UMA Ed. 2000. 266 p.

——. *Sinais Vitais 2000*. Salvador: UMA Ed. 2000. 195 p.

WRI, IUCN, UNEP. *Global biodiversity strategy: guidelines for action to save, study, and use earth's biotic wealth sustainable and equitably*. Washington, D.C., 1992.

XAVIER, L. *Vegetais detetores de poluição atmosférica*. Mimeo. Brasília: Universidade de Brasília, Departamento de Biologia Vegetal, 1979. 35 p.

ZANATTA, M. Água determinará o futuro do DF e do entorno. *Gazeta Mercantil Distrito Federal*. Suplemento especial sobre ocupação territorial. Distrito Federal, 26 maio 1998, p.1.

ZEGRAS, C. Urban transportation. In: *The urban environment. A guide to the global environment*. WRI, New York: Oxford University Press, 1997. p. 81-102.

Arquivo pessoal

SOBRE O AUTOR

Genebaldo Freire Dias (Pedrinhas, SE, 03/03/1949) é bacharel (BSc), mestre (MSc) e doutor (Ph.D.) em Ecologia pela UnB; cinco décadas de prática acadêmica e ativismo ambiental; um dos pioneiros da Sema (primeira Secretaria Federal de Meio Ambiente), onde foi secretário de Ecossistemas; também pioneiro-fundador do Ibama, foi diretor do Departamento de Educação Ambiental e diretor do Parque Nacional de Brasília; na Universidade Católica de Brasília foi professor/pesquisador dos cursos de Engenharia Ambiental e Biologia, e diretor do programa de pós-graduação em Gestão Ambiental. Com duas dezenas de livros publicados sobre a temática ambiental é o autor brasileiro mais citado nos processos de Educação Ambiental.

De 2015-2019 cerca de 25 mil pessoas assistiram às suas palestras, conferências e oficinas em todo o Brasil e no exterior.

É Cidadão Honorário de Brasília. O título foi concedido pela Câmara Legislativa do Distrito Federal por meio do Decreto 2.099, de 23 de setembro de 2016.

Uma vida dedicada à causa ambiental.

Contatos:
www.genebaldo.com.br
genebaldo5@gmail.com
(61) 9 9984-6393

ÁREA DE ESTUDO
Uso do Solo – 1994

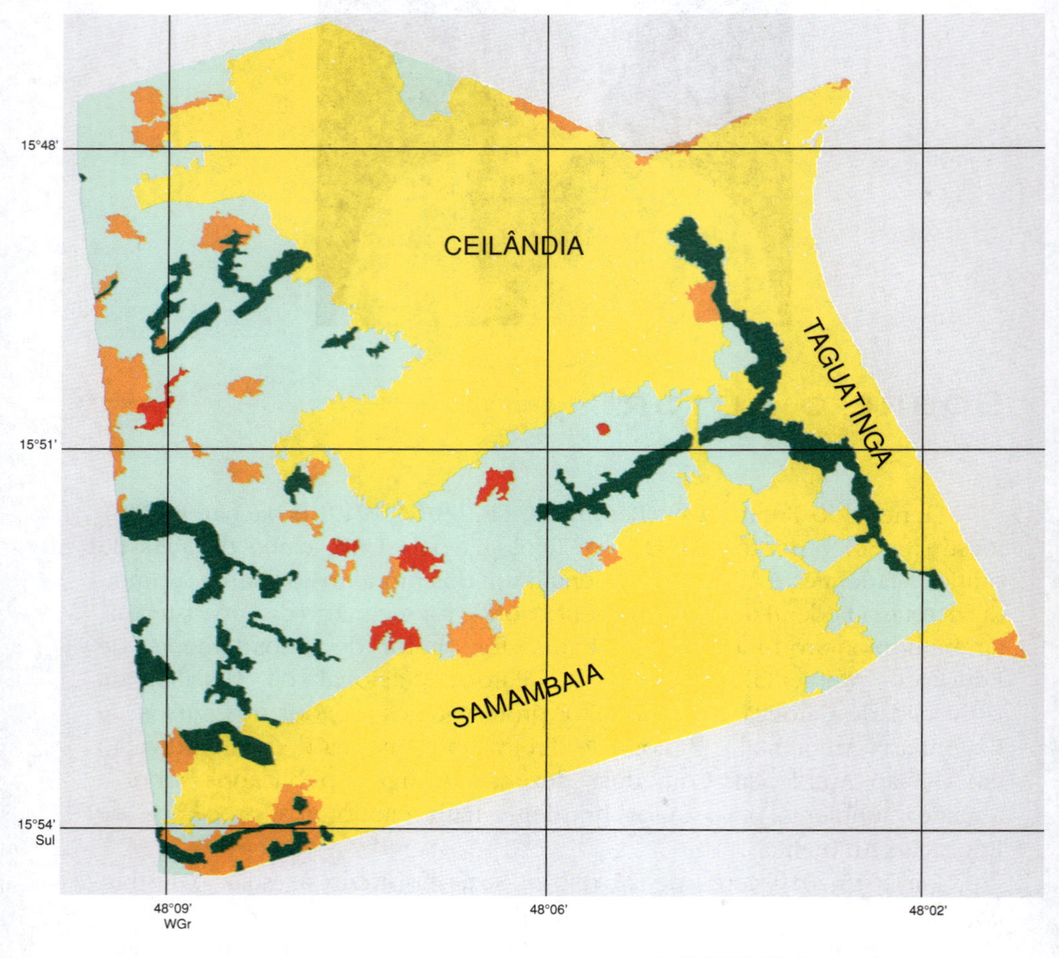

CLASSES DE USO	ÁREA (m^2)	ÁREA (ha)	ÁREA (%)
Área Degradada	977.075	98	0,72
Área Urbana	75.902.600	7.590	55,66
Campo/Agropastoril	46.188.312	4.619	33,87
Cerrado	5.507.931	551	4,04
Mata Galeria	7.792.036	779	5,71
TOTAL	**136.367.954**	**13.637**	**100**

LOCALIZAÇÃO DO DISTRITO FEDERAL

N

ESCALA: 1:100.000

Proteção Universal Transversa de Mercator
Datum Horizontal: SAD-69

Adaptado do Mapa Digital de Uso do Solo do Distrito Federal (SEMATEC, 1994)

LOCALIZAÇÃO DA ÁREA DE ESTUDO NO DISTRITO FEDERAL

ÁREA DE ESTUDO
Uso do Solo – 1997

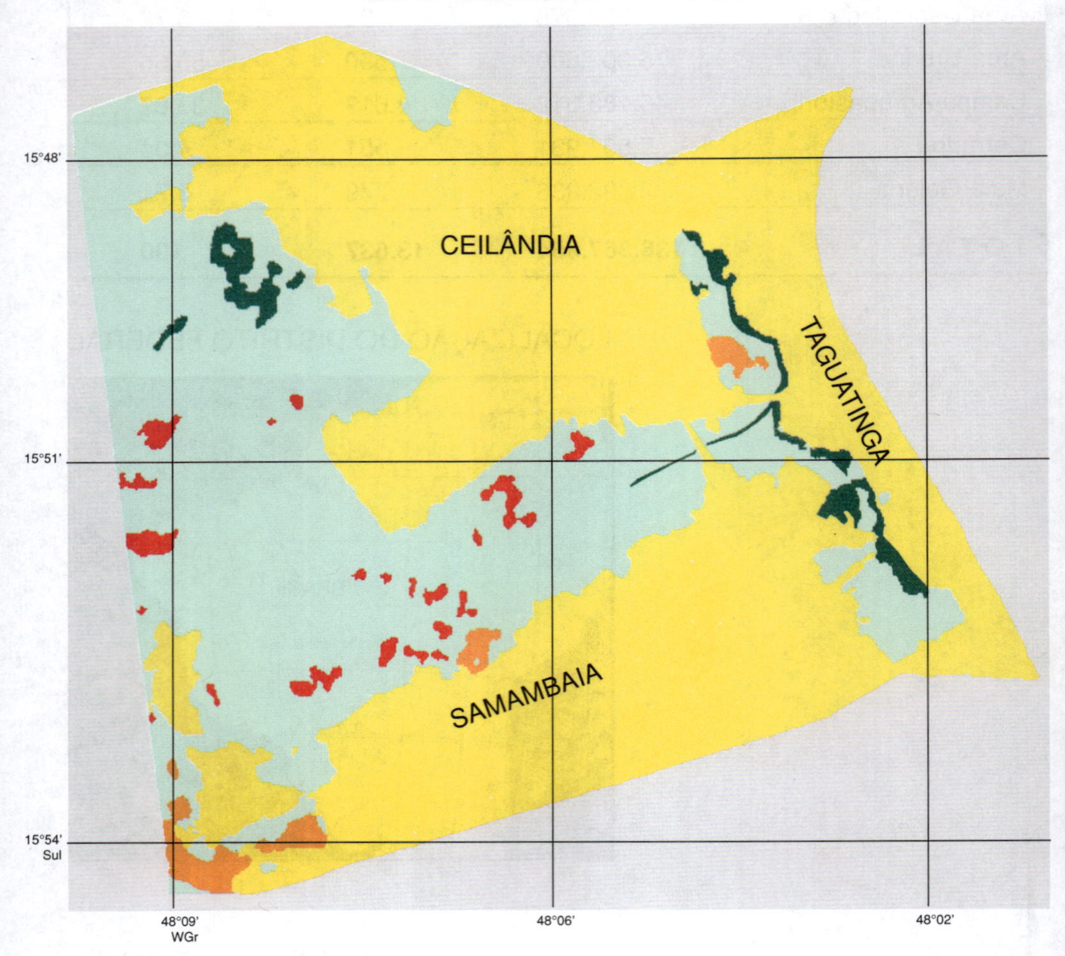

CLASSES DE USO	ÁREA (m^2)	ÁREA (ha)	ÁREA (%)
Área Degradada	1.686.665	169	1,24
Área Urbana	79.415.142	7.942	58,24
Campo/Agropastoril	50.973.299	5.097	37,38
Cerrado	1.806.392	181	1,32
Mata Galeria	2.486.455	249	1,82
TOTAL	**136.367.954**	**13.637**	**100**

LOCALIZAÇÃO DO DISTRITO FEDERAL

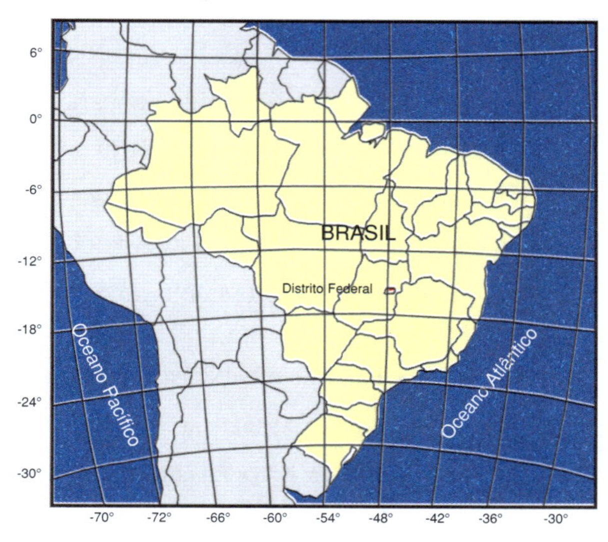

LOCALIZAÇÃO DA ÁREA DE ESTUDO
NO DISTRITO FEDERAL

N

ESCALA: 1:100.000

1 0 1 2 Km

Proteção Universal Transversa de Mercator
Datum Horizontal: SAD-69

Mapa gerado a partir de classificação supervisionada (MAXVER) aplicada na imagem do satélite Landsat TM-5, bandas 3, 4 e 5 (RGB) respectivamente, órbita/ponto 221/71, com passagem 30/05/97

OBRAS DO AUTOR

40 CONTRIBUIÇÕES PESSOAIS PARA A SUSTENTABILIDADE

ANTROPOCENO – INICIAÇÃO À TEMÁTICA AMBIENTAL

ATIVIDADES INTERDISCIPLINARES DE EDUCAÇÃO AMBIENTAL

DINÂMICAS E INSTRUMENTAÇÃO PARA EDUCAÇÃO AMBIENTAL

ECOPERCEPÇÃO – UM RESUMO DIDÁTICO DOS CENÁRIOS E DESAFIOS SOCIOAMBIENTAIS

EDUCAÇÃO AMBIENTAL – PRINCÍPIOS E PRÁTICAS

EDUCAÇÃO E GESTÃO AMBIENTAL

MUDANÇA CLIMÁTICA E VOCÊ – CENÁRIOS, DESAFIOS, GOVERNANÇA, OPORTUNIDADES, CINISMOS E MALUQUICES

PEGADA ECOLÓGICA E SUSTENTABILIDADE HUMANA